"十二五"国家重点图书出版规划项目

高 压 技 术

High Pressure Technology

刘志国　千正男　编著

哈尔滨工业大学出版社

内 容 简 介

　　本书共分7章,第1章介绍材料力学和弹性力学的基础知识;第2～5章介绍静态高压的产生和测量,内容包括圆筒和压砧的力学行为、高压设备的分类及设计依据、传压介质和密封材料的性能、压力的定标、高压下温度的测量;第6章介绍动态高压的产生、测量和对静态高压压标的校正;第7章介绍高压下材料的相变以及力学、热学、电学、磁学、光学性质。本书侧重基础,内容体现了高压科学和技术的最新进展。

　　本书可作为物理、材料等专业的研究生教材,也可作为高压科学及相关领域科研和技术人员的参考书。

图书在版编目(CIP)数据

　　高压技术/刘志国,千正男编著. —哈尔滨:哈尔滨
工业大学出版社,2012.7
　　ISBN 978 - 7 - 5603 - 3643 - 5

　　Ⅰ.①高…　Ⅱ.①刘…②千…　Ⅲ.①凝聚态-物理
学-研究　Ⅳ.①O469

　　中国版本图书馆 CIP 数据核字(2012)第 149921 号

策划编辑　张秀华
责任编辑　张秀华
封面设计　卞秉利
出版发行　哈尔滨工业大学出版社
社　　址　哈尔滨市南岗区复华四道街 10 号　邮编 150006
传　　真　0451 - 86414749
网　　址　http://hitpress. hit. edu. cn
印　　刷　哈尔滨工业大学印刷厂
开　　本　787mm×960mm　1/16　印张 18.75　字数 396 千字
版　　次　2012 年 8 月第 1 版　2012 年 8 月第 1 次印刷
书　　号　ISBN 978 - 7 - 5603 - 3643 - 5
定　　价　38.00 元

前　言

　　宇宙中95%以上的物质处于高压状态,如地球、行星等宇宙天体的内部,了解这些物质的行为就需要人为地产生高压。人们已经能够产生高于地球中心的压力,为地球科学、行星科学、物理学、化学、材料科学等学科的研究提供了强有力的手段。目前,高压科学与技术迅猛发展,并成为当代科学的一个重要分支。

　　压力作为独立于温度和化学成分之外的一个参量,最基本的效应就是使物质内部原子间距减小,从而影响到材料的物理、化学性质,如高压下的结构相变、金属-绝缘体转变、非晶的晶化等。许多常压下不存在的物质和观察不到的现象,在高压的辅助下得以合成和实现,深化了人们对物质世界的认识。

　　高压科学在发展过程中与各学科的紧密结合,使越来越多的研究者将高压引入其从事的相关领域,因此科研人员了解一些高压知识是大有裨益的。本书对于从事高压科学研究及相关领域的科技人员是一本应用方面的参考书。

　　多年以来,作者一直在吉林大学物理系和哈尔滨工业大学物理系从事《高压物理》课程的教学工作。本书是在作者讲稿的基础上,结合多年的教学心得加以整理而写成的。本书内容分为7章,第1章简要介绍材料力学和弹性力学的相关知识;第2章介绍圆筒容器,包括单一圆筒、组合圆筒、缠绕式圆筒和自紧圆筒等,还对蠕变、圆筒的热应力等进行了阐述;第3章介绍大质量支撑原理、压砧形状、压砧耐压极限和压砧材料;第4章介绍活塞-圆筒装置、压砧-圆筒装置、Bridgman压机、杯状和环状压砧装置、正多面体装置、金刚石对顶砧压机等高压设备,以及传压介质和密封材料;第5章介绍一次测压方法、二次测压方法、超高压力的定标、高压下的温度测量方法、高温下压力的测量方法等内容;第6章介绍动态高压的基本知识、动态高压的产生及测量方法;第7章介绍高压下的物理性质,包括力学、热学、电学、磁学、光学性质,并对高压下的相变进行简要的阐述。

　　本书侧重基础，编写的宗旨是保持知识体系的完整性，尽可能多地通过受力分析、解应力的微分方程得出高压部件的力学行为，这点主要体现在圆筒容器、压砧和密封材料几部分。在应用方面，本书对常见的高压设备、高压部件的设计原则、高压设备选用材料、高压设备的耐压、高压的测量等进行了详细描述。希望本书能使读者对高压科学有一个整体的认识，为进一步学习打下基础。

　　在哈尔滨工业大学物理系凝聚态中心苏文辉教授的课题组中，作者接触到高压科学领域，多年的学习和研究经历使作者受益匪浅。在本书成书过程中，哈尔滨工业大学物理系凝聚态中心的井孝功教授、赵永芳教授审阅了本书全部内容，并提出了许多宝贵意见。哈尔滨工业大学物理系的周忠祥教授、张宇教授对本书的出版十分关心。哈尔滨工业大学基础与交叉研究院的刘浩哲教授、赵景庚老师，哈尔滨工业大学物理系凝聚态中心的董大伟老师和2010级硕士研究生梁源波提供了部分参考资料。在本书的编写过程中，作者参考了大量国内外文献。在此，作者一并表示衷心的感谢。

　　国内外高压科学领域有大批专家、学者，作者班门弄斧，虽然字斟句酌，但是作者水平毕竟有限，书中的缺点和错误在所难免，恳请读者批评指正。

刘志国　千正男

2012 年 5 月 8 日

目　　录

绪　论

　　本书提到的高压是指力学上的压力,是最早被研究的热力学变量之一。压力与温度一样,是支配自然现象的重要因素。在压力的作用下,物体体积减小,内部原子间距随之减小,其结构及力学、电学、磁性、光学等性质均受到影响。压力作为一种有效的调控和探测手段,已经渗透到多学科的前沿课题研究中。利用高压手段,人们对常压下的物理现象有了更深刻的认识,而且还发现了许多常压条件下不存在的新物质、新现象。高压科学本身也正在发展成为一门重要的分支学科。了解压力下的物理现象、探明压力效应的本质是这一学科的任务。

0.1　压力的定义、单位及分类[1~3]

　　压力在生活中十分常见,人类生活在大气层里,感受到的是空气的压力;用锤子把钉子钉进木板时,锤子的力传递到钉子的尖端,在小的面积上产生极高的压力;鞭炮爆炸时,周围的石块受到强的气流冲击,在高的压力作用下飞出。描述压力效应的物理量是压强,定义为垂直作用于单位面积上的力

$$p = F/A \tag{0.1.1}$$

式中,p 为压强;F 为力;A 为力的作用面积。

　　压强也是一个热力学量,与内能 E 和自由能 F 有如下相关公式

$$dE = TdS - pdV \tag{0.1.2}$$

$$dF = -SdT - pdV \tag{0.1.3}$$

式中,V 为体积;T 为绝对温度;S 为体系的熵。

　　通过内能和自由能可求出体系的压强,表示为

$$p = -\left(\frac{\partial E}{\partial V}\right)_S \tag{0.1.4}$$

$$p = -\left(\frac{\partial F}{\partial V}\right)_T \tag{0.1.5}$$

　　在工程上,经常使用的量是压力,就是物理学中的压强。高压科学中涉及压力时都是指工程上的术语。压强的国际单位为 Pa,定义为每平方米作用一牛顿的力,1 Pa = 1 N/m²。另一个常用单位是 0 ℃ 下密度为 13.595 1 g/cm³、高为 76 cm 的水银柱,在加速

度为9.806 65 m/s² 的重力场中作用于底部单位面积上的力,称为标准大气压,记作atm。

在 CGS 单位制中,以作用于 1 cm² 面积上 1 dyn 的力作为压力单位,称为 barge。由于该单位太小,常用 10⁶ dyn/cm² 作为压力单位,称为 bar。常用的压力单位还有 kgf/cm²、mmHg 或 torr、psi 或 lb/in² 等,它们之间的换算关系见表 0.1。

表 0.1　压力单位换算表

	barge, dyn/cm²	bar	atm	kgf/cm²	torr, mmHg	psi, lb/in²	Pa	GPa
1 barge	1	10^{-6}	$0.986\ 9 \times 10^{-6}$	$1.019\ 9 \times 10^{-6}$	$7.500\ 6 \times 10^{-4}$	$1.450\ 4 \times 10^{-5}$	10^{-1}	10^{-10}
1 bar	10^{6}	1	$0.986\ 9$	$1.019\ 9$	$7.500\ 6 \times 10^{2}$	$1.450\ 4 \times 10$	10^{5}	10^{-4}
1 atm	$1.013\ 3 \times 10^{6}$	$1.013\ 3$	1	$1.033\ 2$	760	$1.469\ 6 \times 10$	$1.013\ 3 \times 10^{5}$	$1.013\ 3 \times 10^{-4}$
1 kgf/cm²	$9.806\ 7 \times 10^{5}$	$0.980\ 7$	$0.967\ 8$	1	735.56	$1.422\ 3 \times 10$	$0.980\ 7 \times 10^{5}$	$0.980\ 7 \times 10^{-4}$
1 torr	$1.333\ 2 \times 10^{3}$	$1.333\ 2 \times 10^{-3}$	$1.315\ 8 \times 10^{-3}$	$1.359\ 5 \times 10^{-3}$	1	$1.933\ 7 \times 10^{-2}$	$1.333\ 2 \times 10^{2}$	$1.333\ 2 \times 10^{-7}$
1 psi	$6.894\ 7 \times 10^{4}$	$6.894\ 7 \times 10^{-2}$	$6.804\ 6 \times 10^{-2}$	$7.030\ 7 \times 10^{-2}$	$51.714\ 7$	1	$6.894\ 7 \times 10^{3}$	$6.894\ 7 \times 10^{-6}$
1 Pa	10	10^{-5}	$0.986\ 9 \times 10^{-5}$	$1.019\ 7 \times 10^{-5}$	$7.500\ 6 \times 10^{-3}$	$1.450\ 4 \times 10^{-4}$	1	10^{-9}
1 GPa	10^{10}	10^{4}	$0.986\ 9 \times 10^{4}$	$1.019\ 7 \times 10^{4}$	$7.500\ 6 \times 10^{6}$	$1.450\ 4 \times 10^{5}$	10^{9}	1

按照压力的产生原理、存在时间的长短等将高压分为两类,静态高压和动态高压。像水压机、油压机、活塞－圆筒装置、金刚石压机等设备产生的高压,以及地球、太阳、白矮星、中子星等天体内部存在的高压是一种平衡、静止的高压状态,压力稳定,持续时间长,称为静态高压,简称静高压。而炮弹、原子弹、氢弹等的爆炸,撞击过程产生的高压,持续时间短,往往只有微秒(μs,10^{-6} s)数量级,而且压力随着时间发生变化,称为动态高压,简称动高压。

比较起来,静高压产生的压力受到高压容器及机械装置材料强度的限制,一般为几十 GPa,最高为几百 GPa,而动高压则要高得多,一般可达几百 GPa,甚至达到几千 GPa;动高压的产生不需要复杂的机械装置,成本较低;动高压持续时间短,而静高压的持续时间可达几百小时或更长,且易于控制;动高压产生的同时伴随着温度的升高,静高压设备可分别调控压力和温度;两者各有长处和不足。

0.2　宇宙中压力和温度的分布[4~7]

广袤的宇宙中长度的分布范围很广,对应着不同的分支学科,如图 0.1 所示。从粒子物理学中的电子(10^{-20} cm) 到天体物理学中的星际距离(10^{20} cm),宇宙中的长度跨越了四十多个数量级。然而,宇宙中分布最广延的物理量不是长度,而是压力。表 0.2 中列出了宇宙中一些典型的压力范围。

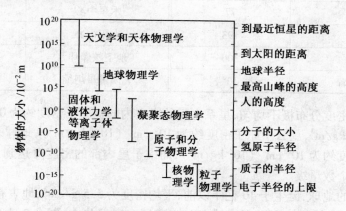

图 0.1　宇宙中的长度及相应的物理学科[4]

表 0.2　宇宙中一些典型的压力

所处状态或设备	压力 /Pa	所处状态或设备	压力 /Pa
星系际空间的氢	10^{-27}	上地幔	10^{10}
行星际空间	10^{-14}	地球中心	10^{11}
300 英里高的大气	10^{-6}	金属中火药爆炸	10^{12}
扩散泵	10^{-3}	土星中心	10^{12}
机械泵	10^{-1}	人工核聚变	10^{14}
三相点水的蒸气压	10^{2}	太阳中心	10^{16}
海平面	10^{5}	白矮星中心	10^{25}
海洋最深处	10^{8}	中子星中心	10^{34}

宇宙中的压力从星系际空间 10^{-27} Pa 到中子星内部 10^{34} Pa,跨越了 61 个数量级,如果将黑洞考虑在内,这个范围还会得到扩展。高压普遍存在于宇宙天体内部,而且高压还伴随着高温。宇宙中温度的分布也是很广的,但和压力、长度比较起来,跨越的数量级范围要小得多,表 0.3 列出了一些典型的温度。

表 0.3　宇宙中一些典型的温度

所处状态	温度/K	所处状态	温度/K
激光冷却原子	10^{-11}	氢 – 氧焰	3 000
绝热去磁制冷	10^{-9}	太阳表面	6 000
宇宙微波背景辐射	2.7	地球中心	5 000 ~ 8 000
液氦	4.2	金属电子 Fermi 温度	10^{4}
液氮	77	木星中心	10^{5}
南极	193	太阳中心	10^{7}
室温	300	地下核爆炸	10^{8}
普通火焰	10^{2}	大质量星坍缩	10^{11}

宇宙中的密度分布极不均匀,星系之间的虚空内的氢原子密度约为 $0.1 \sim 1$ cm^{-3},质量密度为 10^{-28} kg/m^{3},星云中原子密度约为 10^{6} cm^{-3}(10^{-22} kg/m^{3}),地球表面处于常压的固体中原子密度约为 10^{23} cm^{-3}(10^{3} kg/m^{3}),而中子星内部的密度可达到 10^{17} kg/m^{3},密度跨越了四十多个数量级。

人类生活的地球,诞生于 46 亿年以前,平均密度为 5.5 g/cm^{3},地表有 70% 面积覆盖着水,地表平均温度为 22 ℃。地球内部处于高压和高温状态,图 0.2 为地球内压力温度分布的示意图。

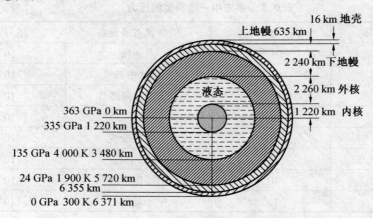

16 km 地壳
上地幔 635 km
2 240 km 下地幔
2 260 km 外核
1 220 km 内核
液态
363 GPa 0 km
335 GPa 1 220 km
135 GPa 4 000 K 3 480 km
24 GPa 1 900 K 5 720 km
6 355 km
0 GPa 300 K 6 371 km

图 0.2　地球的结构及压力、温度分布

地球的形状为椭球,平均半径为 6 371 km。表面薄薄的一层为地壳,厚度为 6 ~ 35 km,平均厚度为 16 km。地壳之下为地幔,厚度为 2 875 km,其中上地幔厚约 635 km,压力为 24 GPa,温度为 1 600 ℃ 以上;下地幔厚度约 2 240 km,压力为 135 GPa,温度在

4 000 K 以上。地球的中心为地核,半径约为 3 480 km。地核由液态的外核和固态的内核组成,内核与外核的分界在 1 220 km 处,压力为 335 GPa,温度大于 5 000 K,地心的压力为 363 GPa,温度为 5 000 ~ 7 000 K。

例 0.1　宇宙中巨分子云内的原子密度约为 10^6 cm^{-3},求对应的压力。

解　由于巨分子云内的原子密度非常小,可看成是理想气体,压力可由下式求得

$$p = nk_B T$$

式中,p 为压力;n 为原子密度;k_B 为 Boltzmann 常数,$k_B = 1.38 \times 10^{-23}$ J/K;T 为绝对温度。

取 $n = 10^{12}$ m^{-3},$T = 3$ K,得 p 的数量级为 10^{-11} Pa 或 10^{-16} atm。

例 0.2　针尖的直径为 50 μm,对其施加 1 kg 的力,求针尖上产生的压力。

解　针尖的面积为 $A = \pi d^2/4 = 4.91 \times 10^{-10}$ m^2,按照公式(0.1.1)可得针尖上的压力为 $p = F/A = 2.04 \times 10^9$ Pa = 2.04 GPa。可见,在生活中高压现象是非常常见的。

例 0.3　地球上最深的地方是马里亚纳海沟,深度约为 10^4 m,试估计相应的压力。

解　设海水的密度为 1 g/cm^3,且密度不随深度改变,可用公式 $p = \rho g h$ 来估计此处的压力。取 $g = 10$ m/s^2,可得马里亚纳海沟的压力为 $p = 10^8$ Pa = 1 000 atm。

例 0.4　白矮星主要由 He 构成,体积较小,密度很大。取密度 $\rho = 10^{10}$ kg/m^3,中心温度 $T = 10^7$ K,估计内部的压力。

解　由于温度极高,He 原子全部电离,因此白矮星可看成是电子和氦核组成的系统。设电子的数量为 N,则氦核的数量为 $N/2$。以 m 表示电子的质量,m_p 表示质子的质量,m_w 表示白矮星的质量,它们之间的关系为

$$m_w \approx N(m + 2m_p) \approx 2Nm_p$$

白矮星内电子的数密度为

$$n = N/V \approx (m_w/2m_p)/(m_w/\rho) = \rho/(2m_p) \approx 10^{37} \text{ m}^{-3}$$

式中,V 为白矮星的体积。

电子的 Fermi 能为

$$E_F = \mu(0) = [\hbar^2/(2m)](3\pi^2 n)^{2/3} = 10^{-12} \text{ J}$$

式中,$\mu(0)$ 为 0 K 时电子的化学势,即 Fermi 能 E_F。

电子的 Fermi 温度 $T_F = E_F/k_B \approx 10^{11}$ K $\gg 10^7$ K,可见白矮星内部的电子气为简并电子气,对应的内能为

$$E = (3/5)N\mu(0) = (3/5)N[\hbar^2/(2m)][3\pi^2(N/V)]^{2/3}$$

电子气的压力为

$$p = -(\partial E/\partial V) = (2/5)n\mu(0) \approx 10^{25} \text{ Pa}$$

目前,实验室所能达到的压力远不及自然界,静态高压的记录是 550 GPa,是徐济安等人利用金刚石压机达到的。最高的动高压压力为 10^5 GPa,是多路激光同时照射氘丸产生的。自然界中的高压往往伴随着高温,实验室中常采用电阻加热和激光加热的方法来

实现高温条件,但同样远不如自然界达到的高温。图 0.3 示出了几个太阳系行星的压力、温度条件与实验室所能达到的静态压力、温度条件的比较。

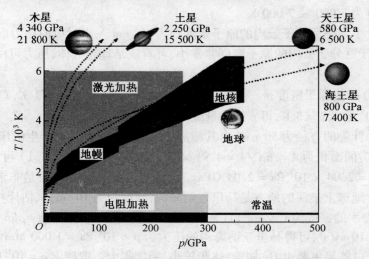

图 0.3　　一些行星及实验室能达到的静态压力、温度条件[5]

图 0.3 中标明"地幔"、"地核"的部分描绘出地球内部压力和温度的分布范围,四条虚线分别代表木星、土星、天王星和海王星内部的压力、温度分布,这几颗行星名称下部给出了中心的压力和温度。横轴上面的实线给出常温下所能达到的压力,下面为实验室达到的高压低温条件。横轴上面部分依次为电阻加热、激光加热所能达到的压力和温度范围。

0.3　　高压科学的发展历程[8~17]

人类对高压的应用最早可追溯到 Archimede 时代 Ktesebios 的双活塞泵供水,以及中世纪 Agricola 发明的木制"高压泵",用来从矿井中将水抽出。这种泵可用于 100 m 深的矿井,能提供约 10^6 Pa 的压力。

17 世纪,Robert Boyl 就开始研究气体在压力下体积的变化,得到在确定温度下气体压力与体积成反比的结论。1660 年,Boyl 在他著名的论文《触碰空气弹簧》中指出:"空气的压力可能用于研究目前人们还没想到的更多现象"。今天看来,他的预言实现了,系统地使用压力这个研究手段,使我们对物质的性质,特别是电子性质有了深入的了解。

1784 年,James Watt 改进了蒸汽机,利用几个 bar 压力的蒸汽产生动力。这是利用压力产生动力的最早的例子,并引发了工业革命。

中世纪开始,人们就着手研制枪等热兵器,子弹弹头是借助火药爆炸产生的高压气体获得动力的,气体的压力最高可达数个 kbar。

　　1823 年，Faraday 利用高压手段，在室温下实现了 Cl_2 的液化。随后，NH_3 和煤气的液化也获得成功。后来，经过 Cailletet 和 Amagat 的努力，高压装置成为气体液化的重要工具。19 世纪 80 年代，获得了约 0.3 GPa 的压力。

　　高压发展过程中的一个里程碑是 Haber 和 Bosch 利用 $(3 \sim 7) \times 10^7$ Pa 的高压合成氨获得成功。由于氨是重要的工业原料，Haber 和 Bosch 因此获得了 1918 年的 Nobel 化学奖。这是高压在化学中获得应用的开始，后来生产聚乙烯的压力高达 0.3 GPa。

　　在高压发展的历史上，美国物理学家 Percy Willams Bridgman 起到了重要的作用。为了研究材料在高压下的光学性质，他着手改进高压装置。早期的高压装置为活塞 – 圆筒装置，如图 4.1 所示。这些装置最大的问题就是样品的挤出问题，限制了压力的提高，其产生的最大压力为 0.1 GPa。Bridgman 的改进如图 4.2 所示，O 型密封圈的加入有效地阻止了样品的挤出，因为它的面积小于活塞，将产生高于样品的压力。改进后的装置产生高压的极限主要取决于材料的强度。当时由于战争的需要，冶金学迅速发展，发明了许多高强度钢。Bridgman 利用 Cr – V 钢制成高压装置，产生了 10 GPa 的高压，将 Amagat 的压力极限提高了两个数量级。Bridgman 发明了从外部支撑压力容器的方法，采用卡布洛依合金制成的双层高压容器，置于外压中，进一步提高了工作压力。他提出了"大质量支撑原理"，即由于非工作区的支撑作用，工作区可获得比材料本身抗压屈服强度高得多的压力。1952 年，他发展了两面加压的对顶砧高压装置，相应的压砧称为"Bridgman 压砧"，内部工作区用 WC 硬质合金制成，镶嵌在经过预应力处理的钢制支撑环中，这种装置的最高压力可达 50 GPa。Bridgman 还发明了自由活塞压力计，并利用液压替代了机械螺栓进行加压。1931 年，Bridgman 出版了著名的《高压物理学》一书，发表了关于元素、化合物的黏度、压缩率、电阻、热导、多型性转变等大量研究结果，对固体物理学的发展起到了重要作用。许多天然矿物的实验室合成，如金刚石、翡翠等都是根据他的数据来实现的。可以说，Bridgman 对高压科学的发展做出了巨大的贡献。从 1908 年起的 40 年间，许多高压研究工作都离不开 Bridgman 设计的高压装置，有力地证明了这一点，Bridgman 因此获得了 1946 年 Nobel 物理学奖。

　　20 世纪 40 年代，人们尝试利用脉冲载荷技术来产生高压。脉冲载荷的机械功通过压缩波的形式传递到样品内部，造成内能增加，从而压力随之增大。利用这种原理产生的高压就是动高压。

　　1953 年，美国通用电气公司的 Hall、Bundy 等人设计了"Belt"型高压装置，并在 1955 年以石墨为原料首次合成了金刚石。实验条件为 6 GPa、1 600 ℃，Ni 作为催化剂。几乎在同时，Von Platen 利用正六面体分割球装置，以 Fe 为催化剂，也成功地合成了金刚石。

　　1958 年，Hall 开发了正四面体装置。20 世纪中期，出现单轴加压的正六面体装置模块，即 DIA 型装置，如图 4.17(a) 所示。

　　1959 年，美国芝加哥大学的 Jamieson、Lawson 和 Nachtrieb，美国国家标准局的 Wier

等人开发了新型对顶砧装置,压砧材料为金刚石,并利用它进行了高压下原位 X - 射线衍射、红外光谱实验。由于金刚石是已知材料中最硬的,而且对于红外光、可见光、紫外光、X - 射线透明,金刚石压机成为研究高压下材料性质的强有力工具。随着 1965 年金属密封材料技术的引进,以及 1973 年红宝石压标的出现,金刚石压机成为高压研究中最流行的装置,不同类型、不同用途的压机设计不断涌现。金刚石压机的出现提高了高压装置的极限压力,首次使实验室高压极限超过了 100 GPa。金刚石压机也促进了高压科学研究的快速发展。

1966 年,日本大阪大学的 N. Kawai 设计了正八面体高压装置,使大腔体高压装置的压力得到大幅度的提升。

1967 年,Takahashi 和 Bassett 发展了高压下的激光加热技术,他们将激光束聚焦到金刚石压机的样品腔内,将金刚石转化为石墨。

20 世纪 70 年代,出现了一种新型的超硬材料,即烧结金刚石,使大腔体高压装置的极限压力得到进一步提升。Bundy 等人利用烧结金刚石作为压砧,采用两面加压方式,达到了 50 GPa 的高压。

1974 年,Ming 和 Bassett 利用大功率红外脉冲激光在金刚石压机中产生了 26 GPa、3 000 ℃ 的压力温度条件。

1986 年,美国 Carnegie 研究院地球物理实验室的徐济安、毛河光等人利用金刚石压机产生了 550 GPa 的静压力,是迄今为止静高压的极限。

1987 年,前苏联的 E. N. Avronin 等人在地下核试验中获得了 7×10^5 GPa 的动高压。

同年,Weathers 和 Bassett 采用激光加热技术在金刚石压机中获得了超过 5 000 K 的高温。

近年来,人们不断对高压装置进行改进、升级,高压技术也逐渐渗透到多个学科领域。高压与其他测试技术的结合使得高压下的原位观测成为可能。高压下的结构、电学性质、光学性质、磁性、共振研究、相变、弹性、电子结构、热学性质等的探测已经实现。特别是大型加速器提供了高亮度的同步辐射光源,使得金刚石压机获得了广泛应用。

0.4　　高压对物质的作用[18~26]

压力作为独立于温度、化学组分的一个热力学量,对物质的作用是任何其他条件所无法替代的。高压作用下,物质呈现出许多新现象、新性质和新规律。在 100 GPa 压力条件下,每种物质平均出现 5 次相变,也就是说,利用高压条件可以为人类提供超出现有材料 5 倍 以上的新材料,极大地优化了人们改造客观世界的条件。

高压对物质的作用主要表现为缩短原子间的平衡距离,增加物质的密度。在上百 GPa 压力的作用下,难于压缩的材料,如金属、陶瓷等,密度可增加 50%;而易于压缩的物质,如固态气体,密度可提高 1 000% 之多。

对气体加压可使之变成液体,大多数液体在 1～2 GPa 的压力下变为固体。对固体加压引起的原子间距离的改变,导致原子密排、原子间相互作用增强以及原子排列方式的改变,从而引起多型性转变,即结构相变。压力作用下还会改变原子间键合性质,使原子位置、化学键取向、配位数等发生变化,从而物质发生晶体向非晶体、非晶体向晶体以及两种非晶相之间的转变。

压力可导致电子体系状态的变化,由于物质中原子间距的缩小,相邻原子的电子云发生重叠,相互作用增强并影响到能带结构,引起电子相变。一般来说,压力可使原子核外电子发生非局域化转变,成为传导电子,绝缘体因此转变成金属,这就是 Wilson 转变。在压力足够高时,所有物质都会表现出金属的特征。当压力继续升高时,原子所有内层电子都成为传导电子,物质内部不存在单原子,而是电子和原子核混合在一起的均匀系统。当压力极高时,如中子星内部,单个的电子不能存在,而是被压入原子核内,与质子结合形成中子,物质处于极高密度的状态。可见,对物质施加压力时,随着压力的提高,物质的状态一般按照气体、液体、固体、金属性固体、基本粒子的顺序向高密度方向转变。

晶体内部的原子晶格体系与电子体系之间存在相互作用,即电－声子相互作用。通过改变原子间距,高压可调节物质中电－声子相互作用的强度,从而影响到物质的宏观物理性质,如超导电性等。同样,高压也可影响电子之间的关联作用。

在材料合成方面,高压有其特殊的优势,高压作用下,反应物颗粒之间的接触紧密,可降低反应温度,提高反应速率和产物的生成速率,缩短反应时间。某些亚稳态物质在高压下可稳定存在,并可淬火到常压,因此可利用高压来合成常压难于合成的物质。在高压下通过制造高氧压和低氧压环境,可获得异常氧化态的离子。此外,高压还具有抑制固体中原子的迁移、改变原子或离子的自旋态、使原子在晶体中具有优选位置等作用。

下面是几个关于高压应用的例子。

1. 水

水和人类的生活息息相关,常压下,水的冰点为 0 ℃,沸点为 100 ℃。在高压下,水表现出丰富的结构,物理性质与常压下差别很大。Bridgman 发现,在 0.2 GPa 的压力作用下,常压下的冰变得不稳定,转变为新的晶体结构。在 0.4 GPa 以上,冰的熔点变为 200 ℃,成为"热冰"。高压下,水具有十种以上的晶体结构,图 0.4 给出了水的相图。在更高的压力下(100 GPa 以上),水的结构还不为人所知。

2. 金属氢

氢在高压下的行为是一个重要的基础科学问题,氢在室温常压下为气体,在 5.7 GPa 的压力下,氢转变为绝缘性的分子固体。1935 年,Wigner 预言,在非常高的压力下,氢分子单元解体,氢转变成为单原子金属性固体。这种金属性氢具有非常特殊的性质,如类似液体的基态和极高的超导转变温度。实验表明,在 250 GPa 的高压作用下,氢分子键仍然稳定。图 0.5 是氢的同位素氘的高压相图。高压下,氘分子内伸缩振动的频率降低且吸收强度迅速提高,转变到第 Ⅲ 相,但在可见和中红外波段氘仍然是透明的,即仍然是绝缘体。氘的三相点的压力为(167 ±8) GPa,温度为(129 ±3) K。

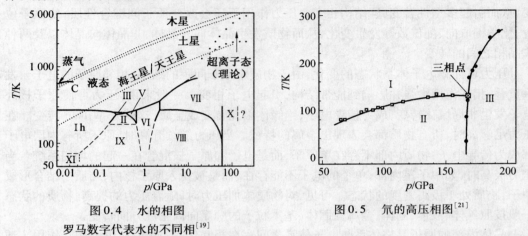

图 0.4　水的相图
罗马数字代表水的不同相[19]

图 0.5　氘的高压相图[21]

　　虽然氢原子仅由一个质子和一个电子构成,结构非常简单,但理论计算却相当困难,因为氢原子核很轻,量子效应明显,零点能较大。

　　到目前为止,氢的金属化转变仍然没有观测到,这始终是高压科学的一个重要研究方向。

3. 半导体

　　半导体的带隙比绝缘体窄,压力下的带隙变化可表现出许多有趣的现象。在中等压力下,一些半导体的带隙即可闭合而转变成金属态。另外,电子结构的变化也会诱发结晶学转变。例如,在 12 GPa 的压力下 Si 从具有金刚石结构的半导体转变为具有 β－Sn 结构的金属。

4. 金属－绝缘体转变

　　一般来说,随着压力的提高,材料的密度不断增加,成键电子变得不稳定,产生退局域化的倾向。每种物质都存在一个临界密度,高于这个值时物质变为金属态,对应于物质结构的变化或价带与导带的交叠。一个熟知的例子是 I_2,在 16 GPa 的压力下发生从绝缘态向金属态的转变。

5. 超导电性

　　压力可对超导体的转变温度 T_C 进行调节,了解压力下 T_C 的变化规律对设计新型超导体是有益的。在 1.4 GPa 压力下,高温氧化物超导体 LaBaCuO 体系的 T_C 由 35 K 提高至 52 K,启发人们用小半径的 Y 代替 La,使 T_C 迅速提高到 93 K。高压的作用还可提高超导体的 T_C,目前 T_C 的纪录就是利用高压在 HgBaCuO 体系获得的。$HgBa_2Ca_{m-1}Cu_mO_{2m+2+\delta}$

（$m = 1,2,3$）在常压下的超导转变温度分别为94 K、128 K和135 K,高压作用下分别变为118 K、154 K和164 K,如图0.6所示。可以看出,高压下超导体的转变温度提高了30 K之多。高压的应用极大地促进了高温超导的发展。

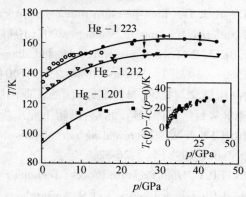

图 0.6　高压下 $HgBa_2Ca_{m-1}Cu_mO_{2m+2+\delta}$（$m = 1,2,3$）的 T_C 变化规律[24]

6.高压下材料的合成

高压合成最成功的例子就是金刚石,在常压下相对于它的同素异形体石墨来说,金刚石是碳的一个亚稳相,如图0.7所示。利用高压高温条件,可使石墨转变成金刚石,通过淬火使其保存到常压常温环境。金刚石合成的压力温度条件为 5 ~ 10 GPa,1 000 ~ 2 000 ℃,且需要使用金属触媒。图0.7中阴影部分代表最有利于石墨－金刚石催化转变的区域。经过多年的发展,人造金刚石已经发展成为一个产业。

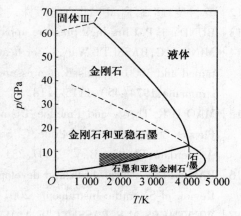

图 0.7　碳的相图[25]

另一个例子是翡翠的高压人工合成,以 Na_2CO_3、Al_2O_3 和 SiO_2 为原料,经过 1 350 ~ 1 550 ℃ 预烧,在 2 ~ 4.5 GPa、900 ~ 1 450 ℃ 保温保压 30 ~ 60 min,可获得 $\phi 12 \times 5$ mm 大小的宝石级翡翠。

目前,高压科学正处于一个蓬勃发展的时期,与高压有关的论文、出版物逐年增加。高压已经成为人们探索物质世界的一个强有力的手段。

参考文献

[1] 汪志诚.热力学.统计物理[M].北京:高等教育出版社,2003.

[2] 王华馥,吴自勤.固体物理实验方法[M].北京:高等教育出版社,1990.

[3] 日本材料学会高压力部門委員会. 高圧実験技術とその応用[M]. 東京:丸善株式会社,1969.

[4] 冯端,金国钧. 凝聚态物理学(上卷)[M]. 北京:高等教育出版社,2003.

[5] MAO H K,HEMLEY R J. The high-pressure dimension in earth and planetary science [J]. Proceedings of National Academy of Sciences,2007(104):9114-9115.

[6] XU J A,MAO H K,BELL P M. High pressure ruby and diamond fluorescence:Observations at 0. 21 to 0. 55 terapascal[J]. Science,1986(232):1404-1406.

[7] 经福谦,陈俊祥. 动高压原理与技术[M]. 北京:国防工业出版社,2006.

[8] 薛凤家. 诺贝尔物理学奖百年回顾[M]. 北京:国防工业出版社,2003.

[9] HEMLEY R J,ASHCROFT N W. The revealing role of pressure in the condensed matter sciences[J]. Physics Today,1998(51):26-32.

[10] BERTUCCO A,VETTER G. High Pressure Process Technology:Fundamentals and Applications[M]. Industrial Chemistry Library,Vol. 9. Amsterdam:Elsevier,2001.

[11] 郭奕玲,沈慧君. 物理学史[M]. 2 版. 北京:清华大学出版社,2005.

[12] 箕村茂. 超高圧[M]. 共立出版株式会社,1988.

[13] BUNDY F P. Ultra-high pressure apparatus[J]. Physics Reports,1988(167):133-176.

[14] MING L C,BASSETT W A. Laser heating in the diamond anvil press up to 2000 ℃ sustained and 3000 ℃ pulsed at pressures up to 260 kilobars[J]. Review of Scientific Instruments,1974(45):1115-1118.

[15] MAO H K. Theory and Practice:Diamond-Anvil Cells and Probes for High P-T Mineral Physics Studies. In:G. D. Price,G. Schubert ed. Treatises on Geophysics [M]. Vol 2. Amsterdam:Elsevier B. V. ,2007:231-267.

[16] BASSETT W A. The birth and development of laser heating in diamond anvil cells[J]. Review of Scientific Instruments,2001(72):1270-1272.

[17] WEATHERS M S,BASSETT W A. Melting of carbon at 50 to 300 kbar[J]. Physics and Chemistry of Minerals,1987(15):105-112.

[18] 徐如人,庞文琴. 无机合成与制备化学[M]. 北京:高等教育出版社,2003.

[19] CAI Y Q,MAO H K,CHOW P C,et al. Ordering of Hydrogen Bonds in High-Pressure Low-Temperature H_2O[J]. Physical Review Letters,2005(94):025502.

[20] HEMLEY R J,MAO H K. Static high-pressure effects in solids. In:G. L. Trigg ed. Encyclopedia of Applied Physics[M];Vol 18. New York:VCH Publishers,1997:555-572.

[21] MAO H K,HEMLEY R J. Ultrahigh-pressure transitions in solid hydrogen[J]. Reviews of Modern Physics,1994(66):671-692.

[22] CHU C W,HOR P H,MENG R L,et al. Superconductivity at 52. 5 K in the Lanthanum-Barium-Copper-Oxide System[J]. Science,1987(235):567-569.

[23] WU M K,ASHBURN J R,TORNG C J,et al. Superconductivity at 93 K in a new mixed-phase Y-Ba-Cu-O compound system at ambient pressure[J]. Physical Review Letters,1987(58):908-910.

[24] GAO L,XUE Y Y,CHEN F, et al. Superconductivity up to 164 K in $HgBa_2Ca_{m-1}Cu_mO_{2m+2+\delta}$ ($m = 1,2,3$) under quasihydrostatic pressures[J]. Physical Review B,1994 (94):4260-4263.

[25] BUNDY F P. Melting of graphite at very high pressure[J]. Journal of Chemical Physics,1963(38):618-630.

[26] 刘晓旸. 高压化学[J]. 化学进展,2009(21):1373-1388.

第1章　基础知识

固体材料在高压下因受到应力的作用而发生变形,称为变形固体。利用材料力学和弹性理论研究固体在高压下的力学行为时,通常采用如下假设。

1. 连续性假设

固体材料微观上是由原子在空间中的排列形成的,因此在原子尺度上看固体不是连续的介质。但是,这种不连续和宏观固体构件的尺寸比较起来是微乎其微的,可以忽略,可以认为固体在其空间体积中是连续的。

2. 均匀性假设

构件通常是由多晶固体材料制成的,内部包含许多小晶粒。晶粒的大小和构件的尺寸相比要小得多,而且晶粒在空间的取向也是杂乱无章的。从统计角度来看,构件内部各点的性质完全相同,力学性能是均匀的。

3. 各向同性假设

单晶材料的性能是各项异性的,但对于金属等多晶材料来说,由于内部小晶粒的无序排布,造成其性质在不同方向是相同的,这样的材料称为各向同性材料。

1.1　材料力学基础[1~3]

1.1.1　应力

构件受外力作用发生形变,工程上称这种外力为载荷。形变时,构件内部分子间产生抵抗变形的力,这种力称为内力。该内力的大小随外力的大小相应改变,故称之为应力。图 1.1 为分子间作用势能曲线,其中 r_0 为分子间的平衡距离。当材料受到拉伸或压缩时,内部分子间距将相应地增加或减少。对 r_0 的偏离,导致势能 U 的升高,从而产生抵抗产生变形的回复力。在材料的弹性限度内,形变越大,回复力也越大,这个力就是应力。

生活经验告诉我们,同样材料制成的构件,如匀质细杆,截面积越大,拉断它所需的力就越大,但单位面积上的力是相等的,可以用来描述材料的强度。考虑图 1.2 所示

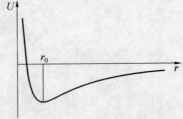

图 1.1　分子间作用势能曲线

的均匀的细杆,在横截面 $X-X$ 上的应力处处相同。设作用在面积为 A 的面上的力为 F,则应力为

$$\sigma = F/A \qquad\qquad (1.1.1)$$

其量纲为 $[ML^{-1}T^{-2}]$,单位是 Pa,和压强相同。

　　若应力垂直于受力面,称为正应力,如图 1.2 中的 σ;若应力的方向与受力面平行,称为切应力,又称剪应力,如图 1.3 中的 τ。

$$\tau = F/A \qquad\qquad (1.1.2)$$

剪应力的量纲与正应力相同。一般用 σ 表示正应力,而用 τ 表示剪应力。

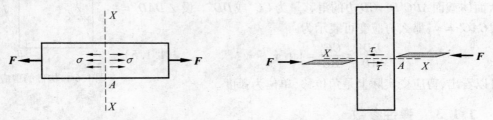

图 1.2　细杆所受的正应力　　　　图 1.3　细杆所受的剪应力

1.1.2　应变

　　同种材料制成的构件发生变形时,形变量和其尺寸成正比,形变量与原尺寸之比得到的单位形变值称为应变。设长为 l 的直圆杆拉伸或压缩时,其应变处处相同。若形变后的长度分别为 $l+\lambda$、$l-\lambda$,则每单位长度的伸长或缩短值为

$$\varepsilon = \lambda/l \qquad\qquad (1.1.3)$$

称为纵向应变。ε 为无量纲量,用百分比表示。ε 取正号代表拉伸应变,简称拉应变,负号代表压缩应变,简称压应变。图 1.4 给出了在力 F 作用下圆杆的拉应变。

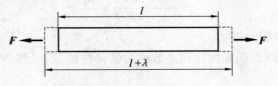

图 1.4　圆杆的拉应变

　　构件受拉伸或压缩载荷时直圆杆的截面发生变化,直径分别由 d 变成 $d-\delta$ 或 $d+\delta$,则

$$\varepsilon' = \delta/d \qquad\qquad (1.1.4)$$

称为横向应变,其中正号代表压应变,负号对应于拉应变。拉应变和压应变统称为正应变。图 1.5 示出了圆杆在压力(a)和拉力(b) F 作用下的横向应变。

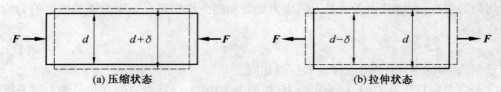

图 1.5　圆杆的横向应变

对应于切应力(剪应力)的应变称为切应变或剪应变。如图 1.6 所示,立方体截面 $ABCD$ 受剪切力 F 的作用,变形为平行六面体截面 $ABC'D'$,CD 边的滑移量为 CC' 或 DD'。设 $\angle DAD' = \angle CAC' = \gamma$,那么剪应变可表示为

$$\frac{DD'}{AD} = \frac{CC'}{BC} = \tan\gamma \approx \gamma \qquad (1.1.5)$$

可以看出,剪应变实际上是角位移,单位为弧度。

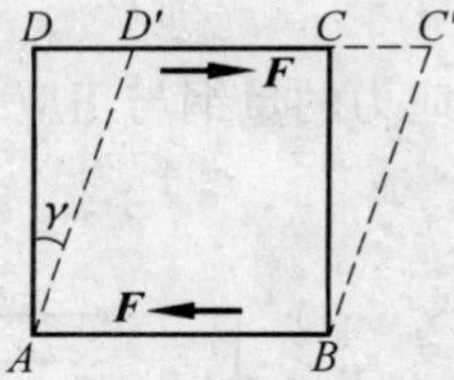

图 1.6　构件的剪应变

1.1.3　弹性参数

初等物理学中描述了弹簧受力和形变量之间的关系:在外力不超过其弹性限度时,弹簧的回复力和其形变量成正比,数学描述为

$$f = - kx$$

式中,f 为回复力;x 为弹簧的形变量;k 为弹性系数。

这个规律称为胡克(Hooke)定律,对于弹性杆,具有类似的规律。对于构件来说,Hooke 定律同样成立,即在一定限度内,应力和应变成正比,相应的比例系数称为弹性模量。

正应力和正应变之间的比例系数称为纵弹性模量或杨氏模量,用 E 表示

$$E = \frac{\sigma}{\varepsilon} = \frac{F/A}{\lambda/l} = \frac{Fl}{\lambda A} \qquad (1.1.6)$$

量纲为 $[ML^{-1}T^{-2}]$,与应力相同。

剪应力和剪应变线性关系的比例系数称为横弹性模量,又称为刚性模量或剪切弹性模量,用 G 表示

$$G = \frac{\tau}{\gamma} = \frac{F/A}{\gamma} = \frac{F}{A\gamma} \qquad (1.1.7)$$

图 1.5 为圆杆在正应力的作用下发生正应变,包括纵向应变和横向应变。横应变与纵应变之比称为泊松(Possion)比

$$\nu = \frac{\varepsilon'}{\varepsilon} = \frac{\delta l}{\lambda d} \qquad (1.1.8)$$

它是无量纲的数。严格说来,ε' 和 ε 的符号相反,ν 的定义应为 $-\varepsilon'/\varepsilon$。实际上,横应变

小于纵应变，例如对于直径为 d、长为 l 的圆杆，体积

$$V = \pi d^2 l$$

假设拉伸或压缩过程中杆的体积不变，那么

$$\Delta V = 2\pi l d \Delta d + \pi d^2 \Delta l = 0$$

$$\Delta l / l = -2 \Delta d / d$$

通常 Possion 比为小于 1 的数 $(0 < \nu < 1)$，称其倒数 $m = 1/\nu$ 为 Possion 数。一般材料的 Possion 比在 0.3 左右，相应的 Possion 数为 10/3。

一般情况下，构件所受的应力并不只是沿单一方向，而是各个方向同时受力。在某些特殊情况下，如浸在液体中的构件，其受力是各向同性的，此时构件的体积将发生变化，其单位体积的变化率

$$\varepsilon_{\mathrm{V}} = \frac{V - V_0}{V_0} = \frac{\Delta V}{V_0} \tag{1.1.9}$$

称为体积应变，有时也用 θ 表示。

设构件的形状为立方体，各面上的作用力 F 相同，各边的长度为 l，设三个相互正交的棱沿 x, y, z 方向。在力的作用下 x, y, z 方向的伸长和缩短均为 λ，则相应的体应变为

$$\varepsilon_{\mathrm{V}} = \frac{(l \pm \lambda)^3 - l^3}{l^3} = \pm 3\,\frac{\lambda}{l} + 3\left(\frac{\lambda}{l}\right)^2 \pm \left(\frac{\lambda}{l}\right)^3$$

由于固体的形变量和其原长相比较为小量，所以

$$\varepsilon_{\mathrm{V}} \approx \pm 3\,\frac{\lambda}{l} = 3\varepsilon \tag{1.1.10}$$

式中，ε 为纵向应变。可见在小形变量的情况下，体积应变为单一方向上长度应变的 3 倍。

图 1.7 为立方体构件在压应力作用下的情形。外力 F 在六个面上产生的正应力相等，均为

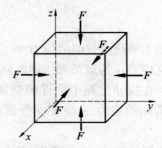

图 1.7　静水压作用下的立方体构件

$$\sigma = \frac{F}{A} = \frac{F}{l^2}$$

式中，$A = l^2$ 为每个面的面积。这时就称构件处于静水压(各向同性受压)$p = \sigma$ 的作用下。对于给定材料，p 与 ε_{V} 的比值为确定值，称为这种材料的体积弹性模量，用 K 表示

$$K = -\frac{p}{\varepsilon_{\mathrm{V}}} \tag{1.1.11}$$

体积弹性模量的倒数称为这种材料的压缩率，用 κ 表示

$$\kappa = \frac{1}{K} = \frac{\varepsilon_{\mathrm{V}}}{p} \tag{1.1.12}$$

描述材料弹性的四个参数，即杨氏模量 E、剪切弹性模量 G、Possion 比 ν 和体积弹性

模量 K，并不是相互独立的。对于各向同性弹性体，它们具有如下的关系

$$K = \frac{E}{3(1 - 2\nu)} \qquad (1.1.13)$$

$$E = 2(1 + \nu)G \qquad (1.1.14)$$

由此可以推知另外两个常用的关系式

$$K = \frac{GE}{3(3G - E)} \qquad (1.1.15)$$

$$G = \frac{3(1 - 2\nu)K}{2(1 + \nu)} \qquad (1.1.16)$$

实验上，最容易测量的是杨氏模量 E 和剪切弹性模量 G，通过上述关系可以求得体积弹性模量 K 和 Possion 比 ν。可见四个弹性参数中，只有两个是独立的。

1.1.4　应力 – 应变曲线

为了解材料的力学性能，将标准形状的构件装在拉伸试验机上，缓慢增加载荷 F，考查构件的变形情况，如图 1.8 所示。由此可以得到材料的应力 – 应变曲线。

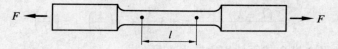

图 1.8　构件的拉伸实验

图 1.9 给出软钢的应力 – 应变曲线，其中名义应力 σ 为载荷和构件的原始横截面积之比。在拉伸过程中构件的截面积会缩小，因此实际的应力 – 应变曲线要高于名义曲线。

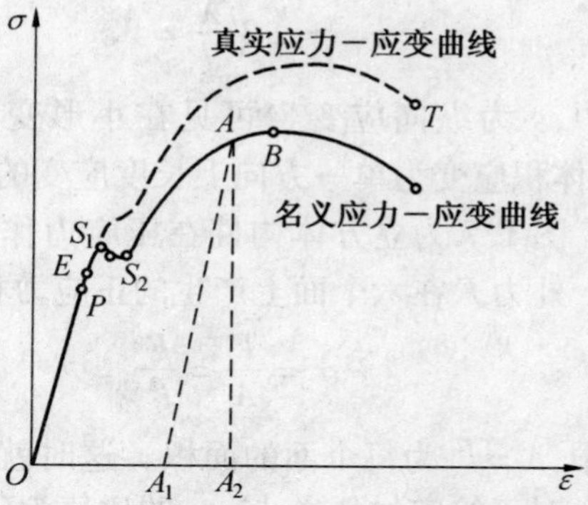

软钢的应力 – 应变曲线可分为四个阶段，即弹性阶段、屈服阶段、强化阶段和局部变形阶段。弹性阶段对应拉伸的初始时期，即应力小于 σ_P（图中 P 点的应力，下同）的范围。这时应力与应变的关系为线性，即

$$\sigma = E\varepsilon$$

图 1.9　软钢的应力 – 应变曲线

这段直线的斜率即为杨氏模量。σ_P 称为材料的比例极限，超过这个值时，Hooke 定律不再成立。当应力小于 σ_E 时，撤去应力后材料无残余应变，可完全恢复原状，材料的形变是弹性形变，因此 σ_E 称为弹性极限。应力继续加大时，曲线由弹性阶段过渡到屈服阶段，应变增加明显，而应力先下降，然后做微小波动。载荷撤去以后，材料的应变也不消失，材料

的这种性质称为塑性,对应于材料的屈服,而这种变形称为塑性变形。图1.9中的 S_1 和 S_2 点对应于屈服阶段应力的最大和最小值,分别称为上屈服极限(σ_{S1})和下屈服极限(σ_{S2})。经过了屈服阶段,材料又表现出抵抗变形的能力。若要增大材料的应变,需要进一步提高应力。这时应力大于上屈服极限,表现为材料的强化,这个阶段称为强化阶段。强化阶段中应力的最大值对应图中的点 B,该点的应力 σ_B 称为材料的拉伸强度。经过点 B 后,构件的横向尺寸急剧减小,使其继续发生应变所需的外力因此降低,如图1.9所示。当构件的应变达到一定值时,构件被拉断。这个阶段称为局部变形阶段。构件被拉断时对应真实应力－应变曲线中的 T 点,相应的应力为 σ_T。从图1.9中可以看出,构件受拉伸而到达图中点 A,然后撤去应力,回到横轴

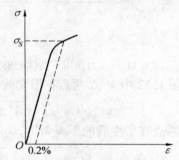

(应变轴)点 A_1,OA_1 称为残留应变或残余应变,而 A_1A_2 为撤掉载荷后消失的应变,称为弹性应变。

图 1.10　铸铁的应力－应变曲线

　　许多材料并不具有软钢那样典型的拉伸曲线,甚至没有明显的屈服点。图1.10给出铸铁的拉伸曲线。对于这种拉伸曲线,以产生 0.2% 残余应变的应力作为标准,即屈服强度,通常用 $\sigma_{0.2}$ 表示。

1.2　弹性理论的基本方程[4,5]

1.2.1　应变张量

　　如图1.11所示,物体上任选一点 M,其坐标用一个矢量 $\boldsymbol{r}$ 来表示。当物体发生形变时,每一点的位置都会发生变化。点 M 在形变后移动到 M',坐标变为 $\boldsymbol{r}'$。点 M 的位移为

$$\boldsymbol{u} = \boldsymbol{r}' - \boldsymbol{r}$$

分量表示为

$$u_i = r'_i - r_i \quad (i = 1,2,3)$$

$\boldsymbol{u}$ 称为形变矢量或位移矢量。这里为了求和方便把三个坐标轴 x,y,z 编号为 $i = 1,2,3$。形变后点的坐标 x'_i 是形变前点坐标 x_i 的函数,所以 u_i 也是坐标 x_i 的函数。矢量 $\boldsymbol{u}$ 作为 x_i 的函数,可完全确定整个物体的形变。

　　考察物体中任意两个无限接近的点 M、N,连接两点的矢量在形变前为 $\mathrm{d}\boldsymbol{r} = (\mathrm{d}x_1, \mathrm{d}x_2, \mathrm{d}x_3)$,形变后为 $\mathrm{d}\boldsymbol{r}' = (\mathrm{d}x'_1, \mathrm{d}x'_2, \mathrm{d}x'_3)$,如图1.12所示。从图中可以看出,$\mathrm{d}\boldsymbol{r}$、$\mathrm{d}\boldsymbol{r}'$ 和 $\mathrm{d}\boldsymbol{u}$ 之间的关系为

$$\mathrm{d}\boldsymbol{r}' = \mathrm{d}\boldsymbol{r} + \mathrm{d}\boldsymbol{u} \tag{1.2.1}$$

写成分量式为

$$\mathrm{d}x'_i = \mathrm{d}x_i + \mathrm{d}u_i \quad (i = 1,2,3) \tag{1.2.2}$$

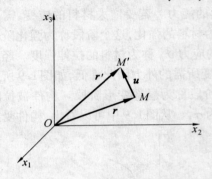

图 1.11　应力作用下物体的形变 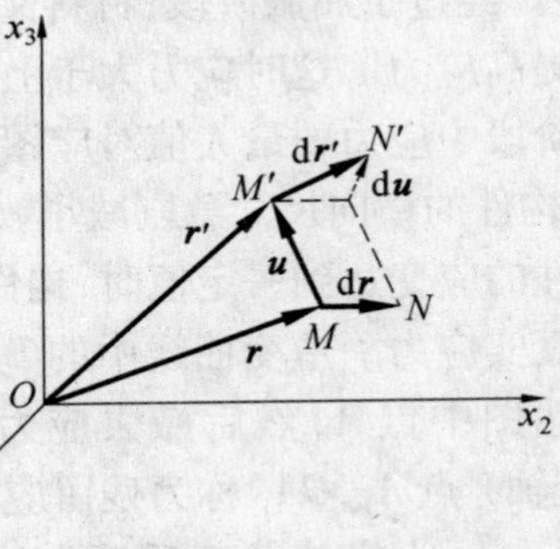　　　　图 1.12　物体上两点的相对位移

图 1.12 中 M、N 两点在形变前的距离为

$$\mathrm{d}l = \sqrt{(\mathrm{d}x_1)^2 + (\mathrm{d}x_2)^2 + (\mathrm{d}x_3)^2} \quad (i = 1,2,3) \tag{1.2.3}$$

M、N 两点在形变后的距离 $M'N'$ 为

$$\mathrm{d}l' = \sqrt{(\mathrm{d}x'_1)^2 + (\mathrm{d}x'_2)^2 + (\mathrm{d}x'_3)^2} \quad (i = 1,2,3) \tag{1.2.4}$$

对式(1.2.4)两端平方,得

$$(\mathrm{d}l')^2 = \sum_{i=1}^{3} (\mathrm{d}x'_i)^2 = \sum_{i=1}^{3} (\mathrm{d}x_i + \mathrm{d}u_i)^2 \tag{1.2.5}$$

由于 u 是 x_i 的函数,即 $u = u(x_1,x_2,x_3)$,则

$$\mathrm{d}u_i = \sum_{k=1}^{3} \frac{\partial u_i}{\partial x_k}\mathrm{d}x_k$$

进而可知

$$(\mathrm{d}u_i)^2 = (\mathrm{d}u_i) \cdot (\mathrm{d}u_i) = \sum_{k=1}^{3}\sum_{l=1}^{3} \frac{\partial u_i}{\partial x_k}\frac{\partial u_i}{\partial x_l}\mathrm{d}x_k\mathrm{d}x_l \tag{1.2.6}$$

由式(1.2.5)得

$$(\mathrm{d}l')^2 = \sum_{i=1}^{3} \left[(\mathrm{d}x_i)^2 + 2\mathrm{d}x_i\mathrm{d}u_i + (\mathrm{d}u_i)^2 \right]$$

$$(\mathrm{d}l')^2 = (\mathrm{d}l)^2 + 2\sum_{i,k=1}^{3} \frac{\partial u_i}{\partial x_k}\mathrm{d}x_i\mathrm{d}x_k + \sum_{i,k,l=1}^{3} \frac{\partial u_i}{\partial x_k}\frac{\partial u_i}{\partial x_l}\mathrm{d}x_k\mathrm{d}x_l \tag{1.2.7}$$

将第二项的求和指标 i、k 互换,不影响求和结果,即

$$\sum_{i,k=1}^{3} \frac{\partial u_i}{\partial x_k}\mathrm{d}x_i\mathrm{d}x_k = \sum_{k,i=1}^{3} \frac{\partial u_k}{\partial x_i}\mathrm{d}x_k\mathrm{d}x_i$$

将第三项的求和指标 i、l 互换,也不影响求和结果,即

$$\sum_{i,k,l=1}^{3} \frac{\partial u_i}{\partial x_k} \frac{\partial u_i}{\partial x_l} \mathrm{d}x_k \mathrm{d}x_l = \sum_{i,k,l=1}^{3} \frac{\partial u_l}{\partial x_k} \frac{\partial u_l}{\partial x_i} \mathrm{d}x_k \mathrm{d}x_i$$

这样式(1.2.7)就变成

$$(\mathrm{d}l')^2 = (\mathrm{d}l)^2 + \sum_{i,k=1}^{3} 2u_{ik}\mathrm{d}x_i\mathrm{d}x_k \tag{1.2.8}$$

其中

$$u_{ik} = \frac{1}{2}\left(\frac{\partial u_i}{\partial x_k} + \frac{\partial u_k}{\partial x_i} + \sum_{l=1}^{3} \frac{\partial u_l}{\partial x_i} \frac{\partial u_l}{\partial x_k} \right) \tag{1.2.9}$$

上式表明，u_{ik} 为一个二阶张量，称为应变张量。它给出了某一方向的长度变化对所有方向上应变的影响。由式(1.2.9)可知，应变张量 u_{ik} 为一个对称张量，即

$$u_{ik} = u_{ki} \tag{1.2.10}$$

$$\boldsymbol{u}_{ik} = \begin{pmatrix} u_{11} & u_{12} & u_{13} \\ u_{12} & u_{22} & u_{23} \\ u_{13} & u_{23} & u_{33} \end{pmatrix} \tag{1.2.11}$$

对于对称张量，存在张量主轴。在主轴坐标系中，只有对角元不为零。一般说来，主轴应为物体的高对称方向，如晶体的晶轴方向等。主轴坐标系中的应变张量为

$$u_{ik} = \begin{pmatrix} u_{11} & 0 & 0 \\ 0 & u_{22} & 0 \\ 0 & 0 & u_{33} \end{pmatrix} \tag{1.2.12}$$

或记为

$$u_{ik} = \begin{pmatrix} u^{(1)} & 0 & 0 \\ 0 & u^{(2)} & 0 \\ 0 & 0 & u^{(3)} \end{pmatrix} \tag{1.2.13}$$

式中对角分量 $u^{(1)}$、$u^{(2)}$、$u^{(3)}$ 称为应变张量的主值，又称为主应变。

式(1.2.8)可写为如下形式

$$(\mathrm{d}l')^2 = \sum_{i=1}^{3} (\mathrm{d}x_i)^2 + \sum_{i,k=1}^{3} 2u_{ik}\mathrm{d}x_i\mathrm{d}x_k = \sum_{i,k=1}^{3} (\delta_{ik} + 2u_{ik})\mathrm{d}x_i\mathrm{d}x_k \tag{1.2.14}$$

其中 δ_{ik} 称为克罗内克(Kronecker)符号，其定义为

$$\delta_{ik} = \begin{cases} 1 & (i = k) \\ 0 & (i \neq k) \end{cases} \tag{1.2.15}$$

在主轴坐标系中，将式(1.2.13)代入式(1.2.14)，得

$$(\mathrm{d}l')^2 = (1 + 2u^{(1)})(\mathrm{d}x_1)^2 + (1 + 2u^{(2)})(\mathrm{d}x_2)^2 + (1 + 2u^{(3)})(\mathrm{d}x_3)^2$$

$$\tag{1.2.16}$$

考虑到

$$(\mathrm{d}l')^2 = (\mathrm{d}x_1')^2 + (\mathrm{d}x_2')^2 + (\mathrm{d}x_3')^2 \tag{1.2.17}$$

可得

$$\begin{cases} \mathrm{d}x_1' = \sqrt{1 + 2u^{(1)}}\,\mathrm{d}x_1 \\ \mathrm{d}x_2' = \sqrt{1 + 2u^{(2)}}\,\mathrm{d}x_2 \\ \mathrm{d}x_3' = \sqrt{1 + 2u^{(3)}}\,\mathrm{d}x_3 \end{cases} \tag{1.2.18}$$

由此可见,在物体的任一体积元内,可将形变看成主轴方向上三个独立的形变之和,每一个这样的形变就是沿主轴方向上的单纯拉伸或压缩。如果 $u^{(1)} = u^{(2)} = u^{(3)}$,如各向同性均匀物质,那么 d$r$ 和 du 的方向一致。u 是形变矢量,如图 1.12 所示,其长度要比 r 小得多,即 $u \ll r$。而 du 为相对于 dr 的形变量为

$$|\,\mathrm{d}u\,| \ll |\,\mathrm{d}r\,| \tag{1.2.19}$$

所以 $\dfrac{\partial u_i}{\partial x_k}$ 等量都很小,而 $\dfrac{\partial u_l}{\partial x_i}\dfrac{\partial u_l}{\partial x_k}$ 等项为更高阶的小量,式(1.2.9) 可近似为

$$u_{ik} = \frac{1}{2}\left(\frac{\partial u_i}{\partial x_k} + \frac{\partial u_k}{\partial x_i}\right) \tag{1.2.20}$$

主轴坐标系中某个方向的应变为

$$\frac{\mathrm{d}x_i' - \mathrm{d}x_i}{\mathrm{d}x_i} = \frac{\sqrt{1 + 2u^{(i)}}\,\mathrm{d}x_i - \mathrm{d}x_i}{\mathrm{d}x_i} \approx u^{(i)} \quad (i = 1,2,3) \tag{1.2.21}$$

可见,主轴坐标系中的应变张量矩阵元对应于相应方向上的应变。

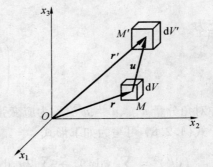

考虑物体上一个无限小的体积元 dV,形变后变为 dV',如图 1.13 所示。选取包括所考虑点处的应变张量主轴作为坐标轴,对应体积元沿三个方向上的线元 dx_1、dx_2、dx_3,在形变后变为 dx_1'、dx_2'、dx_3',那么由式(1.2.18) 可知

$$\begin{cases} \mathrm{d}x_1' = (1 + u^{(1)})\mathrm{d}x_1 \\ \mathrm{d}x_2' = (1 + u^{(2)})\mathrm{d}x_2 \\ \mathrm{d}x_3' = (1 + u^{(3)})\mathrm{d}x_3 \end{cases} \tag{1.2.22}$$

图 1.13　物体上一体积元的应变

$$\mathrm{d}V' = \mathrm{d}x_1'\mathrm{d}x_2'\mathrm{d}x_3' = (1 + u^{(1)})(1 + u^{(2)})(1 + u^{(3)})\mathrm{d}x_1\mathrm{d}x_2\mathrm{d}x_3$$

略去高阶小量后变为

$$\mathrm{d}V' = (1 + u^{(1)} + u^{(2)} + u^{(3)})\mathrm{d}V \tag{1.2.23}$$

由线性代数可知,张量的主值之和,即张量矩阵的迹 $u^{(1)} + u^{(2)} + u^{(3)}$ 是个不变量,在任意

坐标系中都相等,因此材料的体应变

$$\varepsilon_V = \frac{\mathrm{d}V' - \mathrm{d}V}{\mathrm{d}V} = u^{(1)} + u^{(2)} + u^{(3)} \qquad (1.2.24)$$

在任意坐标系中都是一样的,由此得到的体弹模量是表征材料弹性性质的特征量。

各向同性均匀物质受静水压作用时,三个主应变值相等,即

$$u^{(1)} = u^{(2)} = u^{(3)} = \varepsilon \qquad (1.2.25)$$

其体应变为纵向应变的 3 倍

$$\varepsilon_V' = u^{(1)} + u^{(2)} + u^{(3)} = 3\varepsilon \qquad (1.2.26)$$

1.2.2　应力张量

物体受外力作用而发生形变时,产生抵抗变形的应力。研究应力通常利用截面法,即利用一个截面把物体分为两部分,研究一部分对另一部分的作用力。

由定义知,作用于截面上单位面积上的力即为应力。垂直作用于该截面上的应力分量为正应力,另一个分量位于截面内,为剪应力。

物体在应力作用下保持稳定。如图 1.14 所示,考虑物体内任一点 P,取一宏观小、微观大的三角锥包围点 P。

图 1.15 为放大的体积元,其中 AB、AC、AD 分别与 x、y、z 轴平行。$\triangle ACD$ 的面积为 S_x,$\triangle BAD$ 的面积为 S_y,$\triangle ABC$ 的面积为 S_z,$\triangle BCD$ 的面积为 S,N 为 $\triangle BCD$ 的法线方向。

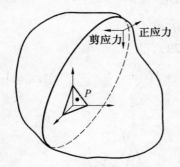

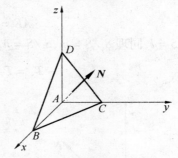

图 1.14　物体上一体积元的应变　　　　图 1.15　体积元的放大图

由于体积元很小,每个面上各点的作用力可认为是相等的。设四个面上从外部作用在单位面积上的力即应力分别为 T_x、T_y、T_z、T_S,下标代表相应的面,每个应力都有三个分量

$$\begin{aligned}
\boldsymbol{T}_x &= T_{xx}\boldsymbol{i} + T_{yx}\boldsymbol{j} + T_{zx}\boldsymbol{k} = (T_{xx}, T_{yx}, T_{zx}) \\
\boldsymbol{T}_y &= T_{xy}\boldsymbol{i} + T_{yy}\boldsymbol{j} + T_{zy}\boldsymbol{k} = (T_{xy}, T_{yy}, T_{zy}) \\
\boldsymbol{T}_z &= T_{xz}\boldsymbol{i} + T_{yz}\boldsymbol{j} + T_{zz}\boldsymbol{k} = (T_{xz}, T_{yz}, T_{zz}) \\
\boldsymbol{T}_S &= T_{xS}\boldsymbol{i} + T_{yS}\boldsymbol{j} + T_{zS}\boldsymbol{k} = (T_{xS}, T_{yS}, T_{zS})
\end{aligned} \qquad (1.2.27)$$

应力分量的第一个下标代表这个面上应力在 x、y、z 轴上的投影，第二个下标代表力的作用面。图 1.16 给出了 $\boldsymbol{T}_z$ 和分量的示意图。

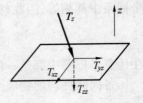

设三角锥体积元单位体积上的外力（如重力等）为 $\boldsymbol{M}$，那么体系处于平衡状态时由力的平衡条件有

$$\boldsymbol{T}_x S_x + \boldsymbol{T}_y S_y + \boldsymbol{T}_z S_z + \boldsymbol{T}_S S + \boldsymbol{M} V = 0 \qquad (1.2.28)$$

图 1.16 应力 $\boldsymbol{T}_z$ 与分量

其中 V 为三角锥的体积，整理得

$$-\boldsymbol{T}_S = \boldsymbol{T}_x \frac{S_x}{S} + \boldsymbol{T}_y \frac{S_y}{S} + \boldsymbol{T}_z \frac{S_z}{S} + \boldsymbol{M} \frac{V}{S} \qquad (1.2.29)$$

设 $\triangle BCD$ 的法线方向单位矢量为

$$\boldsymbol{N} = l\boldsymbol{i} + m\boldsymbol{j} + n\boldsymbol{k} = (l, m, n) \qquad (1.2.30)$$

如图 1.17 所示，$\boldsymbol{N}$ 与 x、y、z 轴的夹角分别为 α、β、γ，则 $l = \cos\alpha, m = \cos\beta, n = \cos\gamma$。$\boldsymbol{N}$ 可改写为

$$\boldsymbol{N} = \cos\alpha\,\boldsymbol{i} + \cos\beta\,\boldsymbol{j} + \cos\gamma\,\boldsymbol{k} \qquad (1.2.31)$$

从图 1.18 可以看出

$$S_z = S_{\triangle ABC} = \frac{1}{2} BC \cdot AE$$

$$S = S_{\triangle BCD} = \frac{1}{2} BC \cdot DE$$

$$AE = \cos\gamma\, DE = nDE$$

所以 $S_x/S = l$，同理 $S_y/S = m$，$S_z/S = n$，代入式（1.2.29），得

$$-\boldsymbol{T}_S = \boldsymbol{T}_x l + \boldsymbol{T}_y m + \boldsymbol{T}_z n + \boldsymbol{M} \frac{V}{S} \qquad (1.2.32)$$

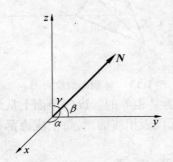
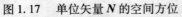
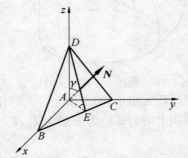

图 1.17 单位矢量 $\boldsymbol{N}$ 的空间方位　　　　图 1.18 体积元中的几何关系

当三角锥体积元取很小时，V 相对 S 来说是更高阶小量，可忽略不计。通过 BCD 面向外作用的应力为

$$\boldsymbol{T} = -\boldsymbol{T}_S = \boldsymbol{T}_x l + \boldsymbol{T}_y m + \boldsymbol{T}_z n \qquad (1.2.33)$$

写成分量形式

$$
\begin{cases}
T_x = -T_{xS} = T_{xx}l + T_{xy}m + T_{xz}n \\
T_y = -T_{yS} = T_{yx}l + T_{yy}m + T_{yz}n \\
T_z = -T_{zS} = T_{zx}l + T_{zy}m + T_{zz}n
\end{cases}
\tag{1.2.34}
$$

式中，T_x、T_y、T_z 为 T 的三个分量，写成张量形式为

$$
\begin{pmatrix} T_x \\ T_y \\ T_z \end{pmatrix} =
\begin{pmatrix}
T_{xx} & T_{xy} & T_{xz} \\
T_{yx} & T_{yy} & T_{yz} \\
T_{zx} & T_{zy} & T_{zz}
\end{pmatrix}
\begin{pmatrix} l \\ m \\ n \end{pmatrix}
\tag{1.2.35}
$$

将 $T_{ij}(i,j = x,y,z)$ 称为应力张量，其矩阵形式为

$$
T_{ij} =
\begin{pmatrix}
T_{xx} & T_{xy} & T_{xz} \\
T_{yx} & T_{yy} & T_{yz} \\
T_{zx} & T_{zy} & T_{zz}
\end{pmatrix}
\tag{1.2.36}
$$

在平衡状态下，忽略单位体积的受力，物体中的任一小体积元所受的合外力、合外力矩均为零。如图 1.19 所示的小立方体，由于六个面的面积相同，合外力为零的条件要求相对两个面上的应力大小相等、方向相反，它们仅对小立方体产生力矩的作用；相对于平行 z 方向的轴线 CC' 的转动力矩为零，要求 $T_{xy} = T_{yx}$；同理 $T_{yz} = T_{zy}$，$T_{xz} = T_{zx}$。可见应力张量为对称张量，只有六个分量是相互独立的。可通过坐标变换变到主轴坐标系，使应力张量成为对角张量

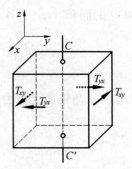

图 1.19　立方体积元的受力
（只标出 T_{xy}、T_{yx} 两个分量）

$$
T_{ij} =
\begin{pmatrix}
T'_{xx} & 0 & 0 \\
0 & T'_{yy} & 0 \\
0 & 0 & T'_{zz}
\end{pmatrix} =
\begin{pmatrix}
\sigma_1 & 0 & 0 \\
0 & \sigma_2 & 0 \\
0 & 0 & \sigma_3
\end{pmatrix}
\tag{1.2.37}
$$

其中 T'_{xx}、T'_{yy}、T'_{zz} 各为主轴坐标系中作用于垂直主轴的面上的正应力，称为主应力，用 σ_1、σ_2、σ_3 表示。垂直于主轴的面称为主平面，在主平面上只有主应力，而无剪应力。根据张量的性质可知，在任何坐标变换下，张量矩阵的迹保持不变，即 $\sigma_1 + \sigma_2 + \sigma_3 = $ 常量。

材料受力时，如果三个主应力已知，任意截面上的应力可由其空间方位求出。如图 1.20(a) 中的立方体，相应的主应力 σ_1、σ_2、σ_3 分别沿 x、y、z 轴方向。$\triangle BCD$ 是立方体中任一斜截面，其法线方向单位矢量为 N，此面上应力 p 沿 x、y、z 轴的分量为 p_x、p_y 和 p_z，如图 1.20(b) 所示。

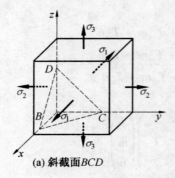
(a) 斜截面BCD

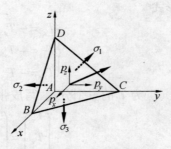
(b) 三角锥ABCD的受力分析

图 1.20 立方体积元中斜截面的受力

设单位矢量 N 与 x、y、z 轴的夹角分别为 α、β、γ，则方向余弦为 $l = \cos\alpha$，$m = \cos\beta$，$n = \cos\gamma$。l、m、n 满足

$$l^2 + m^2 + n^2 = 1 \tag{1.2.38}$$

令 $\triangle BCD$ 的面积 $S_{\triangle BCD} = A$，则图 1.20(b) 所示三角锥的其他几个面的面积为

$$S_{\triangle ABC} = A\cos\gamma = An$$

$$S_{\triangle ACD} = A\cos\alpha = Al$$

$$S_{\triangle ABD} = A\cos\beta = Am$$

处于平衡状态时三角锥所受合力为零，写成分量式为

$$p_x A - \sigma_1 Al = 0$$

$$p_y A - \sigma_2 Am = 0$$

$$p_z A - \sigma_3 An = 0$$

由此可得

$$\begin{cases} p_x = \sigma_1 l \\ p_y = \sigma_2 m \\ p_z = \sigma_3 n \end{cases} \tag{1.2.39}$$

作用于斜截面 $\triangle BCD$ 上的总应力可表示为

$$p^2 = p_x^2 + p_y^2 + p_z^2 = \sigma_1^2 l^2 + \sigma_2^2 m^2 + \sigma_3^2 n^2 \tag{1.2.40}$$

此应力还可分解为主应力和剪应力

$$p^2 = \sigma_n^2 + \tau_n^2 \tag{1.2.41}$$

式中，σ_n 和 τ_n 分别代表主应力和剪应力。

由式(1.2.39) 得

$$\sigma_n = p_x l + p_y m + p_z n = \sigma_1 l^2 + \sigma_2 m^2 + \sigma_3 n^2 \tag{1.2.42}$$

而 τ_n 可由式(1.2.41) 给出

$$\tau_n^2 = p^2 - \sigma_n^2 = p_x^2 + p_y^2 + p_z^2 - (\sigma_1 l^2 + \sigma_2 m^2 + \sigma_3 n^2)^2 =$$
$$(\sigma_1^2 l^2 + \sigma_2^2 m^2 + \sigma_3^2 n^2) - (\sigma_1 l^2 + \sigma_2 m^2 + \sigma_3 n^2)^2 \qquad (1.2.43)$$

由式(1.2.38)可得 $n^2 = 1 - l^2 - m^2$，将其代入式(1.2.43)，有

$$\tau_n^2 = [(\sigma_1^2 - \sigma_3^2)l^2 + (\sigma_2^2 - \sigma_3^2)m^2 + \sigma_3^2] - [(\sigma_1 - \sigma_3)l^2 + (\sigma_2 - \sigma_3)m^2 + \sigma_3]^2$$
$$(1.2.44)$$

对于不同斜截面，由于方向余弦 l、m 不同，相应的剪应力也会发生变化。人们往往关心最大剪应力，这可以通过对 l、m 的偏微分为零的条件得到。

$$\begin{cases} 2\tau_n \dfrac{\partial \tau_n}{\partial l} = 2(\sigma_1^2 - \sigma_3^2)l - 2[(\sigma_1 - \sigma_3)l^2 + (\sigma_2 - \sigma_3)m^2 + \sigma_3] \cdot 2(\sigma_1 - \sigma_3)l = 0 \\ 2\tau_n \dfrac{\partial \tau_n}{\partial m} = 2(\sigma_2^2 - \sigma_3^2)m - 2[(\sigma_1 - \sigma_3)l^2 + (\sigma_2 - \sigma_3)m^2 + \sigma_3] \cdot 2(\sigma_2 - \sigma_3)m = 0 \end{cases}$$
$$(1.2.45)$$

假设 $\sigma_1 > \sigma_2 > \sigma_3$，消去上式中的公共因子

$$\begin{cases} \{(\sigma_1 - \sigma_3) - 2[(\sigma_1 - \sigma_3)l^2 + (\sigma_2 - \sigma_3)m^2]\}l = 0 \\ \{(\sigma_2 - \sigma_3) - 2[(\sigma_1 - \sigma_3)l^2 + (\sigma_2 - \sigma_3)m^2]\}m = 0 \end{cases} \qquad (1.2.46)$$

$l = m = 0, n = \pm 1$ 是(1.2.46)的解，但此时截面 $\triangle BCD$ 垂直于 z 轴，是主平面，对应 $\tau_n = 0$，并不是要求的解。如果 $l \neq 0, m \neq 0$，整理上式得 $\sigma_1 = \sigma_2$，与假定不符。因此只需考虑以下两种情形：

(1) $l \neq 0, m = 0$，由式(1.2.46)的第一式得 $(\sigma_1 - \sigma_3)(1 - 2l^2) = 0$，可给出解

$$l = \pm \frac{1}{\sqrt{2}}; \quad m = 0; \quad n = \pm \frac{1}{\sqrt{2}} \qquad (1.2.47)$$

(2) $l = 0, m \neq 0$，由式(1.2.46)的第二式得 $(\sigma_2 - \sigma_3)(1 - 2m^2) = 0$，可给出解

$$l = 0; \quad m = \pm \frac{1}{\sqrt{2}}; \quad n = \pm \frac{1}{\sqrt{2}} \qquad (1.2.48)$$

如果在式(1.2.43)中消去 l 或 m，则还可得如下解

$$l = \pm \frac{1}{\sqrt{2}}; \quad m = \pm \frac{1}{\sqrt{2}}; \quad n = 0 \qquad (1.2.49)$$

可见，剪应力的极值出现在和主轴夹角45°或135°的平面上。将式(1.2.47)～(1.2.49)代入式(1.2.43)，分别得到

$$\tau_n = \pm \frac{(\sigma_1 - \sigma_3)}{2} \qquad (1.2.50)$$

$$\tau_n = \pm \frac{(\sigma_2 - \sigma_3)}{2} \qquad (1.2.51)$$

$$\tau_n = \pm \frac{(\sigma_1 - \sigma_2)}{2} \qquad (1.2.52)$$

相应地正应力也可由式(1.2.42)计算得出

$$\sigma_n = \frac{(\sigma_1 + \sigma_3)}{2} \qquad (1.2.53)$$

$$\sigma_n = \frac{(\sigma_2 + \sigma_3)}{2} \qquad (1.2.54)$$

$$\sigma_n = \frac{(\sigma_1 + \sigma_2)}{2} \qquad (1.2.55)$$

考虑到 $\sigma_1 > \sigma_2 > \sigma_3$，最大剪应力由式 (1.2.50) 给出，记为

$$\tau_{max} = \pm \frac{(\sigma_1 - \sigma_3)}{2} \qquad (1.2.56)$$

作用在平分 σ_1 和 σ_3 夹角的平面上。图1.21 所示为一个最大剪应力的方向。

如果三个主应力中有相等的情形，如 $\sigma_1 = \sigma_2 = \sigma_3$，即各向同性受力情形，由式 (1.2.44) 可知作用在通过该点任意平面的 剪应力为零。

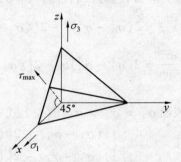

图1.21 最大剪应力方向

如果三个主应力中有两个相等，不妨设 $\sigma_1 = \sigma_3 > \sigma_2$，则由式 (1.2.46) 的第二式得

$$[(\sigma_2 - \sigma_3) - 2(\sigma_2 - \sigma_3)m^2]m = 0 \qquad (1.2.57)$$

解为 $m = 0$，$\pm 1/\sqrt{2}$。将 $m = 0$ 代入式 (1.2.44) 得 $\tau_n = 0$，不是要求的解。$m = \pm 1/\sqrt{2}$ 时，由式 (1.2.38) 得 $l^2 + n^2 = 1/2$，代入式 (1.2.43) 得 $\tau_n = \pm(\sigma_1 - \sigma_2)/2$，对应最大剪应力。由于 $\sigma_1 = \sigma_3$，在 Oxz 平面上应力分布是对称的，最大剪应力分布在以 y 轴为中心，母线与 y 轴成 45° 或 135° 角的一个旋转圆锥面上。

1.2.3 应力 – 应变关系

在三维空间中，应力和应变都用二阶张量表示，二者之间的关系由材料的弹性性质决定。如图1.22 所示的小立方体，当沿 z 轴方向施加应力 F 时，除在 z 方向产生应变外，在 x、y 方向也会产生应变，可见应力与应变之间存在复杂的关系。对于连续介质，当应变很小时，应力的六个分量可以用应变的线性组合来表示，这就是广义 Hooke 定律，是由牛顿 (Newton) 时代另一个伟大的科学家 Hooke 提出的。

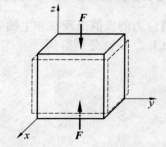

图1.22 立方体在单轴应力作用下的应变

广义的胡克定律可写成

$$
\begin{pmatrix} T_{xx} \\ T_{yy} \\ T_{zz} \\ T_{yz} \\ T_{zx} \\ T_{xy} \end{pmatrix} = \begin{pmatrix} C_{11} & C_{12} & C_{13} & C_{14} & C_{15} & C_{16} \\ C_{21} & C_{22} & C_{23} & C_{24} & C_{25} & C_{26} \\ C_{31} & C_{32} & C_{33} & C_{34} & C_{35} & C_{36} \\ C_{41} & C_{42} & C_{43} & C_{44} & C_{45} & C_{46} \\ C_{51} & C_{52} & C_{53} & C_{54} & C_{55} & C_{56} \\ C_{61} & C_{62} & C_{63} & C_{64} & C_{65} & C_{66} \end{pmatrix} \begin{pmatrix} e_{xx} \\ e_{yy} \\ e_{zz} \\ e_{yz} \\ e_{zx} \\ e_{xy} \end{pmatrix}
\tag{1.2.58}
$$

式中，e_{xx}、e_{yy}、e_{zz}、e_{yz}、e_{zx}、e_{xy} 为应变张量 u_{ij} 的六个独立分量。反映应力和应变关系的张量 C_{ij} 共有 36 个系数，它和物质的性质、状态有关。张量 C_{ij} 决定了物质的力学性质，杨氏模量 E、剪切模量 G、体弹模量 K 和 Possion 比 ν 都可以由这些系数求出。张量 C_{ij} 称为弹性劲度或弹性刚度、弹性硬度。

式（1.2.58）的逆变换可以写成

$$
\begin{pmatrix} e_{xx} \\ e_{yy} \\ e_{zz} \\ e_{yz} \\ e_{zx} \\ e_{xy} \end{pmatrix} = \begin{pmatrix} S_{11} & S_{12} & S_{13} & S_{14} & S_{15} & S_{16} \\ S_{21} & S_{22} & S_{23} & S_{24} & S_{25} & S_{26} \\ S_{31} & S_{32} & S_{33} & S_{34} & S_{35} & S_{36} \\ S_{41} & S_{42} & S_{43} & S_{44} & S_{45} & S_{46} \\ S_{51} & S_{52} & S_{53} & S_{54} & S_{55} & S_{56} \\ S_{61} & S_{62} & S_{63} & S_{64} & S_{65} & S_{66} \end{pmatrix} \begin{pmatrix} T_{xx} \\ T_{yy} \\ T_{zz} \\ T_{yz} \\ T_{zx} \\ T_{xy} \end{pmatrix}
\tag{1.2.59}
$$

称张量 S_{ij} 为弹性柔顺，它和 C_{ij} 一样可以用来描述物质的弹性性质，但更常用的是弹性劲度 C_{ij}。弹性劲度的 36 个分量也不是相互独立的，满足如下的关系

$$C_{ij} = C_{ji} \quad （当 i,j = 1,2,3 \text{ 或 } i,j = 4,5,6） \tag{1.2.60}$$

$$C_{ij} = 2C_{ji} \quad （当 i = 1,2,3 \text{ 且 } j = 4,5,6） \tag{1.2.61}$$

这样张量的 36 个分量中只有上三角或下三角部分是独立的，即只有 21 个独立的分量。如果物体具有一定的对称性，如晶体，其弹性劲度张量的独立分量还会减少。例如，如果物体具有一个四重轴，则张量可变为

$$
\boldsymbol{C}_{ij} = \begin{pmatrix} C_{11} & C_{12} & C_{13} & 0 & 0 & 0 \\ C_{21} & C_{22} & C_{23} & 0 & 0 & 0 \\ C_{31} & C_{32} & C_{33} & 0 & 0 & 0 \\ 0 & 0 & 0 & C_{44} & 0 & 0 \\ 0 & 0 & 0 & 0 & C_{55} & 0 \\ 0 & 0 & 0 & 0 & 0 & C_{66} \end{pmatrix}
\tag{1.2.62}
$$

且 $C_{11} = C_{22}$，$C_{13} = C_{23}$，$C_{44} = C_{55}$，只有 6 个分量是独立的。

如果物质具有立方对称性,那么存在三个互相垂直的四重轴,可得 $C_{11} = C_{22} = C_{33}$,$C_{13} = C_{23} = C_{12}$,$C_{44} = C_{55} = C_{66}$,只有 3 个分量是独立的。对于各向同性均匀的物质,还有一个约束条件,$C_{11} - C_{12} = C_{44}$,独立的分量就剩下 2 个了。设 $C_{12} = \lambda$,$C_{44} = 2\mu$,则

$$C_{11} = C_{12} + C_{44} = \lambda + 2\mu \qquad (1.2.63)$$

弹性劲度张量变为

$$C_{ij} = \begin{pmatrix} \lambda + 2\mu & \lambda & \lambda & 0 & 0 & 0 \\ \lambda & \lambda + 2\mu & \lambda & 0 & 0 & 0 \\ \lambda & \lambda & \lambda + 2\mu & 0 & 0 & 0 \\ 0 & 0 & 0 & 2\mu & 0 & 0 \\ 0 & 0 & 0 & 0 & 2\mu & 0 \\ 0 & 0 & 0 & 0 & 0 & 2\mu \end{pmatrix} \qquad (1.2.64)$$

λ 和 μ 称为拉姆(Lame)常数,可以证明

$$\nu = \frac{\lambda}{2(\lambda + \mu)} \qquad (1.2.65)$$

$$E = \frac{\mu(3\lambda + 2\mu)}{\lambda + \mu} \qquad (1.2.66)$$

或

$$\lambda = \frac{E\nu}{(1 + \nu)(1 - 2\nu)} \qquad (1.2.67)$$

$$\mu = \frac{E}{2(1 + \nu)} = G \qquad (1.2.68)$$

这样材料的弹性常数与弹性劲度矩阵就联系起来了。

1.3 材料的强度理论[1]

当作用在材料上的外力超过一定限度时,材料的强度不足以抵抗外力而引起失效,表现为脆性材料的断裂或塑性材料的屈服。例如,铸铁失效时发生突然断裂,而碳钢失效时则发生屈服。实际上,引起材料失效的因素是非常复杂的,经过人们从生产、实践中的不断总结,提出了引起失效的各种假说,这就是强度理论。常用的强度理论有最大拉应力理论(第一强度理论)、最大伸长线应变理论(第二强度理论)、最大剪应力理论(第三强度理论)、畸变能密度理论(第四强度理论)和莫尔强度理论。通常人们认为莫尔强度理论是第三强度理论的推广。最大拉应力理论和最大伸长线应变理论是用来解释材料断裂失效的,而最大剪应力理论和畸变能密度理论是用来解释材料屈服失效的。由于构成高压容器的材料多为金属或合金,因此经常需要用第三、第四强度理论来估算材料的耐压极限。

1.3.1　最大剪应力理论

这一强度理论认为剪应力超过一定值是材料失效的主要原因。材料中的最大剪应力由式(1.2.56)给出。对于各向同性材料,在单向拉伸(压缩)情况下,如果屈服应力为Y_0,那么对于任何一个方向的屈服应力都为Y_0,称Y_0为各向同性屈服强度。在单轴应力作用下,只有一个主应力,其他两个方向上主应力为零。当此应力达到Y_0时,最大剪应力τ_{max}位于与主应力成45°角的方向上,$\tau_{max}=Y_0/2$。因此材料发生屈服时对应的最大剪应力即为$Y_0/2$,与材料所处的应力状态无关。在任意应力作用下,这个结论也是正确的。任意应力状态下材料的最大剪应力为$\tau_{max}=(\sigma_1-\sigma_3)/2$,当它达到$Y_0/2$时,材料发生屈服。由此得到材料的屈服条件为

$$\sigma_1-\sigma_3=Y_0 \tag{1.3.1}$$

这就是最大剪应力理论,可以较好地解释塑性材料的屈服现象。

1.3.2　畸变能密度理论

材料在外力的作用下发生形变,如果在弹性限度内,那么材料将积累弹性势能,即应变能,其数值与外力做功相同。考虑一个在单向外力作用下拉伸的材料,如图1.23所示,其应变能微元可表示为

$$dW=\sigma Sdl=\sigma\frac{dl}{l}Sl=\sigma d\varepsilon V \tag{1.3.2}$$

式中,V为弹性体在长为l截面积为S时的体积。考虑到$\sigma=E\varepsilon$,则$dW=E\varepsilon d\varepsilon V$。

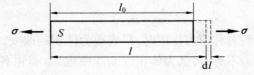

图 1.23　单轴应力作用下材料的应变

单位体积内的应变能微元为

$$dw=\frac{dW}{V}=E\varepsilon d\varepsilon \tag{1.3.3}$$

积分得应变能密度为

$$w=\frac{1}{2}E\varepsilon^2=\frac{1}{2}\sigma\varepsilon \tag{1.3.4}$$

在三向应力的作用下,弹性体的应变能仍然和外力做功数值相等。由式(1.3.4)可以看出,弹性能只和外力σ及形变ε的最终数值有关,与力的作用次序无关,因此在三向应力作用下弹性体的应变能密度为

$$w = \frac{1}{2}\sigma_1\varepsilon_1 + \frac{1}{2}\sigma_2\varepsilon_2 + \frac{1}{2}\sigma_3\varepsilon_3 \tag{1.3.5}$$

在三向应力作用下,物体的应变能为各个应力单独作用下产生的应变能之和。

选取主轴坐标系,物体受到三个主应力 σ_1、σ_2、σ_3 的作用。σ_1 单独作用下在 x 方向引起的线应变为 σ_1/E,σ_2 和 σ_3 的作用也会在 x 方向引起线应变,分别为 $-\nu\sigma_2/E$ 和 $-\nu\sigma_3/E$。三个应变叠加在一起,得到 x 方向的应变为

$$\varepsilon_1 = \frac{\sigma_1}{E} - \nu\frac{\sigma_2}{E} - \nu\frac{\sigma_3}{E} = \frac{1}{E}[\sigma_1 - \nu(\sigma_2 + \sigma_3)] \tag{1.3.6}$$

同理可得其他两个方向的应变

$$\varepsilon_2 = \frac{1}{E}[\sigma_2 - \nu(\sigma_1 + \sigma_3)] \tag{1.3.7}$$

$$\varepsilon_3 = \frac{1}{E}[\sigma_3 - \nu(\sigma_1 + \sigma_2)] \tag{1.3.8}$$

把上述结果代入式(1.3.5),得

$$w = \frac{1}{2E}[\sigma_1^2 + \sigma_2^2 + \sigma_3^2 - 2\nu(\sigma_1\sigma_2 + \sigma_2\sigma_3 + \sigma_1\sigma_3)] \tag{1.3.9}$$

物体的应变能分为两部分,一部分是由于体积改变引起的,反映在物体尺寸的伸长或缩短;另一部分是由物体形状改变而引起的,如立方体在不对称应力的作用下变为长方体,虽然体积没有改变,但应变能却不为零。相应的,应变能密度也分为两部分,体积变化部分用 w_{v} 来表示,称为体积改变能密度;体积不变,但形状改变对应的应变能密度用 w_{d} 表示,称为畸变能密度。

$$w = w_{\mathrm{v}} + w_{\mathrm{d}} \tag{1.3.10}$$

当各向同性材料受到对称应力作用时,只表现为体积的改变,应变能密度只有 w_{v} 部分。如果三个方向的应力不等,可认为体积改变能密度 w_{v} 是由各向同性平均应力 $\sigma_{\mathrm{m}} = (\sigma_1 + \sigma_2 + \sigma_3)/3$ 引起的,而剩余部分为畸变能密度 w_{d}。将式(1.3.6)~(1.3.8)相加得

$$\varepsilon_3 + \varepsilon_3 + \varepsilon_3 = \frac{1}{E}(1 - 2\nu)(\sigma_1 + \sigma_2 + \sigma_3) \tag{1.3.11}$$

可见,三个主应力之和与相应的主应变之和成正比,因此 σ_{m} 引起的各向同性应变可用 $\varepsilon_{\mathrm{m}} = (\varepsilon_1 + \varepsilon_2 + \varepsilon_3)/3$ 来表示。这样

$$w_{\mathrm{v}} = \frac{1}{2}\sigma_{\mathrm{m}}\varepsilon_{\mathrm{m}} + \frac{1}{2}\sigma_{\mathrm{m}}\varepsilon_{\mathrm{m}} + \frac{1}{2}\sigma_{\mathrm{m}}\varepsilon_{\mathrm{m}} = \frac{3}{2}\sigma_{\mathrm{m}}\varepsilon_{\mathrm{m}} \tag{1.3.12}$$

由式(1.3.11)得

$$w_{\mathrm{v}} = \frac{3(1 - 2\nu)}{2E}\sigma_{\mathrm{m}}^2 = \frac{(1 - 2\nu)}{6E}(\sigma_1 + \sigma_2 + \sigma_3)^2 \tag{1.3.13}$$

由式(1.3.9)和(1.3.10)得

$$w_{\mathrm{d}} = w - w_{\mathrm{V}} = \frac{1 + \nu}{6E} \left[(\sigma_1 - \sigma_2)^2 + (\sigma_2 - \sigma_3)^2 + (\sigma_1 - \sigma_3)^2 \right] \qquad (1.3.14)$$

畸变能密度理论认为,引起材料屈服的主要因素是畸变能密度达到某一临界值,而和材料所受应力的状态,如应力大小、应力是否各向同性等无关。由式(1.3.14)可知,在单向屈服应力 Y_0 作用下材料的畸变能密度为

$$w_{\mathrm{d}} = \frac{1 + \nu}{6E} (2Y_0^2) \qquad (1.3.15)$$

当材料处于任意应力状态时,临界的畸变能密度仍由式(1.3.15)确定,对应于材料的屈服,应用式(1.3.14)可得

$$(\sigma_1 - \sigma_2)^2 + (\sigma_2 - \sigma_3)^2 + (\sigma_1 - \sigma_3)^2 = 2Y_0^2 \qquad (1.3.16)$$

如果要避免材料在工作过程中失效,应力应该满足如下条件

$$(\sigma_1 - \sigma_2)^2 + (\sigma_2 - \sigma_3)^2 + (\sigma_1 - \sigma_3)^2 \leqslant 2Y_0^2 \qquad (1.3.17)$$

以上就是畸变能密度理论,又称最大剪应变能理论。

由最大剪应变能理论也可给出材料失效时对应的剪应力。图 1.24 所示立方体的三个主应力中一个为零,另两个分别为拉应力和压应力,且大小相等。

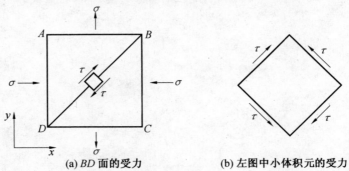

(a) BD 面的受力　　　　　(b) 左图中小体积元的受力

图 1.24　纯剪切状态立方体的应力

因为 $\sigma_x = -\sigma$,$\sigma_y = \sigma$,$\sigma_z = 0$,所以最大剪应力应发生在 AC 和 BD 面上,大小为 $\tau_{\max} = \left| \dfrac{\sigma_x - \sigma_y}{2} \right| = \sigma$(图 1.24(a)中只给出了 BD 面上的剪应力)。因为 σ_x 和 σ_y 大小相等,所以 AC 和 BD 面上的正应力为零。这样图中的小立方体就相当于受到纯剪切应力的作用,如图 1.24(b)所示。如果最大剪应力超过了其限度 τ_0,材料将失效。这时 $\tau = \tau_0$,相应的主应力 $\sigma_x = -\tau_0$、$\sigma_y = \tau_0$,$\sigma_z = 0$。根据式(1.3.16),得

$$(-\tau_0 - \tau_0)^2 + (\tau_0 - 0)^2 + (-\tau_0 - 0)^2 = 2Y_0^2 \qquad (1.3.18)$$

$$\tau_0 = \frac{Y_0}{\sqrt{3}} \qquad (1.3.19)$$

这就是材料所能承受的最大剪应力值,与最大剪应力理论给出的屈服应力相差$1/\sqrt{3}$倍。

参考文献

[1] 刘鸿文. 材料力学(Ⅰ)[M]. 4版. 北京:高等教育出版社,2004.

[2] 渥美光. 材料力学[M]. 张少如,译. 北京:人民教育出版社,1981.

[3] 汤川秀树. 经典物理学(Ⅰ)[M]. 周成民,方丹群,译. 北京:科学出版社,1986.

[4] 朗道 Л Д,栗弗席茨 E M. 连续介质力学(第三册)[M]. 彭旭麟,译. 北京:人民教育出版社,1978.

[5] 王龙甫. 弹性理论[M]. 北京:科学出版社,1979.

第 2 章　圆筒容器

本书中提到的圆筒都是指厚壁圆筒。日常生活中我们用到的一些圆筒容器,如煤气罐、氧气瓶等,所能承受的压力很低,属于薄壁圆筒。由于制造容易、设计依据清楚,厚壁圆筒成为高压设备中最为广泛使用的容器,应用于化学工业、金刚石等人造宝石的合成等,还应用于静压成型、地球科学、凝聚态物理学研究等方面。本章从弹性理论与范性理论出发,计算圆筒容器的设计尺寸及使用的压力极限。具体过程分为三步:

(1) 在柱坐标系中求出应力($\sigma_{r,t,z}$) 与尺寸(S)、外力(内压或外压 p) 的关系

$$\sigma_{r,t,z} = f_1(S,p)$$

(2) 求出应力与材料破损极限值($\sigma_{\max}$) 的关系

$$\sigma_{\max} = f_2(\sigma_{r,t,z})$$

这里 $\sigma_{\max}$ 为简单拉伸、压缩、扭转屈服强度或容器破坏时的压力极限。

(3) 由(1) 和(2) 消去应力,求出外力与材料性质、尺寸的关系

$$p = f_3(S,\sigma_{\max})$$

2.1　圆筒的应力 - 应变方程[1~3]

在主轴坐标系中,只有三个主应力和三个主应变,其他非对角的应力和应变分量都是零,应力 - 应变关系得到简化。对于各项同性均匀介质,由广义 Hooke 定律,应力 - 应变关系为

$$\begin{pmatrix} \sigma_1 \\ \sigma_2 \\ \sigma_3 \end{pmatrix} = \begin{pmatrix} \lambda + 2\mu & \lambda & \lambda \\ \lambda & \lambda + 2\mu & \lambda \\ \lambda & \lambda & \lambda + 2\mu \end{pmatrix} \begin{pmatrix} \varepsilon_1 \\ \varepsilon_2 \\ \varepsilon_3 \end{pmatrix} \tag{2.1.1}$$

式中,σ_1、σ_2、σ_3 分别为主应力 T_{xx}、T_{yy}、T_{zz};ε_1、ε_2、ε_3 分别代表主应变 e_{xx}、e_{yy}、e_{zz}。

我们已在第 1 章中介绍过,Lame 常数 λ、μ 与杨氏模量 E、泊松比 ν 之间的关系为

$$\lambda = \frac{E\nu}{(1+\nu)(1-2\nu)} \tag{1.2.67}$$

$$\mu = \frac{E}{2(1+\nu)} \tag{1.2.68}$$

由此得

$$\lambda + 2\mu = \lambda \frac{1 - \nu}{\nu} \qquad\qquad (2.1.2)$$

进而可得

$$\begin{pmatrix} \sigma_1 \\ \sigma_2 \\ \sigma_3 \end{pmatrix} = \begin{pmatrix} \lambda \dfrac{1 - \nu}{\nu} & \lambda & \lambda \\ \lambda & \lambda \dfrac{1 - \nu}{\nu} & \lambda \\ \lambda & \lambda & \lambda \dfrac{1 - \nu}{\nu} \end{pmatrix} \begin{pmatrix} \varepsilon_1 \\ \varepsilon_2 \\ \varepsilon_3 \end{pmatrix} \qquad (2.1.3)$$

$$\sigma_1 = \frac{E\nu}{(1 + \nu)(1 - 2\nu)} \left(\frac{1 - \nu}{\nu} \varepsilon_1 + \varepsilon_2 + \varepsilon_3 \right) \qquad (2.1.4)$$

$$\sigma_2 = \frac{E\nu}{(1 + \nu)(1 - 2\nu)} \left(\varepsilon_1 + \frac{1 - \nu}{\nu} \varepsilon_2 + \varepsilon_3 \right) \qquad (2.1.5)$$

$$\sigma_3 = \frac{E\nu}{(1 + \nu)(1 - 2\nu)} \left(\varepsilon_1 + \varepsilon_2 + \frac{1 - \nu}{\nu} \varepsilon_3 \right) \qquad (2.1.6)$$

对于圆筒容器,具有沿其轴线方向的旋转对称性,即轴对称性。如果外加载荷是轴对称的,那么三个主应力分别沿径向、切向和轴向。选定轴向为 z 轴,那么三个主应力分别为 σ_r、σ_t 和 σ_z,如图 2.1 所示,相应的三个主应变为 ε_r、ε_t 和 ε_z。

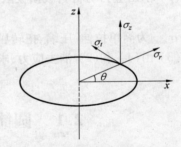

相应的,应力 – 应变方程变为

$$\sigma_r = \frac{E\nu}{(1 + \nu)(1 - 2\nu)} \left(\frac{1 - \nu}{\nu} \varepsilon_r + \varepsilon_t + \varepsilon_z \right)$$
$$(2.1.7)$$

图 2.1　轴对称情况下的三个主应力

$$\sigma_t = \frac{E\nu}{(1 + \nu)(1 - 2\nu)} \left(\varepsilon_r + \frac{1 - \nu}{\nu} \varepsilon_t + \varepsilon_z \right) \qquad (2.1.8)$$

$$\sigma_z = \frac{E\nu}{(1 + \nu)(1 - 2\nu)} \left(\varepsilon_r + \varepsilon_t + \frac{1 - \nu}{\nu} \varepsilon_z \right) \qquad (2.1.9)$$

由式(2.1.7)～(2.1.9)可以得到广义 Hooke 定律的另一种表达形式,与式(1.3.6)～(1.3.8)一致,即

$$E\varepsilon_r = \sigma_r - \nu(\sigma_t + \sigma_z) \qquad (2.1.10)$$
$$E\varepsilon_t = \sigma_t - \nu(\sigma_r + \sigma_z) \qquad (2.1.11)$$
$$E\varepsilon_z = \sigma_z - \nu(\sigma_r + \sigma_t) \qquad (2.1.12)$$

以上六式即为轴对称圆筒容器的一般应力 – 应变方程。

2.2　单壁圆筒[3]

2.2.1　应力、应变分析

考虑无限长的各向同性均匀圆筒,其剖面如图 2.2 所示。圆筒所受内压为 p_i,外压力为 p_o。

设圆筒半径为 r 处某点受力后位移为 u,如图 2.3 所示。在柱坐标系下,u 是 r、θ、z 的函数,$u = u(r,\theta,z)$,则

$$du = \frac{\partial u}{\partial r}dr + \frac{\partial u}{\partial \theta}d\theta + \frac{\partial u}{\partial z}dz \qquad (2.2.1)$$

由于圆筒具有轴对称性,且在 z 方向为无限长,所以 u 与 θ、z 无关,即 $u = u(r)$。

$$\frac{\partial u}{\partial \theta} = \frac{\partial u}{\partial z} = 0 \qquad (2.2.2)$$

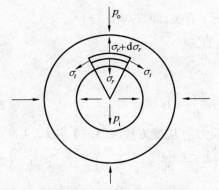

图 2.2　圆筒容器的剖面图和应力分布　　图 2.3　圆筒容器中的径向位移

在 $r + dr$ 处,质点的径向位移为

$$u + du = u + \frac{\partial u}{\partial r}dr = u + \frac{du}{dr}dr \qquad (2.2.3)$$

圆筒沿着径向的应变为

$$\varepsilon_r = \frac{(dr + u + du) - (dr + u)}{dr} = \frac{du}{dr} \qquad (2.2.4)$$

沿着切向的应变为

$$\varepsilon_t = \frac{(r + u)d\theta - rd\theta}{rd\theta} = \frac{u}{r} \qquad (2.2.5)$$

考虑图 2.4 所示的小体积元,其分布空间范围为 $r \sim r + dr$、$d\theta$、dz。当圆筒处于平衡状态时其受合力为零。由于圆筒的 z 方向为无限长,沿轴向的应力分量 σ_z 处处相同。沿着径向的应力分量 σ_r 和沿切向的应力分量 σ_t 满足如下关系

$$\sigma_r r\mathrm{d}\theta\mathrm{d}z + 2\sigma_t \mathrm{d}r\sin\,(\mathrm{d}\theta/2)\,\mathrm{d}z = \left(\sigma_r + \frac{\partial\sigma_r}{\partial r}\mathrm{d}r\right)(r + \mathrm{d}r)\mathrm{d}\theta\mathrm{d}z \qquad (2.2.6)$$

由于 $\mathrm{d}\theta$ 很小,$\sin(\mathrm{d}\theta/2) \approx \mathrm{d}\theta/2$,所以

$$\sigma_r r\mathrm{d}\theta + \sigma_t \mathrm{d}r\mathrm{d}\theta = \left(\sigma_r + \frac{\partial\sigma_r}{\partial r}\mathrm{d}r\right)(r + \mathrm{d}r)\mathrm{d}\theta$$

$$(2.2.7)$$

略去 $(\mathrm{d}r)^2$ 高阶无穷小量,得应力间的平衡方程式

$$\sigma_t - \sigma_r - r\frac{\partial\sigma_r}{\partial r} = 0 \qquad (2.2.8)$$

由于

$$\mathrm{d}\sigma_r = \frac{\partial\sigma_r}{\partial r}\mathrm{d}r + \frac{\partial\sigma_r}{\partial\theta}\mathrm{d}\theta + \frac{\partial\sigma_r}{\partial z}\mathrm{d}z$$

$$(2.2.9)$$

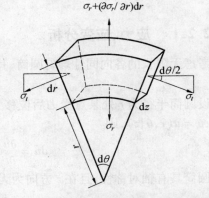

图 2.4　圆筒容器中任一体积元的应力分析

考虑到圆筒的轴对称性与无限长,σ_r 只与坐标 r 有关,即 $\sigma_r = \sigma_r(r)$

$$\frac{\partial\sigma_r}{\partial r} = \frac{\mathrm{d}\sigma_r}{\mathrm{d}r} \qquad (2.2.10)$$

上述方程式简化为

$$\sigma_t - \sigma_r - r\frac{\mathrm{d}\sigma_r}{\mathrm{d}r} = 0 \qquad (2.2.11)$$

将应变关系式 $(2.2.4)$ 和 $(2.2.5)$ 代入应力 – 应变方程 $(2.1.7) \sim (2.1.9)$,得

$$\sigma_r = \frac{E\nu}{(1+\nu)(1-2\nu)}\left(\frac{1-\nu}{\nu}\frac{\mathrm{d}u}{\mathrm{d}r} + \frac{u}{r} + \varepsilon_z\right) \qquad (2.2.12)$$

$$\frac{\mathrm{d}\sigma_r}{\mathrm{d}r} = \frac{E\nu}{(1+\nu)(1-2\nu)}\left(\frac{1-\nu}{\nu}\frac{\mathrm{d}^2u}{\mathrm{d}r^2} - \frac{u}{r^2} + \frac{1}{r}\frac{\mathrm{d}u}{\mathrm{d}r}\right) \qquad (2.2.13)$$

式中用到了平面应变条件

$$\frac{\mathrm{d}\varepsilon_z}{\mathrm{d}r} = 0 \qquad (2.2.14)$$

显然,如果 ε_z 与 r 有关,那么对应不同的 r 值,z 方向的应变不同,将造成圆筒的弯曲,与前提条件相违背。同样可以得到

$$\sigma_t = \frac{E\nu}{(1+\nu)(1-2\nu)}\left(\frac{\mathrm{d}u}{\mathrm{d}r} + \frac{1-\nu}{\nu}\frac{u}{r} + \varepsilon_z\right) \qquad (2.2.15)$$

代入方程式 $(2.2.11)$,得

$$\frac{E\nu}{(1+\nu)(1-2\nu)}\left(-\frac{1-2\nu}{\nu}\frac{\mathrm{d}u}{\mathrm{d}r} + \frac{1-2\nu}{\nu}\frac{u}{r} - \frac{1-\nu}{\nu}r\frac{\mathrm{d}^2u}{\mathrm{d}r^2} + \frac{u}{r} - \frac{\mathrm{d}u}{\mathrm{d}r}\right) = 0$$

$$(2.2.16)$$

$$\frac{\mathrm{d}^2 u}{\mathrm{d}r^2} + \frac{1}{r}\frac{\mathrm{d}u}{\mathrm{d}r} - \frac{u}{r^2} = 0 \tag{2.2.17}$$

此微分方程的通解可写为 $u = r^n$，则 $\mathrm{d}u/\mathrm{d}r = nr^{n-1}$，$\mathrm{d}^2u/\mathrm{d}r^2 = n(n-1)r^{n-2}$，代入式(2.2.17)得

$$n(n-1)r^{n-2} + nr^{n-2} + r^{n-2} = 0$$

即 $n = \pm 1$。方程的通解为

$$u = Ar + \frac{B}{r} \tag{2.2.18}$$

式中，A 和 B 为待定系数。将 u 代入式(2.2.4)和(2.2.5)，得

$$\varepsilon_r = A - \frac{B}{r^2} \tag{2.2.19}$$

$$\varepsilon_t = A + \frac{B}{r^2} \tag{2.2.20}$$

代入式(2.1.7) ~ (2.1.9)，得

$$(1+\nu)(1-2\nu)\frac{\sigma_r}{E} = (1-\nu)\left(A - \frac{B}{r^2}\right) + \nu\left(A + \frac{B}{r^2}\right) + \nu\varepsilon_z \tag{2.2.21}$$

$$(1+\nu)(1-2\nu)\frac{\sigma_t}{E} = \nu\left(A - \frac{B}{r^2}\right) + (1-\nu)\left(A + \frac{B}{r^2}\right) + \nu\varepsilon_z \tag{2.2.22}$$

$$(1+\nu)(1-2\nu)\frac{\sigma_z}{E} = \nu\left(A - \frac{B}{r^2}\right) + \nu\left(A + \frac{B}{r^2}\right) + (1-\nu)\varepsilon_z \tag{2.2.23}$$

或者

$$(1+\nu)(1-2\nu)\frac{\sigma_r}{E} = A - (1-2\nu)\frac{B}{r^2} + \nu\varepsilon_z \tag{2.2.24}$$

$$(1+\nu)(1-2\nu)\frac{\sigma_t}{E} = A + (1-2\nu)\frac{B}{r^2} + \nu\varepsilon_z \tag{2.2.25}$$

$$(1+\nu)(1-2\nu)\frac{\sigma_z}{E} = 2\nu A + (1-\nu)\varepsilon_z \tag{2.2.26}$$

2.2.2　内压和外压作用下圆筒的应力分布

　　无限长圆筒同时受到轴对称的内压和外压时，径向应力分布也具有轴对称性，应满足如下的边界条件

$$\sigma_r\big|_{r=a} = -p_i \tag{2.2.27}$$

$$\sigma_r\big|_{r=b} = -p_o \tag{2.2.28}$$

其中，a、b 分别为圆筒的内径和外径；p_i、p_o 分别代表圆筒所受的内压和外压(图 2.2)；负号表示应力为压应力。

　　将边界条件式(2.2.27)和(2.2.28)代入式(2.2.24)，可得如下两个方程

$$- (1 + \nu)(1 - 2\nu)\frac{p_i}{E} = (1 - \nu)\left(A - \frac{B}{a^2}\right) + \nu\left(A + \frac{B}{a^2}\right) + \nu\varepsilon_z \qquad (2.2.29)$$

$$- (1 + \nu)(1 - 2\nu)\frac{p_o}{E} = (1 - \nu)\left(A - \frac{B}{b^2}\right) + \nu\left(A + \frac{B}{b^2}\right) + \nu\varepsilon_z \qquad (2.2.30)$$

两式相减,求得

$$B = -\frac{(1 + \nu)(p_i - p_o)}{E\left(\dfrac{1}{b^2} - \dfrac{1}{a^2}\right)} = b^2\frac{(1 + \nu)(p_i - p_o)}{E(\omega^2 - 1)} \qquad (2.2.31)$$

式中, $\omega = b/a$。

改写式(2.2.29)和式(2.2.30)为

$$- (1 + \nu)(1 - 2\nu)\frac{p_i}{E} = A - (1 - 2\nu)\frac{B}{a^2} + \nu\varepsilon_z \qquad (2.2.32)$$

$$- (1 + \nu)(1 - 2\nu)\frac{p_o}{E} = A - (1 - 2\nu)\frac{B}{b^2} + \nu\varepsilon_z \qquad (2.2.33)$$

从两式中消去 B,得

$$(1 + \nu)(1 - 2\nu)\frac{1}{Eb^2}(p_i - \omega^2 p_o) = \frac{1}{b^2}(\omega^2 - 1)(A + \nu\varepsilon_z)$$

$$A = -\nu\varepsilon_z + \frac{(1 + \nu)(1 - 2\nu)(p_i - \omega^2 p_o)}{E(\omega^2 - 1)} \qquad (2.2.34)$$

将 A 和 B 代回式(2.2.24),得

$$(1 + \nu)(1 - 2\nu)\frac{\sigma_r}{E} = -\nu\varepsilon_z + \frac{(1 + \nu)(1 - 2\nu)(p_i - \omega^2 p_o)}{E(\omega^2 - 1)} -$$

$$(1 - 2\nu)\frac{b^2}{r^2}\frac{(1 + \nu)(p_i - p_o)}{E(\omega^2 - 1)} + \nu\varepsilon_z$$

$$\sigma_r = \frac{p_i - \omega^2 p_o}{(\omega^2 - 1)} - \frac{b^2}{r^2}\frac{p_i - p_o}{\omega^2 - 1} \qquad (2.2.35)$$

将 A 和 B 代入式(2.2.25),得

$$(1 + \nu)(1 - 2\nu)\frac{\sigma_t}{E} = -\nu\varepsilon_z + \frac{(1 + \nu)(1 - 2\nu)(p_i - \omega^2 p_o)}{E(\omega^2 - 1)} +$$

$$(1 - 2\nu)\frac{b^2}{r^2}\frac{(1 + \nu)(p_i - p_o)}{E(\omega^2 - 1)} + \nu\varepsilon_z$$

$$\sigma_t = \frac{p_i - \omega^2 p_o}{(\omega^2 - 1)} + \frac{b^2}{r^2}\frac{p_i - p_o}{\omega^2 - 1} \qquad (2.2.36)$$

将 A 和 B 代入式(2.2.26),得

$$(1 + \nu)(1 - 2\nu)\frac{\sigma_z}{E} = (1 - \nu - 2\nu^2)\varepsilon_z + 2\nu\frac{(1 + \nu)(1 - 2\nu)(p_i - \omega^2 p_o)}{E(\omega^2 - 1)}$$

$$\sigma_z = E\varepsilon_z + \frac{2\nu(p_i - \omega^2 p_o)}{\omega^2 - 1} \tag{2.2.37}$$

这样就得到了同时存在内压和外压情况下圆筒三个方向上的应力分布。

2.2.3　只受内压时圆筒的耐压极限

当圆筒只受轴对称内压工作时,设内压 $p_i = p$,外压 $p_o = 0$。由式(2.2.35) ~ (2.2.37) 得

$$\sigma_r = \frac{p}{\omega^2 - 1}\left(1 - \frac{b^2}{r^2}\right) \tag{2.2.38}$$

$$\sigma_t = \frac{p}{\omega^2 - 1}\left(1 + \frac{b^2}{r^2}\right) \tag{2.2.39}$$

$$\sigma_z = E\varepsilon_z + \frac{2\nu p}{\omega^2 - 1} \tag{2.2.40}$$

如果圆筒两端封闭,即闭端圆筒,那么根据图 2.5 将有如下关系

$$p\pi a^2 = \sigma_z \pi (b^2 - a^2) \tag{2.2.41}$$

根据式(2.2.38)、(2.2.39) 和(2.2.41),得

$$\sigma_z = \frac{pa^2}{b^2 - a^2} = \frac{p}{b^2/a^2 - 1} = \frac{p}{\omega^2 - 1} = \frac{\sigma_r + \sigma_t}{2} \tag{2.2.42}$$

图 2.6 为闭端圆筒只受内压时的应力分布,其中 $\omega = 2$。由图可见,$r = a$ 时,即圆筒内壁处应力绝对值最大,而且 $|\sigma_t| > |\sigma_r|$,$|\sigma_t| > p$。

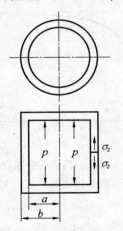
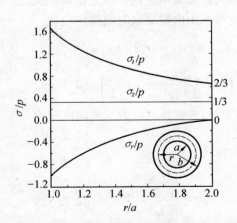

图 2.5　闭端圆筒容器只受内压　　图 2.6　闭端圆筒容器只受内压时的应力分布
　　　　时的应力关系

在 $r = a$ 处,由式(2. 2. 38)、(2. 2. 39) 和式(2. 2. 42),得

$$\sigma_r = -p \tag{2.2.43}$$

$$\sigma_t = p \frac{\omega^2 + 1}{\omega^2 - 1} \tag{2.2.44}$$

$$\sigma_z = \frac{p}{\omega^2 - 1} \tag{2.2.45}$$

可见,圆筒内壁所受的径向应力为压应力,而切向应力为拉应力。应力差 $\Delta\sigma$ 也在 $r = a$ 处最大,因此圆筒的内壁应该首先屈服。

根据最大剪应变能理论,组合应力达到材料的屈服点时内壁将屈服,即

$$(\sigma_t - \sigma_r)^2 + (\sigma_r - \sigma_z)^2 + (\sigma_z - \sigma_t)^2 = 2Y_0^2 \tag{2.2.46}$$

其中,Y_0 为各向同性屈服强度。

综合式(2. 2. 43) ~ (2. 2. 46),得

$$p^2 \left[\left(\frac{\omega^2 + 1}{\omega^2 - 1} + 1 \right)^2 + \left(\frac{1}{\omega^2 - 1} + 1 \right)^2 + \left(\frac{1}{\omega^2 - 1} - \frac{\omega^2 + 1}{\omega^2 - 1} \right)^2 \right] = 2Y_0^2$$

$$p = \frac{Y_0}{\sqrt{3}} \frac{\omega^2 - 1}{\omega^2} \tag{2.2.47}$$

对应于内壁屈服的应力,令 $\omega \to \infty$,得 p 的耐压极限为

$$\frac{p_{\max}}{Y_0} = \frac{1}{\sqrt{3}} \approx 0.577 \tag{2.2.48}$$

此即单圆筒所能承受的最大内压。图 2. 7 所示为单壁圆筒耐压极限与内外径之比 ω 的关系。相应地可求出内壁屈服时的周向应变

$$\varepsilon_t = \frac{1}{E} \left[\sigma_t - \nu(\sigma_r + \sigma_z) \right] \Big|_{r=a} =$$

$$\frac{p}{E} \left[\left(1 - \frac{\nu}{2} \right) \frac{\omega^2 + 1}{\omega^2 - 1} + \frac{3\nu}{2} \right] \quad (2.2.49)$$

当 $r = b$ 时,外壁处的应力与周向应变为

$$\sigma_r = 0 \tag{2.2.50}$$

$$\sigma_t = \frac{2p}{\omega^2 - 1} \tag{2.2.51}$$

$$\varepsilon_t = \frac{p}{E} \frac{2 - \nu}{\omega^2 - 1} \tag{2.2.52}$$

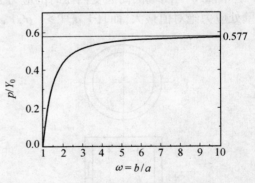

图 2.7　闭端圆筒的内壁屈服应力与
　　　　内外径比的关系

由图 2. 7 可知,当 ω 比较小时,随着 ω 的增加,内壁屈服应力即圆筒耐压迅速提高。但当 $\omega \geq 3$ 时,压力增加不明显,例如 $\omega = 3$ 时的内壁屈服应力约为 $\omega = 10$ 时的90%,所以在设计圆筒容器时应兼顾耐压与材料的用量,内外径之比不宜过大。

当圆筒两端开放时,即 $\sigma_z = 0$,耐压与闭端圆筒差不多,经过严格推导可得

$$p = \frac{Y_0}{\sqrt{3}} \frac{\omega^2 - 1}{\omega^2} \sqrt{\frac{1}{1 + \dfrac{1}{3\omega^4}}} \tag{2.2.53}$$

当 $\omega = 2$ 时,根号内的值约等于 0.989 9,与闭端圆筒相差约 1%。

当圆筒两端固定时,对于 z 方向的应变 $\varepsilon_z = 0$,相应的耐压为

$$p = \frac{Y_0}{\sqrt{3}} \frac{\omega^2 - 1}{\omega^2} \sqrt{\frac{1}{1 + \dfrac{1 - 4\nu + \nu^2}{3\omega^4}}} \tag{2.2.54}$$

当 $\omega \geqslant 2$ 时,结果与闭端圆筒相差不超过 1%,两者几乎完全一样。因此,圆筒是开端还是闭端、两端是否固定对圆筒的耐压影响很小。

2.2.4　只受外压时圆筒的应力分布

当圆筒只受外压时,内壁 $r = a$ 处,$p_i = 0$;外壁 $r = b$ 处,$p_o \neq 0$。由式(2.2.35) ~ (2.2.37) 得

$$\sigma_r = -\frac{p_o}{\omega^2 - 1}\left(\omega^2 - \frac{b^2}{r^2}\right) \tag{2.2.55}$$

$$\sigma_t = -\frac{p_o}{\omega^2 - 1}\left(\omega^2 + \frac{b^2}{r^2}\right) \tag{2.2.56}$$

$$\sigma_z = \frac{\sigma_r + \sigma_t}{2} = -\frac{\omega^2 p_o}{\omega^2 - 1} \tag{2.2.57}$$

圆筒中的应力分布如图 2.8 所示。相应的曲线与圆筒只受内压时很相似,但只受外压时,所有应力都为负值,即都是压应力。应力的最大值出现在 $r = a$ 处,径向和切向分别为

$$\sigma_r = 0 \tag{2.2.58}$$

$$\sigma_t = -\frac{2\omega^2}{\omega^2 - 1}p_o \tag{2.2.59}$$

轴向的应力 σ_z 仍由式(2.2.57) 给出。

从图 2.6 和 2.8 可以看出,只受内压和只受外压时,圆筒中的应力分布相差很大,也很不均匀,内壁的应力、差应力 $(\sigma_t - \sigma_r)$ 都要大于外壁。当内壁屈服时,外壁仍然处于弹性工作状态。如果圆筒的内壁和外壁之间的

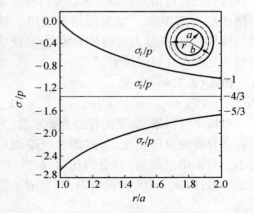

图 2.8　闭端圆筒容器只受外压时的应力分布

应力均匀分布,使其受压时内壁和外壁同时屈服,那么就能使材料的性能更好地得到发挥,即使用同种材料的情况下提高圆筒的工作压力。强化圆筒的设计就是根据这个思想,强化圆筒包括组合圆筒、自紧圆筒、缠绕式圆筒,等等。

2.3　组合圆筒[3,4]

2.3.1　组合圆筒的工作原理

由式(2.2.47)可知,单一圆筒只受内压时其压力极限

$$p = \frac{Y_0}{\sqrt{3}} \frac{\omega^2 - 1}{\omega^2} = 0.577 Y_0 \mid_{\omega \to \infty}$$

在材料给定的情况下,即各向同性屈服强度 Y_0 已定,如何才能提高圆筒弹性工作的压力极限呢?

比较图2.6和图2.8,只受内压和只受外压时,圆筒的应力分布是不同的。只受外压时,$\sigma_r < 0, \sigma_t < 0$,在圆筒内部产生压应力。只受内压时,圆筒径向受到压应力,而切向受到拉应力的作用。如果将不同尺寸的两个圆筒组合在一块,使其过盈配合,即内筒的外径略大于外筒的内径,那么将在界面上产生接触压力或装配压力。对内筒而言,相当于施加了一个外压力,在内表面出现负值的 σ_t。当内筒受内压时,即工作状态下,σ_t 不是从零开始变化,而是从负值开始变化,从而可提高工作压力。

图2.9给出了双层组合圆筒的应力分布,可以看出,使用两层圆筒可以使内层圆筒内壁的应力降下来。如果使用多层组合圆筒,可以进一步降低内层圆筒上的应力,使应力均匀分布在几层圆筒上。

由式(2.2.46)可知

$$(\sigma_t - \sigma_r)^2 + (\sigma_r - \sigma_z)^2 + (\sigma_z - \sigma_t)^2 = 2Y_0^2$$

对特定材料来说,等式右边为确定值,为了提高容器的耐压强度,等式的左边应该尽量小。对于单层圆筒,只受内压时,$\sigma_r < 0$,为压应力;而 $\sigma_t > 0$,为拉应力,两者的差值较大。

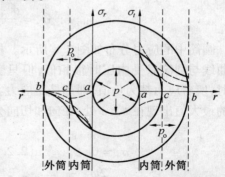

--- 内筒、外筒的应力曲线　　——总的应力曲线

图2.9　组合圆筒只受内压时的应力分布

从图2.9可知,组合圆筒使内层圆筒的 σ_t 向负方向移动,而 σ_r 不变,减小了两者的差值,使容器耐压,即 σ_r、σ_t 提高。虽然外层圆筒的 σ_t 提高了,但是通过适当的设计使内筒与外筒的 σ_t 相当,可以最大限度地发挥材料的性能。

2.3.2　过盈量引起的接触压力

如果组合圆筒两端开放,即 $\sigma_z = 0$,可以由过盈量 δ 求出内筒和外筒之间的接触压力 p_c。设由接触压力引起的外筒内径增加量为 u_r^o,内筒外径减小量为 u_r^i,则过盈量为

$$\delta = |u_r^i| + |u_r^o| \tag{2.3.1}$$

等于内筒外径与外筒内径初始值之差,如图2.10 所示。

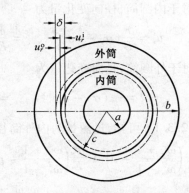

组合圆筒装配后的边界半径为 c,内半径为 a,外半径为 b。此时外圆筒受内压,而内圆筒受外压,压力为 p_c。内筒的应力分布为

图 2.10　双层圆筒组合时的过盈配合

$$\sigma_r = -\frac{p_c}{\omega^2 - 1}\left(\omega^2 - \frac{c^2}{r^2}\right) \tag{2.3.2}$$

$$\sigma_t = -\frac{p_c}{\omega^2 - 1}\left(\omega^2 + \frac{c^2}{r^2}\right) \tag{2.3.3}$$

$$\sigma_z = 0 \tag{2.3.4}$$

外筒的应力分布为

$$\sigma_r = \frac{p_c}{\omega^2 - 1}\left(1 - \frac{b^2}{r^2}\right) \tag{2.3.5}$$

$$\sigma_t = \frac{p_c}{\omega^2 - 1}\left(1 + \frac{b^2}{r^2}\right) \tag{2.3.6}$$

$$\sigma_z = 0 \tag{2.3.7}$$

设 $\omega_i = c/a$、$\omega_o = b/c$、$\omega = b/a$,对于内外筒的边界上,即 $r = c$ 处,内筒的应力为

$$\sigma_r = -p_c \tag{2.3.8}$$

$$\sigma_t = -\frac{\omega_i^2 + 1}{\omega_i^2 - 1}p_c \tag{2.3.9}$$

外筒边界上的应力为

$$\sigma_r = -p_c \tag{2.3.10}$$

$$\sigma_t = \frac{\omega_o^2 + 1}{\omega_o^2 - 1}p_c \tag{2.3.11}$$

内筒外壁上受的切向应力为压应力,而外筒内壁的切向应力为拉应力。由式(2.1.11)和式(2.2.5),考虑到 $\sigma_z = 0$,可得

$$u = \frac{r}{E}(\sigma_t - \nu \sigma_r) \tag{2.3.12}$$

对于内圆筒,径向变化量为

$$u_r^i = \frac{r}{E}(\sigma_t - \nu \sigma_r) \Big|_{r=c} = \frac{c}{E}\left(-\frac{\omega_i^2 + 1}{\omega_i^2 - 1}p_c + \nu p_c\right) = -\frac{cp_c}{E}\left(\frac{\omega_i^2 + 1}{\omega_i^2 - 1} - \nu\right) \tag{2.3.13}$$

对于外圆筒,径向变化量为

$$u_r^o = \frac{r}{E}(\sigma_t - \nu \sigma_r) \Big|_{r=c} = \frac{c}{E}\left(\frac{\omega_o^2 + 1}{\omega_o^2 - 1}p_c + \nu p_c\right) = \frac{cp_c}{E}\left(\frac{\omega_o^2 + 1}{\omega_o^2 - 1} + \nu\right) \tag{2.3.14}$$

由式(2.3.1)可知,过盈量为内外筒径向变化量之和,即

$$\delta = \frac{cp_c}{E}\left(\frac{\omega_o^2 + 1}{\omega_o^2 - 1} + \nu\right) + \frac{cp_c}{E}\left(\frac{\omega_i^2 + 1}{\omega_i^2 - 1} - \nu\right) = \frac{cp_c}{E} \frac{\omega_o^2\omega_i^2 + \omega_i^2 - \omega_o^2 - 1 + \omega_o^2\omega_i^2 - \omega_i^2 + \omega_o^2 - 1}{(\omega_o^2 - 1)(\omega_i^2 - 1)}$$

$$\delta = \frac{2cp_c}{E} \frac{\omega_o^2\omega_i^2 - 1}{(\omega_o^2 - 1)(\omega_i^2 - 1)} = \frac{2cp_c}{E} \frac{\omega^2 - 1}{(\omega_o^2 - 1)(\omega_i^2 - 1)} \tag{2.3.15}$$

式中用到了关系式 $\omega_i\omega_o = \omega$。

装配压力为

$$p_c = \frac{E\delta}{2c} \frac{(\omega_o^2 - 1)(\omega_i^2 - 1)}{\omega^2 - 1} \tag{2.3.16}$$

式(2.3.16)给出了过盈量和装配压力之间的关系,适用于内外筒为同种材料的情形。组合圆筒装配的过程中,先将外筒加热,内筒冷却,然后两圆筒组合在一块。当内外两筒的温度均为环境温度时,由于存在过盈量 δ,而产生接触压力。也可以利用冷压方法将两筒组合在一块。通过机械加工,使内筒的外表面和外筒的内表面均为具有10°左右锥角的圆锥面,并且具有一定的过盈量,当利用外力将两个圆筒组合在一起时,即产生接触压力。

由式(2.2.38)和式(2.2.39)可知,圆筒工作时工作压力(内压)在内筒内表面造成的应力为

$$\sigma_r = -p \tag{2.3.17}$$

$$\sigma_t = \frac{\omega^2 + 1}{\omega^2 - 1}p \tag{2.3.18}$$

对内筒来说,接触压力为外压,在内筒内表面产生的应力为

$$\sigma_r = 0 \tag{2.3.19}$$

$$\sigma_t = -\frac{2p_c\omega_i^2}{\omega_i^2 - 1} \tag{2.3.20}$$

内筒内表面的应力为接触压力和工作压力的贡献之和。总的最大剪应力为

$$\tau_{imax} = \frac{\sigma_t - \sigma_r}{2} \Big|_{r=a} = \frac{1}{2}\left(p\frac{\omega^2 + 1}{\omega^2 - 1} - \frac{2p_c\omega_i^2}{\omega_i^2 - 1} + p\right) \tag{2.3.21}$$

对于外筒,接触压力为内压,在外筒内表面造成的应力为

$$\sigma_r = -p_c \tag{2.3.22}$$

$$\sigma_t = p_c \frac{\omega_o^2 + 1}{\omega_o^2 - 1} \tag{2.3.23}$$

由式(2.2.38)和(2.2.39)可知,工作压力在外筒内表面造成的应力为

$$\sigma_r = \frac{p}{\omega^2 - 1}\left(1 - \frac{b^2}{c^2}\right) = -\frac{\omega_o^2 - 1}{\omega^2 - 1}p \tag{2.3.24}$$

$$\sigma_t = p \frac{\omega_o^2 + 1}{\omega^2 - 1} \tag{2.3.25}$$

在分界面上,外筒的最大剪应力为

$$\tau_{omax} = \frac{\sigma_t - \sigma_r}{2}\bigg|_{r=c} = p \frac{\omega_o^2}{\omega^2 - 1} + p_c \frac{\omega_o^2}{\omega_o^2 - 1} \tag{2.3.26}$$

2.3.3　组合圆筒的最佳设计和耐压限度

当组合圆筒受内压 p 时,圆筒的应力为内压和接触压力产生应力的叠加。而对于最佳设计而言,在施加内压期间,内外筒上产生的最大剪应力应当相等,即内外筒同时达到材料的屈服极限。内筒最大剪应力出现在内壁处($r = a$),由式(2.3.21)给出

$$\tau_{imax} = p \frac{\omega^2}{\omega^2 - 1} - p_c \frac{\omega_i^2}{\omega_i^2 - 1} = p \frac{b^2}{b^2 - a^2} - p_c \frac{c^2}{c^2 - a^2} \tag{2.3.27}$$

外筒最大剪应力出现在 $r = c$ 处,即外筒内壁

$$\tau_{omax} = p \frac{b^2 a^2}{(b^2 - a^2)c^2} + p_c \frac{b^2}{b^2 - c^2} \tag{2.3.28}$$

最佳设计时,有 $\tau_{imax} = \tau_{omax}$,即

$$p \frac{b^2}{b^2 - a^2} - p_c \frac{c^2}{c^2 - a^2} = p \frac{b^2 a^2}{(b^2 - a^2)c^2} + p_c \frac{b^2}{b^2 - c^2}$$

$$p_c = \frac{pb^2}{b^2 - a^2} \frac{1 - \dfrac{a^2}{c^2}}{\dfrac{b^2}{b^2 - c^2} + \dfrac{c^2}{c^2 - a^2}} \tag{2.3.29}$$

代入式(2.3.28),得

$$\tau_{max} = p \frac{b^2 c^2}{2b^2 c^2 - (c^4 + b^2 a^2)} \tag{2.3.30}$$

对于最高内压极限而言,τ_{max} 应等于剪切弹性极限。因圆筒一般使用延性材料,采用最大剪应力或最大剪应变能理论较为合理。由式(1.3.19)可知,这个弹性极限是 $Y_0/\sqrt{3}$,其中 Y_0 是各向同性屈服强度。

$$\tau_{\max} = \frac{Y_0}{\sqrt{3}} = p_{\max} \frac{b^2 c^2}{2b^2 c^2 - (c^4 + b^2 a^2)}$$

$$p_{\max} = \frac{Y_0}{\sqrt{3}} \frac{2b^2 c^2 - (c^4 + b^2 a^2)}{b^2 c^2} \tag{2.3.31}$$

这就是相同材料作内外筒时,双层组合圆筒的最高使用压力。

组合圆筒的外径一般不会太大,因为应力主要分布在内壁,外径太大工作压力也不会有大的提高。如果给定了压腔的设计容积,内径就确定了,通过分析计算,外径也就确定下来了。将式(2.3.31)对 c 求微商,可以求出最佳设计时对应的 c 值。

$$\frac{\mathrm{d}p_{\max}}{\mathrm{d}c} = \frac{Y_0}{\sqrt{3}} \frac{\mathrm{d}}{\mathrm{d}c}\left(\frac{2b^2 c^2 - (c^4 + b^2 a^2)}{b^2 c^2}\right) = 0 \tag{2.3.32}$$

$$c = \sqrt{ab} \tag{2.3.33}$$

$$\omega_i = \omega_o \tag{2.3.34}$$

$$\omega_i \omega_o = \omega \tag{2.3.35}$$

代入式(2.3.31),求得

$$p_{\max} = \frac{2Y_0}{\sqrt{3}} \frac{\omega - 1}{\omega} \tag{2.3.36}$$

此即最佳设计时组合圆筒的极限工作压力。图 2.11 给出了单壁圆筒和双层组合圆筒极限工作压力的比较。

将式(2.3.33)代入式(2.3.16),可得最佳设计时的接触压力与过盈量的关系为

$$p_c^{\mathrm{opt}} = \frac{E\delta}{2c} \frac{(\omega_o^2 - 1)(\omega_i^2 - 1)}{\omega^2 - 1} = \frac{E\delta}{2\sqrt{ab}} \frac{\omega - 1}{\omega + 1} \tag{2.3.37}$$

将式(2.3.33)和式(2.3.36)代入式(2.3.29),可得最佳接触压力

$$p_c^{\mathrm{opt}} = \frac{Y_0}{\sqrt{3}\,\omega} \frac{(\omega - 1)^2}{\omega + 1} \tag{2.3.38}$$

式(2.3.37)和式(2.3.38)是等价的,即

$$\frac{E\delta}{2\sqrt{ab}} \frac{\omega - 1}{\omega + 1} = \frac{Y_0}{\sqrt{3}\,\omega} \frac{(\omega - 1)^2}{\omega + 1}$$

最佳过盈量为

$$\delta^{\mathrm{opt}} = \frac{2aY_0}{E} \frac{\omega - 1}{\sqrt{3}\,\omega} \tag{2.3.39}$$

由此可见,最佳过盈量与材料的杨氏模量 E、各向同性屈服强度 Y_0 以及圆筒的几何尺寸 a、ω 等有关。

在最佳设计时,通过接触压力和工作压力可以计算出内外筒的应力分布。图 2.12 给

出了 $\omega = 4$ 时极限工作压力下圆筒的应力分布。

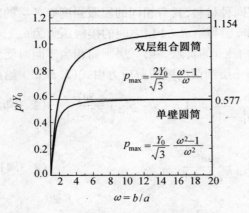

图 2.11　单壁圆筒、双层组合圆筒的　　　图 2.12　极限工作压力下双层组合圆筒的
　　　　极限工作压力　　　　　　　　　　　　　应力分布

例 2.1　用屈服强度为 1.4 GPa 的合金来做一高压容器,要求能承受 0.8 GPa 的压力,问对于:(1) 单壁圆筒;(2) 双层组合圆筒,最小的内外径之比为多少?

解　(1) 单壁圆筒

$$p = \frac{Y_0}{\sqrt{3}} \frac{\omega^2 - 1}{\omega^2}$$

$$\frac{\omega^2 - 1}{\omega^2} = \frac{\sqrt{3}p}{Y_0} = \frac{4\sqrt{3}}{7} = 0.989\,7$$

$$\omega \approx 10$$

(2) 双层组合圆筒

$$p_{max} = \frac{2Y_0}{\sqrt{3}} \frac{\omega - 1}{\omega}$$

$$\frac{\omega - 1}{\omega} = \frac{\sqrt{3}p}{2Y_0} = \frac{2\sqrt{3}}{7} = 0.494\,9$$

$$\omega \approx 2$$

如果给定内径为 10 cm,那么单壁圆筒的外径为 100 cm,而双层组合圆筒的外径为 20 cm。

可见,使用同种材料在相同的工作压力下,双层组合圆筒的厚度要比单壁圆筒小得多,可以节省更多的材料。

2.3.4　多层组合圆筒

如前所述,双层组合圆筒可使圆筒容器的应力分布趋于均匀。如果使用更多层的圆筒组合在一起,将会使应力分布进一步优化。

　　假设圆筒容器由 n 层组成,每层圆筒使用同种材料,具有相同的屈服强度。各层的内外径之比分别为 $\omega_1, \omega_2, \cdots, \omega_n$,工作状态下第 m 层与第 $m+1$ 层之间的接触压力为 $p_{m,m+1}$,其中 $m=1,2,3,\cdots,n$,这里 $p_{m,m+1}$ 已经包含了内压 p 的贡献。第一层圆筒相当于同时受到内压 p 和外压 $p_{1,2}$ 的作用。取 $\omega = \omega_i = \omega_1$,第一层圆筒内壁的剪应力由式(2.3.21)给出

$$\tau_1 = \frac{\sigma_{t1} - \sigma_{r1}}{2} = \frac{1}{2}\left(p\frac{\omega_1^2 + 1}{\omega_1^2 - 1} - \frac{2p_{1,2}\omega_1^2}{\omega_1^2 - 1} + p\right) = (p - p_{1,2})\frac{\omega_1^2}{\omega_1^2 - 1} \qquad (2.3.40)$$

同理,第二层的剪应力为

$$\tau_2 = (p_{1,2} - p_{2,3})\frac{\omega_2^2}{\omega_2^2 - 1} \qquad (2.3.41)$$

第三层的剪应力为

$$\tau_3 = (p_{2,3} - p_{3,4})\frac{\omega_3^2}{\omega_3^2 - 1} \qquad (2.3.42)$$

$$\vdots$$

第 n 层圆筒的外壁不受力的作用,因此对应的剪应力为

$$\tau_n = (p_{n-1,n} - 0)\frac{\omega_n^2}{\omega_n^2 - 1} \qquad (2.3.43)$$

在最佳设计时,每层圆筒内壁的剪应力都应相同且等于弹性极限值 $Y_0/\sqrt{3}$

$$\tau_1 = \tau_2 = \cdots = \tau_n = \frac{Y_0}{\sqrt{3}} \qquad (2.3.44)$$

考虑第 m 和第 $m+1$ 层,在工作状态下对应的剪应力分别为

$$\tau_m = (p_{m-1,m} - p_{m,m+1})\frac{\omega_m^2}{\omega_m^2 - 1} \qquad (2.3.45)$$

$$\tau_{m+1} = (p_{m,m+1} - p_{m+1,m+2})\frac{\omega_{m+1}^2}{\omega_{m+1}^2 - 1} \qquad (2.3.46)$$

　　当内压达到极限工作压力时,$\tau_m = \tau_{m+1} = Y_0/\sqrt{3}$。利用式(2.3.45)求出 $p_{m,m+1}$,代入式(2.3.46),经整理得

$$\frac{Y_0}{\sqrt{3}} = \frac{p_{m-1,m}\omega_m^2\omega_{m+1}^2 - p_{m+1,m+2}\omega_m^2\omega_{m+1}^2}{2\omega_m^2\omega_{m+1}^2 - \omega_m^2 - \omega_{m+1}^2} \qquad (2.3.47)$$

令 $k = \omega_m\omega_{m+1}$,则 $\omega_{m+1} = k/\omega_m$,式(2.3.47)可写为

$$\frac{Y_0}{\sqrt{3}} = \frac{(p_{m-1,m} - p_{m+1,m+2})k^2}{2k^2 - \omega_m^2 - k^2/\omega_m^2} \qquad (2.3.48)$$

对式(2.3.48)中的 ω_m 微分等于零,可得 $k = \omega_m^2$,即

$$\omega_m = \omega_{m+1} \tag{2.3.49}$$

同理可得

$$\omega_1 = \omega_2 = \cdots = \omega_n \tag{2.3.50}$$

因为各层圆筒的内外径之比的乘积等于组合后圆筒的内外径之比

$$\omega_1 \omega_2 \cdots \omega_n = \omega \tag{2.3.51}$$

所以

$$\omega_1 = \omega_2 = \cdots = \omega_n = \omega^{1/n} \tag{2.3.52}$$

代入式(2.3.40) ~ (2.3.43) 得

$$\tau_1 = (p - p_{1,2}) \frac{\omega^{2/n}}{\omega^{2/n} - 1} \tag{2.3.53}$$

$$\tau_2 = (p_{1,2} - p_{2,3}) \frac{\omega^{2/n}}{\omega^{2/n} - 1} \tag{2.3.54}$$

$$\tau_3 = (p_{2,3} - p_{3,4}) \frac{\omega^{2/n}}{\omega^{2/n} - 1} \tag{2.3.55}$$

$$\vdots$$

$$\tau_n = (p_{n-1,n} - 0) \frac{\omega^{2/n}}{\omega^{2/n} - 1} \tag{2.3.56}$$

将以上各式相加,利用式(2.3.44),得

$$n \frac{Y_0}{\sqrt{3}} = p \frac{\omega^{2/n}}{\omega^{2/n} - 1} \tag{2.3.57}$$

因此多层圆筒在最佳设计时所能承受的内压为

$$p = \frac{Y_0}{\sqrt{3}} \frac{n(\omega^{2/n} - 1)}{\omega^{2/n}} \tag{2.3.58}$$

图 2.13 给出了多层组合圆筒在不同层数时的极限压力,随着 n 的增加,极限压力也不断提高。当 $n \to \infty$ 时,令 $x = 1/n$,式(2.3.58) 变为

$$p = \frac{Y_0}{\sqrt{3}} \frac{(1 - \omega^{-2x})}{x} \tag{2.3.59}$$

当 $x = 1/n \to 0$ 时,上式的极限为

$$p = \lim_{x \to 0} \frac{Y_0}{\sqrt{3}} \frac{(1 - \omega^{-2x})}{x} = \lim_{x \to 0} \frac{Y_0}{\sqrt{3}} \frac{(1 - \omega^{-2x})'}{x'} = \frac{2Y_0}{\sqrt{3}} \ln \omega \tag{2.3.60}$$

$n \to \infty$ 时的极限工作压力也在图 2.13 中给出。

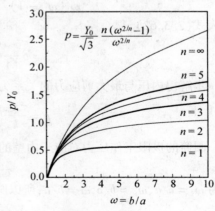

图 2.13　多层组合圆筒的极限工作压力

多层圆筒的极限压力并不能无限制地提高,因为随着极限工作压力的增大,需要更大的过盈量,接触压力在内筒内壁引起的应力也会增加,当超过材料的弹性极限时就不能再提高了。组合圆筒的层数越多,加工的难度越大。在实际应用中,一般采用三层组合圆筒,有时使用四层圆筒,最外面一层为保护层。日本无机材料研究所的 3 万吨压机,使用了九层圆筒,高压腔体的容积达 1 000 cm^3。

2.3.5　不同材料的组合圆筒

如果双层组合圆筒内外筒的材料不同,具有不同的弹性模量和屈服强度,那么极限工作压力和最佳过盈量都会改变。最佳设计时要求内外筒在极限压力下同时屈服。设两种材料的剪切弹性极限分别为 $Y_{01}/\sqrt{3}$ 和 $Y_{02}/\sqrt{3}$,且 $Y_{01} = kY_{02}$,则最佳设计时内外筒的最大剪应力相差 k 倍

$$\tau_{\text{imax}} = k\tau_{\text{omax}} \tag{2.3.61}$$

由式(2.3.21)和(2.3.26)可知,在内外筒的内壁出现最大剪应力

$$\tau_{\text{imax}} = p\,\frac{\omega^2}{\omega^2 - 1} - p_c\,\frac{\omega_i^2}{\omega_i^2 - 1} \tag{2.3.62}$$

$$\tau_{\text{omax}} = p\,\frac{\omega_o^2}{\omega^2 - 1} + p_c\,\frac{\omega_o^2}{\omega_o^2 - 1} \tag{2.3.63}$$

两者满足

$$p\,\frac{\omega^2}{\omega^2 - 1} - p_c\,\frac{\omega_i^2}{\omega_i^2 - 1} = k\left(p\,\frac{\omega_o^2}{\omega^2 - 1} + p_c\,\frac{\omega_o^2}{\omega_o^2 - 1}\right)$$

考虑到 $\omega_i\omega_o = \omega$,可解出

$$p_c = p\,\frac{\omega^2(\omega_i^2 - k)}{\omega_i^2(\omega^2 - 1)} \cdot \frac{(\omega_i^2 - 1)(\omega^2 - \omega_i^2)}{\omega_i^2(\omega^2 - \omega_i^2) + k\omega^2(\omega_i^2 - 1)}$$

代入式(2.3.62),得

$$\tau_{\text{imax}} = p\,\frac{k\omega_i^2\omega^2}{(1 + k)\omega_i^2\omega^2 - k\omega^2 - \omega_i^4} \tag{2.3.64}$$

进一步解得内压与最大剪应力的关系为

$$p = \frac{\tau_{\text{imax}}}{k}\left(1 + k - \frac{k}{\omega_i^2} - \frac{\omega_i^2}{\omega^2}\right) \tag{2.3.65}$$

圆筒的极限工作压力对应于内壁的屈服,此时最大剪应力为

$$\tau_{\text{imax}} = Y_{01}/\sqrt{3} \tag{2.3.66}$$

因为 $\omega_i = c/a$,$\omega_o = b/c$,$\omega = b/a$,所以圆筒的极限工作压力为

$$p = \frac{Y_{01}}{k\sqrt{3}}\left(1 + k - \frac{ka^2}{c^2} - \frac{c^2}{b^2}\right) \tag{2.3.67}$$

上式对 c 求微分,并令其等于零,得到最佳设计时

$$c = k^{1/4} \sqrt{ab} \tag{2.3.68}$$

$$\omega_i = k^{1/4} \sqrt{\omega} \tag{2.3.69}$$

$$\omega_o = k^{-1/4} \sqrt{\omega} \tag{2.3.70}$$

代入式(2.3.67)得组合圆筒的极限工作压力为

$$p = \frac{Y_{01}}{k\sqrt{3}}\left(1 + k - 2\frac{\sqrt{k}}{\omega}\right) \tag{2.3.71}$$

代入式(2.3.62)得最佳接触应力为

$$p_c = \frac{Y_{01}}{k^{3/2}\sqrt{3}}\frac{(\sqrt{k}\,\omega - 1)(\omega - \sqrt{k})^2}{\omega(\omega^2 - 1)} \tag{2.3.72}$$

根据式(2.3.12)可知内圆筒在装配压力作用下的径向变化量为

$$u_r^i = \frac{r}{E_i}(\sigma_{ti} - \nu_i\sigma_{ri})\mid_{r=c} = \frac{c}{E_i}\left(-\frac{\omega_i^2 + 1}{\omega_i^2 - 1}p_c + \nu_i p_c\right) = -\frac{cp_c}{E_i}\left(\frac{\omega_i^2 + 1}{\omega_i^2 - 1} - \nu_i\right) \tag{2.3.73}$$

外圆筒在装配压力作用下的径向变化量为

$$u_r^o = \frac{r}{E_o}(\sigma_{to} - \nu_o\sigma_{ro})\mid_{r=c} = \frac{c}{E_o}\left(\frac{\omega_o^2 + 1}{\omega_o^2 - 1}p_c + \nu_o p_c\right) = \frac{cp_c}{E_o}\left(\frac{\omega_o^2 + 1}{\omega_o^2 - 1} + \nu_o\right) \tag{2.3.74}$$

式中,ν_i 和 ν_o 分别为内外筒材料的 Possion 比;E_i 和 E_o 分别为内外筒材料的杨氏模量。

过盈量为内外筒径向变化量之和,即

$$\delta = \frac{cp_c}{E_o}\left(\frac{\omega_o^2 + 1}{\omega_o^2 - 1} + \nu_o\right) + \frac{cp_c}{E_i}\left(\frac{\omega_i^2 + 1}{\omega_i^2 - 1} - \nu_i\right)$$

由式(2.3.69)、(2.3.70)和式(2.3.72)可求得最佳过盈量为

$$\delta = \frac{Y_{01}c}{k^{3/2}\sqrt{3}}\frac{(\sqrt{k}\,\omega - 1)(\omega - \sqrt{k})^2}{\omega(\omega^2 - 1)}\left[\frac{1}{E_o}\left(\frac{\omega + \sqrt{k}}{\omega - \sqrt{k}} + \nu_o\right) + \frac{1}{E_i}\left(\frac{\sqrt{k}\,\omega + 1}{\sqrt{k}\,\omega - 1} - \nu_i\right)\right] \tag{2.3.75}$$

高压容器的内筒经常用到 WC 材料,这种材料的压缩强度非常高,但拉伸强度较差,因此在高压下使用时,WC 内筒不宜受到拉伸应力的作用。这样,使用过程中内压产生的周向应力不能超过装配压力产生的应力,换句话说,内筒内壁总的周向应力应为负值。根据式(2.2.36),这个条件可以写为

$$\sigma_t = \frac{p - \omega_i^2 p_c}{\omega_i^2 - 1} + \omega_i^2\frac{p - p_c}{\omega_i^2 - 1} \leqslant 0 \tag{2.3.76}$$

可得装配压力应满足条件

$$p_c \geqslant p \frac{\omega_i^2 + 1}{2\omega_i^2} \tag{2.3.77}$$

显然,装配压力在 WC 内筒产生的压应力等于其弹性极限时可达到最高使用压力。由于 WC 为脆性材料,弹性极限即为屈服强度 Y_{01}。

由式(2.3.19)和式(2.3.20),接触压力在内筒内表面产生的径向应力为零,切向应力为

$$\tau_i = - \frac{2p_c\omega_i^2}{\omega_i^2 - 1} = - Y_{01} \tag{2.3.78}$$

因此,最大装配压力为

$$p_c = Y_{01} \frac{\omega_i^2 - 1}{2\omega_i^2} \tag{2.3.79}$$

通过式(2.3.77)可进一步求得圆筒的极限使用压力为

$$p = Y_{01} \frac{\omega_i^2 - 1}{\omega_i^2 + 1} \tag{2.3.80}$$

在极限使用压力时,最佳设计要求内筒内壁的切向应力为零,而外筒内壁的切向应力为其剪切弹性极限。由于外筒为延性材料,其弹性极限为 $Y_{02} / \sqrt{3}$,其中 Y_{02} 为外筒材料的各向同性屈服强度。

根据式(2.3.26)、(2.3.79)和式(2.3.80),外筒内壁上的最大剪应力为

$$\tau_{omax} = Y_{01} \frac{\omega_i^2 - 1}{\omega_i^2 + 1} \frac{\omega_o^2}{\omega^2 - 1} + Y_{01} \frac{\omega_i^2 - 1}{2\omega_i^2} \frac{\omega_o^2}{\omega_o^2 - 1} = Y_{02} \tag{2.3.81}$$

如果两种材料的各向同性屈服强度已知,就可以求出圆筒的内外径之比。

利用与上述类似的方法可以求出 WC 组合圆筒的最佳过盈量为

$$\delta = cp_c(C_1 C_2 + C_3 C_4) \tag{2.3.82}$$

式中

$$C_1 = \omega_i^2(1 - \nu_i) + (1 + \nu_i) \tag{2.3.83}$$

$$C_2 = \frac{1}{E_i(\omega_i^2 - 1)} \tag{2.3.84}$$

$$C_3 = \omega_o^2(1 + \nu_o) + (1 - \nu_o) \tag{2.3.85}$$

$$C_4 = \frac{1}{E_o(\omega_o^2 - 1)} \tag{2.3.86}$$

2.4　缠绕式圆筒[4,5]

在多层圆筒中,为了得到设计上要求的强度,内外筒需要进行精密加工,这种加工精度很高,加工过程复杂。有些硬质合金,如 WC,具有非常高的压缩强度(5 GPa),但是拉

伸强度较差,不适宜做组合圆筒的外筒。为
了克服这些缺点,在内圆筒外边用一定张力
T 拉着拉伸强度非常高的细丝或窄带缠绕其
外侧,从而实现内筒受到一定的外部压力,如
图 2.14 所示。这个压力相当于组合圆筒过
盈配合时产生的装配压力,可在圆筒内壁产
生压应力,从而提高圆筒的极限工作压力。

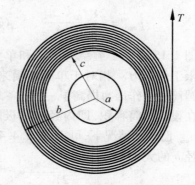

　　缠绕在外侧的细丝或窄带的强度非常
高,可达 2 GPa。目前有些高压设备使用的
石英或碳玻璃纤维的强度可以达到 5 GPa。

图 2.14　缠绕式圆筒

和传统的圆筒装置比起来,缠绕式圆筒的体积更小。压力设备的框架也可用这种缠绕方
法来制作,具有质量轻,强度高的特点。

　　圆筒的缠绕方式有等周向应力缠绕、等剪应力缠绕和等张力缠绕三种方式,这里只讨
论等张力缠绕。

2.4.1　极限压力和缠绕层外径

　　考虑两端开放的圆筒,即 $\sigma_z = 0$。缠绕层对内筒施加了一个外压 p_o。由于缠绕层细
丝的拉伸强度非常高,这个外压在内筒内壁上可以产生直到弹性极限的应力。为了获得
最高的耐压,缠绕层在内筒产生的最大剪应力为

$$\left.\frac{\sigma_t - \sigma_r}{2}\right|_{p_o} = -\frac{Y_0}{\sqrt{3}} \tag{2.4.1}$$

等式右边的负号代表压应力。如果圆筒工作时所受内压为 p,那么 p 在内筒内壁上产生的
应力为

$$\sigma_r = -p \tag{2.2.43}$$

$$\sigma_t = p\frac{\omega^2 + 1}{\omega^2 - 1} \tag{2.2.44}$$

其中 $\omega = b/a$。内压和缠绕层在圆筒内壁产生的最大剪应力为

$$\left.\frac{\sigma_t - \sigma_r}{2}\right|_p + \left.\frac{\sigma_t - \sigma_r}{2}\right|_{p_o} = \frac{1}{2}\left(p\frac{\omega^2 + 1}{\omega^2 - 1} + p\right) - \frac{Y_0}{\sqrt{3}} \tag{2.4.2}$$

在极限工作压力时,上式等于圆筒材料的弹性极限,即

$$\frac{1}{2}\left(p\frac{\omega^2 + 1}{\omega^2 - 1} + p\right) - \frac{Y_0}{\sqrt{3}} = \frac{Y_0}{\sqrt{3}} \tag{2.4.3}$$

由此得缠绕式圆筒的极限工作压力为

$$p_{\max} = \frac{2Y_0}{\sqrt{3}} \frac{\omega^2 - 1}{\omega^2} \qquad (2.4.4)$$

图 2.15 给出了缠绕式圆筒和单壁圆筒的极限工作压力。相对于单壁圆筒来说，缠绕式圆筒的工作压力提高了一倍。

在设计圆筒容积，即内径 a 和极限使用压力 $p_{\max}$ 已知的情况下，可由式(2.4.4)推知其外径 b 的大小。

$$b = a\omega = \sqrt{\frac{2Y_0}{2Y_0 - \sqrt{3}\,p_{\max}}} \qquad (2.4.5)$$

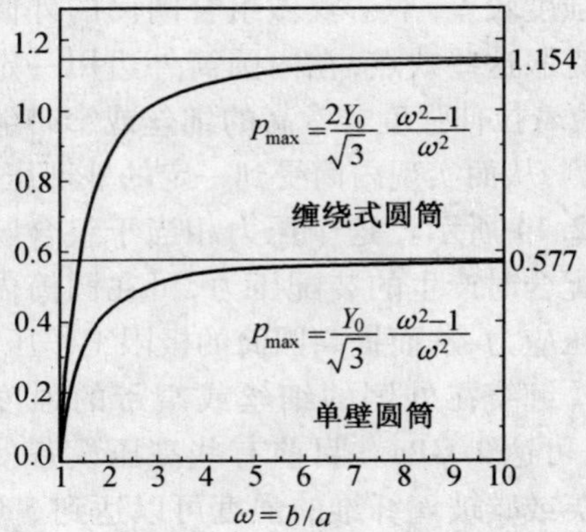

图 2.15　缠绕式圆筒的极限工作压力

2.4.2　内筒外径和缠绕张力

选取缠绕层中半径为 r 处的一个体积元，如图 2.4 所示。在平衡条件下，其径向应力和切向应力满足

$$\sigma_t - \sigma_r - r \frac{\mathrm{d}\sigma_r}{\mathrm{d}r} = 0 \qquad (2.2.11)$$

缠绕层中的细丝在缠绕时的张力为 T。当其外部继续缠上细丝时，内部细丝将受到来自外部的压力作用，产生切向的压应力 σ_t'。这时内部细丝的张力就不再是 T 了，而变成了 σ_t，则

$$\sigma_t = T + \sigma_t' \qquad (2.4.6)$$

实际上，σ_t' 是由于径向应力 σ_r 即外部细丝的压力引起的，由圆筒只受外压时的应力分布公式(2.3.3) 得

$$\sigma_t' = \frac{r^2/a^2 + 1}{r^2/a^2 - 1}\sigma_r = \frac{r^2 + a^2}{r^2 - a^2}\sigma_r \qquad (2.4.7)$$

上式相当于内径为 a 外径为 r 的圆筒受外压 $-\sigma_r(\sigma_r < 0)$ 时在外壁产生的切向应力，相应的内外径之比为 r/a。而这点总的切向应力为

$$\sigma_t = T + \frac{r^2 + a^2}{r^2 - a^2}\sigma_r \qquad (2.4.8)$$

代入式(2.2.11)，得

$$r \frac{\mathrm{d}\sigma_r}{\mathrm{d}r} + \left(1 - \frac{r^2 + a^2}{r^2 - a^2}\right)\sigma_r = T \qquad (2.4.9)$$

这个微分方程可化为标准形式

$$\frac{\mathrm{d}\sigma_r}{\mathrm{d}r} = \frac{2a^2}{r(r^2 - a^2)}\sigma_r + \frac{T}{r} = p(r)\sigma_r + q(r) \qquad (2.4.10)$$

方程的解为

$$\sigma_r = e^{\int p(r)dr}\left(c + \int q(r) e^{-\int p(r)dr} dr\right) \tag{2.4.11}$$

利用边界条件 $\sigma_r \big|_{r=b} = 0$，得

$$\sigma_r = -T\frac{r^2 - a^2}{2r^2}\ln\frac{b^2 - a^2}{r^2 - a^2} \tag{2.4.12}$$

由式（2.4.6）和（2.4.7）可知

$$\sigma_t = -T\left(1 - \frac{r^2 + a^2}{2r^2}\ln\frac{b^2 - a^2}{r^2 - a^2}\right) \tag{2.4.13}$$

在内筒的外壁，$r = c$，径向应力为

$$\sigma_r \big|_{r=c} = -T\frac{c^2 - a^2}{2c^2}\ln\frac{b^2 - a^2}{c^2 - a^2} \tag{2.4.14}$$

对内筒来说 $\sigma_r\big|_{r=c}$ 是外压，在其内壁上 $\sigma_{ri} = 0$，而由式（2.2.56）可得内壁的切向应力为

$$\sigma_{ti} = \frac{2\omega_i^2 \sigma_r\big|_{r=c}}{\omega_i^2 - 1} = \frac{2c^2 \sigma_r\big|_{r=c}}{c^2 - a^2} \tag{2.4.15}$$

这里 $\omega_i = c/a$。为达到最高的极限工作压力，缠绕层在内筒内壁的最大剪应力应等于其弹性极限。

$$\frac{\sigma_{ti} - \sigma_{ri}}{2} = -\frac{Y_0}{\sqrt{3}} \tag{2.4.16}$$

$$\sigma_{ti} = -\frac{2Y_0}{\sqrt{3}} \tag{2.4.17}$$

所以式（2.4.15）可写为

$$\sigma_r \big|_{r=c} = -\frac{c^2 - a^2}{c^2}\frac{Y_0}{\sqrt{3}} \tag{2.4.18}$$

联立式（2.4.14）和（2.4.18）得内筒的外径为

$$c = \sqrt{\frac{b^2 - a^2}{e^{2Y_0/\sqrt{3}T}} + a^2} \tag{2.4.19}$$

由于外层对内层细丝的压应力作用，将部分抵消内层细丝内的张力，因此缠绕层中细丝张力的最大值出现在最外部，即 $r = b$ 处。不存在内压的情况下，由式（2.4.13）得细丝的张力为 T。存在内压时，由式（2.2.39）可得缠绕层外部的总张力为

$$\sigma_t \big|_{r=b} = T + \frac{2a^2}{b^2 - a^2}p \tag{2.4.20}$$

最佳设计时，这个应力等于细丝材料的拉伸强度 τ_0，因此细丝的最大张力为

$$T = \tau_0 - \frac{2a^2}{b^2 - a^2}p \tag{2.4.21}$$

2.4.3　缠绕式圆筒的应力分布

由内压 p 引起的应力可按照式（2.2.38）和式（2.2.39）给出

$$\sigma_r = p\frac{a^2}{b^2 - a^2}\left(1 - \frac{b^2}{r^2}\right) \tag{2.4.22}$$

$$\sigma_t = p\frac{a^2}{b^2 - a^2}\left(1 + \frac{b^2}{r^2}\right) \tag{2.4.23}$$

由细丝缠绕引起内筒的应力分布由式（2.2.55）和式（2.2.56）给出

$$\sigma_{ri} = \sigma_r\big|_{r=c}\frac{c^2}{c^2 - a^2}\left(1 - \frac{a^2}{r^2}\right) \tag{2.4.24}$$

$$\sigma_{ti} = \sigma_r\big|_{r=c}\frac{c^2}{c^2 - a^2}\left(1 + \frac{a^2}{r^2}\right) \tag{2.4.25}$$

外筒的应力分布由式（2.4.12）和式（2.4.13）给出。

工作状态下圆筒总的应力分布为工作压力与缠绕层产生应力的叠加。对于内筒，其应力分布为

$$\sigma_r = p\frac{a^2}{b^2 - a^2}\left(1 - \frac{b^2}{r^2}\right) - \frac{Y_0}{\sqrt{3}}\left(1 - \frac{a^2}{r^2}\right) \tag{2.4.26}$$

$$\sigma_t = p\frac{a^2}{b^2 - a^2}\left(1 + \frac{b^2}{r^2}\right) - \frac{Y_0}{\sqrt{3}}\left(1 + \frac{a^2}{r^2}\right) \tag{2.4.27}$$

对于外筒，其应力分布为

$$\sigma_r = p\frac{a^2}{b^2 - a^2}\left(1 - \frac{b^2}{r^2}\right) - T\frac{r^2 - a^2}{2r^2}\ln\frac{b^2 - a^2}{r^2 - a^2} \tag{2.4.28}$$

$$\sigma_t = p\frac{a^2}{b^2 - a^2}\left(1 + \frac{b^2}{r^2}\right) + T\left(1 - \frac{r^2 + a^2}{2r^2}\ln\frac{b^2 - a^2}{r^2 - a^2}\right) \tag{2.4.29}$$

2.5　自紧圆筒[3]

2.5.1　预应力

能承受极高压力的圆筒制造方法中有自紧法，此方法是法国的兵器制造官 Malaval 发明的。有意让单壁圆筒内壁承受高于弹性失效的压力，即比公式（2.2.47）还要大的压力，使得圆筒内壁首先开始发生非均匀的范性形变，随着内压的增大，范性区向外扩展（可一直延续到圆筒外壁）。当内压卸掉后，圆筒壁由于非均匀膨胀的结果留下了残余应力，而该应力允许圆筒弹性工作到自紧时施加的压力值。

　　实际上,未加载荷时圆筒已存在应力分布,这种应力称为残余应力,或称为初应力、预应力。残余应力是由于圆筒在发生范性形变后,形变部分在外力去掉后不能复原,而外面弹性形变部分企图恢复原状,各部分之间相互约束而产生的。

　　预应力及热应力,均可看做由于自由位移被约束而产生的残余应力。材料在发生塑性形变时,如果形变部分是非均匀的,卸载后由于应变量的差别,在各部分之间产生约束,就会产生残余应力。

　　这种预应力在工程、建筑等行业得到广泛应用,预应力混凝土就是一个很好的例子。混凝土具有很高的压缩强度,而拉伸强度非常差。如果用混凝土建造桥梁,那么当桥梁上有负载时,上桥面受压应力的作用,而下桥面受拉应力的作用,如图 2.16 所示,很容易造成下桥面的断裂而酿成事故。为了克服混凝土的这个缺点,可在混凝土中产生预应力,图 2.17 中给出了预应力混凝土的制作过程。

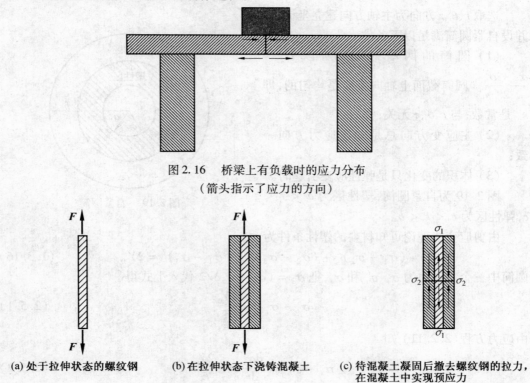

图 2.16　桥梁上有负载时的应力分布
（箭头指示了应力的方向）

(a) 处于拉伸状态的螺纹钢　　(b) 在拉伸状态下浇铸混凝土　　(c) 待混凝土凝固后撤去螺纹钢的拉力,
在混凝土中实现预应力

图 2.17　预应力混凝土的制作过程

　　以拉应力 F 作用下的螺纹钢作为骨架,浇铸混凝土。待混凝土凝固后再撤去外力,混凝土就会受到一个压应力 σ_2 的作用,这就是预应力。预应力混凝土可应用在桥梁上,当承载一定重量时,产生的应力需要先克服预应力,然后才能破坏桥梁。因此预应力对桥梁起到了保护作用。

在圆筒的自紧处理过程中必须使材料发生塑性形变,并要求材料在形变过程中产生均匀的应力。如果材料发生不均匀塑性形变,可以想象形变在某些点发生,结果造成圆筒偏离圆形。均匀塑性形变要求材料具有如图 2.18 那样理想的应力 – 应变曲线。

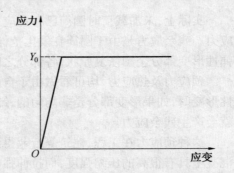

图 2.18　理想的应力 – 应变曲线

2.5.2　自紧期间圆筒的应力分布

选取 r、θ、z 方向为主轴方向建立坐标系,并设自紧圆筒满足以下条件。

（1）圆筒的两端封闭,所以 $\sigma_z = \dfrac{\sigma_r + \sigma_t}{2}$。圆筒截面上轴向应变是均匀的,即 ε_z 是常数,与 r、θ、z 无关;

（2）主应变方向总是和主应力方向一致;

（3）体积的变化只是弹性应变引起的。

图 2.19 为自紧圆筒,塑性区为 $a < r < c$,弹性区为 $c < r < b$。

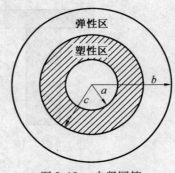

图 2.19　自紧圆筒

由剪应变能理论可知材料的塑性条件为

$$(\sigma_1 - \sigma_2)^2 + (\sigma_2 - \sigma_3)^2 + (\sigma_1 - \sigma_3)^2 = 2Y_0^2 \tag{1.3.16}$$

圆筒中三个主应力为 σ_r、σ_t 和 σ_z,把 $\sigma_z = (\sigma_r + \sigma_t)/2$ 代入上式得

$$\sigma_t - \sigma_r = \pm \frac{2Y_0}{\sqrt{3}} \tag{2.5.1}$$

由应力方程（2.2.11）知

$$\sigma_t - \sigma_r = r \frac{\mathrm{d}\sigma_r}{\mathrm{d}r} = \pm \frac{2Y_0}{\sqrt{3}} \tag{2.5.2}$$

积分得

$$\sigma_r = \pm \frac{2Y_0}{\sqrt{3}} \ln r + c_1 \tag{2.5.3}$$

式中,c_1 为待定积分常数。

由式(2.5.1)得

$$\sigma_t = \pm \frac{2Y_0}{\sqrt{3}}(\ln r + 1) + c_1 \tag{2.5.4}$$

由边界条件可知,在范性区σ_r绝对值随着r的增大而减小,考虑到σ_r为压应力($\sigma_r \leqslant 0$),上式取正号。因此,在范性区有

$$\sigma_r = c_1 + \frac{2Y_0}{\sqrt{3}}\ln r \tag{2.5.5}$$

$$\sigma_t = c_1 + \frac{2Y_0}{\sqrt{3}}(\ln r + 1) \tag{2.5.6}$$

设在弹性区的应力分布和整个圆筒都处在弹性时的形式相同,由式(2.2.38)和式(2.2.39)得

$$\sigma'_r = c_2 - \frac{c_3}{r^2} \tag{2.5.7}$$

$$\sigma'_t = c_2 + \frac{c_3}{r^2} \tag{2.5.8}$$

由连续性边界条件,可求出c_1、c_2、c_3。在范性区和弹性区的边界$r = c$处

$$\sigma_r = \sigma'_r \tag{2.5.9}$$

$$\sigma_t = \sigma'_t \tag{2.5.10}$$

在圆筒的外壁$r = b$处

$$\sigma_r = 0 \tag{2.5.11}$$

在圆筒的内壁$r = a$处,自紧力为$-p$

$$\sigma_r = -p \tag{2.5.12}$$

由式(2.5.9)有

$$c_1 + \frac{2Y_0}{\sqrt{3}}\ln c = c_2 - \frac{c_3}{c^2} \tag{2.5.13}$$

由式(2.5.10)得

$$c_1 + \frac{2Y_0}{\sqrt{3}}(\ln c + 1) = c_2 + \frac{c_3}{c^2} \tag{2.5.14}$$

由式(2.5.11)得

$$c_2 - \frac{c_3}{b^2} = 0 \tag{2.5.15}$$

由式(2.5.12)得

$$c_1 + \frac{2Y_0}{\sqrt{3}}\ln a = -p \tag{2.5.16}$$

$$c_1 = - p - \frac{2Y_0}{\sqrt{3}} \ln a \qquad (2.5.17)$$

式(2.5.13)和式(2.5.14)相减得

$$c_3 = \frac{Y_0 c^2}{\sqrt{3}} \qquad (2.5.18)$$

代入式(2.5.15)得

$$c_2 = \frac{Y_0}{\sqrt{3}} \frac{c^2}{b^2} \qquad (2.5.19)$$

将式(2.5.18)和式(2.5.19)代入式(2.5.13)得

$$c_1 = c_2 - \frac{c_3}{c^2} - \frac{2Y_0}{\sqrt{3}} \ln c = \frac{Y_0}{\sqrt{3}} \left(\frac{c^2}{b^2} - 1 \right) - \frac{2Y_0}{\sqrt{3}} \ln c \qquad (2.5.20)$$

代入式(2.5.17)得

$$p = \frac{2Y_0}{\sqrt{3}} \ln c - \frac{Y_0}{\sqrt{3}} \left(\frac{c^2}{b^2} - 1 \right) - \frac{2Y_0}{\sqrt{3}} \ln a = \frac{2Y_0}{\sqrt{3}} \left(\ln \frac{c}{a} - \frac{c^2 - b^2}{2b^2} \right)$$

$$p = \frac{2Y_0}{\sqrt{3}} \left[\ln(c/a) - \frac{c^2/a^2 - b^2/a^2}{2b^2/a^2} \right] \qquad (2.5.21)$$

设 $\omega = b/a, n = c/a$，则自紧压力为

$$p_A = \frac{2Y_0}{\sqrt{3}} \left(\frac{\omega^2 - n^2}{2\omega^2} + \ln n \right) \qquad (2.5.22)$$

式(2.5.22)给出了直到 $n = c/a$ 处,使圆筒发生范性形变所需要的压力。

当 $n = 1$ 时,范性区刚刚形成,对应圆筒内壁刚好屈服

$$p_A = \frac{Y_0}{\sqrt{3}} \frac{\omega^2 - 1}{\omega^2} \qquad (2.5.23)$$

与单壁圆筒的耐压相同。

当 $n = \omega$ 时,整个圆筒都为范性区,这时的内压为爆裂压力,即 $p = p_b$

$$p_b = \frac{2Y_0}{\sqrt{3}} \ln \omega \qquad (2.5.24)$$

把 c_1、c_2、c_3 代入式(2.5.5) ~ (2.5.8),可得整个圆筒的应力分布。

范性区

$$\sigma_r = - p + \frac{2Y_0}{\sqrt{3}} \ln w \qquad (2.5.25)$$

$$\sigma_t = - p + \frac{2Y_0}{\sqrt{3}} (\ln w + 1) \qquad (2.5.26)$$

式中, $w = r/a; a < r < c$。

弹性区

$$\sigma'_r = -\frac{Y_0}{\sqrt{3}}\frac{n^2}{\omega^2}\Big(\frac{\omega^2}{m^2}-1\Big) \tag{2.5.27}$$

$$\sigma'_t = \frac{Y_0}{\sqrt{3}}\frac{n^2}{\omega^2}\Big(\frac{\omega^2}{m^2}+1\Big) \tag{2.5.28}$$

式中，$m = r/a$；$c < r < b$。

图 2.20 给出了 $\omega = 3$、$n = 1.6$ 时自紧圆筒的应力分布，这时对应的自紧压力可由式（2.5.22）得出，即 $p_A = 0.956\,Y_0$。

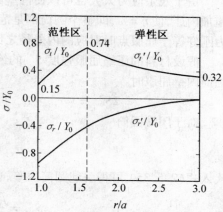

图 2.20　自紧期间圆筒的应力分布

2.5.3　自紧压力卸掉后的残余应力分布

假设 σ_r^* 和 σ_t^* 为自紧压力卸掉后的残余应力，σ_r'' 和 σ_t'' 为把圆筒看成完全弹性体时的假想应力，σ_r 和 σ_t 为自紧时应力。三者之间的关系为

$$\sigma_r^* = \sigma_r - \sigma_r'' \tag{2.5.29}$$

$$\sigma_t^* = \sigma_t - \sigma_t'' \tag{2.5.30}$$

由此可得范性区（$a < r < c$）的残余应力为

$$\sigma_{rp}^* = -p + \frac{2Y_0}{\sqrt{3}}\ln w + \frac{p}{\omega^2-1}\Big(\frac{\omega^2}{w^2}-1\Big) \tag{2.5.31}$$

$$\sigma_{tp}^* = -p + \frac{2Y_0}{\sqrt{3}}(\ln w + 1) - \frac{p}{\omega^2-1}\Big(\frac{\omega^2}{w^2}+1\Big) \tag{2.5.32}$$

弹性区（$c < r < b$）的残余应力为

$$\sigma_{re}^* = \frac{-Y_0}{\sqrt{3}}\Big(\frac{n^2}{m^2}-\frac{n^2}{\omega^2}\Big) + \frac{p}{\omega^2-1}\Big(\frac{\omega^2}{m^2}-1\Big) \tag{2.5.33}$$

$$\sigma_{te}^* = \frac{Y_0}{\sqrt{3}}\Big(\frac{n^2}{m^2}+\frac{n^2}{\omega^2}\Big) - \frac{p}{\omega^2-1}\Big(\frac{\omega^2}{m^2}+1\Big) \tag{2.5.34}$$

相应的应力分布如图 2.21 所示，其中 $\omega = 3$、$n = 1.6$。可以看出，整个圆筒中 σ_r^* 都为负值，而 σ_t^* 在圆筒内壁为较大的负值。圆筒在工作时，内压产生的应力要首先克服这部分应力，因此可有效地提高工作压力。

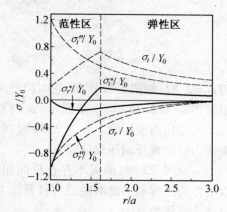

图 2.21　自紧压力卸掉后圆筒的残余应力分布

2.5.4　圆筒处于弹性工作状态的最大自紧压力

由于残余应力太大也可以使内壁屈服,为此应选择合理的弹性、范性区尺寸。对圆筒施加内压,使 $n = \omega$,即整个圆筒都是范性,然后卸压。现在来求这样处理后内壁处残余应力刚好等于屈服点时对应的内外径之比 ω。

假设材料的压缩屈服强度 S^* 的绝对值等于拉伸屈服强度 Y_0。由剪应变能理论可知圆筒内壁屈服时

$$2S^{*2} = (\sigma_t^* - \sigma_r^*)^2 + (\sigma_r^* - \sigma_z^*)^2 + (\sigma_z^* - \sigma_t^*)^2 \qquad (2.5.35)$$

对于闭端圆筒

$$\sigma_z^* = \frac{1}{2}(\sigma_t^* + \sigma_r^*) \qquad (2.5.36)$$

代入式(2.5.35)可得引起圆筒内壁屈服的残余应力为

$$S^* = \frac{\sqrt{3}}{2}(\sigma_t^* - \sigma_r^*) = -Y_0 \qquad (2.5.37)$$

由图2.21可知 S^* 的最大值出现在内壁处,即 $r = a$ 处,对应于 $w = 1$。将应力表达式(2.5.31)和式(2.5.32)代入得

$$S^* = Y_0 - \frac{\sqrt{3}p\omega^2}{\omega^2 - 1} \qquad (2.5.38)$$

当 $n = \omega$ 时,整个圆筒都是范性区,相应的压力对应爆裂压力,由式(2.5.24)给出。根据式(2.5.35)得

$$-Y_0 = Y_0 - \frac{\sqrt{3}\omega^2 \cdot \frac{2}{\sqrt{3}}Y_0\ln\omega}{\omega^2 - 1} = Y_0 - \frac{Y_0 2\omega^2\ln\omega}{\omega^2 - 1}$$

$$\ln\omega = \frac{\omega^2 - 1}{\omega^2} \qquad (2.5.39)$$

解得 $\omega = 2.22$,如图2.22所示,这时内壁刚好屈服。当 $\omega < 2.22$ 时,自紧到 $n = \omega$ 时残余应力不足以使内壁屈服。$\omega > 2.22$ 时,残余应力使内壁出现反向压缩屈服。

当 $\omega < 2.22$ 时,圆筒不存在反向屈服,可以用作高压容器。此时的最大自紧压力就是最高工作压力

$$p = \frac{2Y_0}{\sqrt{3}}\ln\omega \qquad (2.5.40)$$

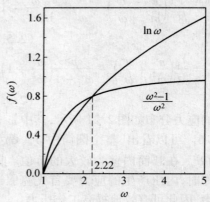

图2.22　自紧圆筒的临界内外径比

和式(2.3.60)相比较,可知自紧圆筒相当于无限多层组合圆筒。

对于 $\omega > 2.22$,为保证卸掉自紧压力后圆筒完全处于弹性状态,无反向屈服,要求 $n < \omega$。

由式(2.5.38)可知,卸压后的残余应力为 $S^* = Y_0 - \sqrt{3} p \omega^2 / (\omega^2 - 1)$,令 $S^* = -Y_0$,并把自紧压力式(2.5.22)代入,得

$$- Y_0 = Y_0 - \frac{\sqrt{3}\,\omega^2}{\omega^2 - 1} \cdot \frac{2Y_0}{\sqrt{3}} \Big(\frac{\omega^2 - n^2}{2\omega^2} + \ln n \Big)$$

$$\frac{\omega^2}{\omega^2 - 1} \Big(\frac{\omega^2 - n^2}{2\omega^2} + \ln n \Big) = 1 \qquad (2.5.41)$$

式中,$n < \omega$。把式(2.5.41)代入式(2.5.22),可得 $\omega > 2.22$ 时的最高自紧压力为

$$p = \frac{2Y_0}{\sqrt{3}} \frac{\omega^2 - 1}{\omega^2} \qquad (2.5.42)$$

自紧圆筒可弹性工作到这个压力。可见,其最高使用压力是单一圆筒的二倍。图 2.23 给出了几种圆筒容器极限工作压力的比较。

由式(2.5.41)可知当 $\omega > n$ 时,极限压力下 ω 和 n 的关系为

$$\omega = \sqrt{\frac{n^2 - 2}{2 \ln n - 1}} \qquad (2.5.43)$$

结合前面的讨论可知,当确定了 ω 时 n 的取值范围也确定了,如图 2.24 所示。

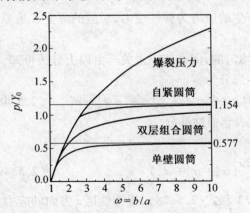

图 2.23　几种圆筒的极限工作压力

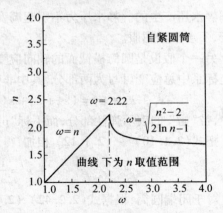

图 2.24　自紧圆筒的塑性区范围

对于 2.3.3 节的例题,如果采用自紧圆筒,可以计算其内外径之比。由于双层组合圆筒的内外径之比约为 2,小于 2.22,因此可以用式(2.5.40)来计算其最小内外径比

$$\omega = e^{\sqrt{3} p / 2 Y_0} = 1.64$$

对于 10 cm 的内径,自紧圆筒的外径为 16.4 cm,小于双层组合圆筒。可见,在达到相同工

作压力的条件下,自紧圆筒的厚度更小,更加节省材料。

2.5.5　自紧时圆筒的径向膨胀

假设圆筒任一部分的体积变化只是由弹性应变引起的,那么体积应变近似等于三个主轴方向应变之和

$$\varepsilon_V = \frac{\Delta V}{V} \approx \varepsilon_1 + \varepsilon_2 + \varepsilon_3 \tag{2.5.44}$$

主轴坐标系下的应变张量可写为两部分之和

$$\varepsilon = \begin{pmatrix} \bar{\varepsilon} & 0 & 0 \\ 0 & \bar{\varepsilon} & 0 \\ 0 & 0 & \bar{\varepsilon} \end{pmatrix} + \begin{pmatrix} \Delta\varepsilon_1 & 0 & 0 \\ 0 & \Delta\varepsilon_2 & 0 \\ 0 & 0 & \Delta\varepsilon_3 \end{pmatrix} \tag{2.5.45}$$

式中

$$\bar{\varepsilon} = \frac{1}{3}(\varepsilon_1 + \varepsilon_2 + \varepsilon_3) \tag{2.5.46}$$

$$\Delta\varepsilon_i = \varepsilon_i - \frac{1}{3}(\varepsilon_1 + \varepsilon_2 + \varepsilon_3) \quad (i = 1,2,3) \tag{2.5.47}$$

因此,第一部分中的对角元之和 $3\bar{\varepsilon} = \varepsilon_1 + \varepsilon_2 + \varepsilon_3$ 代表的体积变化是由各向同性均匀压力即静水压产生的。由定义 $\sum_{i=1}^{3} \Delta\varepsilon_i = 0$,所以式(2.5.45)的第二部分代表畸变,是由偏应力即非静水压产生的。静水压力不引起畸变,产生的应力为弹性应力,对应的应变 $\bar{\varepsilon}$ 是弹性应变,不会产生屈服。

另一个假设是圆筒横截面的轴向应变是均匀的,即 ε_z 与 r 无关。由以上分析可知,在柱坐标系中总应变可写为两部分,其中非弹性部分为零。

$$\varepsilon_r + \varepsilon_t + \varepsilon_z = (\varepsilon_r' + \varepsilon_t' + \varepsilon_z') + (\varepsilon_r + \varepsilon_t + \varepsilon_z)_p = \varepsilon_r' + \varepsilon_t' + \varepsilon_z' \tag{2.5.48}$$

式中,带"撇"的表示弹性部分,而下标"p"代表非弹性部分。

把式(2.1.10) ～ (2.1.12)相加,得

$$\varepsilon_r' + \varepsilon_t' + \varepsilon_z' = \frac{1 - 2\nu}{E}(\sigma_r' + \sigma_t' + \sigma_z') \tag{2.5.49}$$

对于闭端圆筒,根据式(2.2.42)、(2.5.27)和式(2.5.28),得弹性区 z 方向的应力为

$$\sigma_z' = \frac{\sigma_t' + \sigma_r'}{2} = \frac{Y_0 n^2}{2\sqrt{3}\,\omega^2}\left(\frac{\omega^2}{m^2} + 1\right) - \frac{Y_0 n^2}{2\sqrt{3}\,\omega^2}\left(\frac{\omega^2}{m^2} - 1\right) = \frac{Y_0 n^2}{\sqrt{3}\,\omega^2} \tag{2.5.50}$$

可见轴向的应力是均匀的,这个方向的应变是弹性应变。因为

$$E\varepsilon_z = \sigma_z - \nu(\sigma_r + \sigma_t) = (1 - 2\nu)\sigma_z \tag{2.5.51}$$

所以

$$\varepsilon_z = \varepsilon_z' = \frac{1}{E}\left[\sigma_z' - \nu(\sigma_t' + \sigma_r')\right] = \frac{1-2\nu}{2E}(\sigma_t' + \sigma_r') = \frac{(1-2\nu)Y_0 n^2}{\sqrt{3}\,E\omega^2} \tag{2.5.52}$$

总的应变为

$$\varepsilon_r + \varepsilon_t + \varepsilon_z = \frac{3(1-2\nu)}{2E}(\sigma_r' + \sigma_t') = \frac{\sqrt{3}(1-2\nu)Y_0 n^2}{E\omega^2} \tag{2.5.53}$$

把式 $(2.2.4)$ 和式 $(2.2.5)$ 代入式 $(2.5.53)$，得

$$\frac{\mathrm{d}u}{\mathrm{d}r} + \frac{u}{r} = \frac{\sqrt{3}(1-2\nu)Y_0 n^2}{E\omega^2} - \varepsilon_z = \frac{2(1-2\nu)Y_0 n^2}{\sqrt{3}\,E\omega^2} \tag{2.5.54}$$

两边乘 r，得

$$\frac{\mathrm{d}(ur)}{\mathrm{d}r} = \frac{2(1-2\nu)Y_0 n^2}{\sqrt{3}\,E\omega^2} r \tag{2.5.55}$$

积分得

$$\int \mathrm{d}(ur) = \frac{2(1-2\nu)Y_0 n^2}{\sqrt{3}\,E\omega^2} \int r\mathrm{d}r \tag{2.5.56}$$

$$ur = \frac{(1-2\nu)Y_0 n^2}{\sqrt{3}\,E\omega^2} r^2 + c_1$$

$$u = \frac{(1-2\nu)Y_0 n^2}{\sqrt{3}\,E\omega^2} r + \frac{c_1}{r} \tag{2.5.57}$$

$$\varepsilon_t = \frac{u}{r} = \frac{(1-2\nu)Y_0 n^2}{\sqrt{3}\,E\omega^2} + \frac{c_1}{r^2} \tag{2.5.58}$$

积分系数由外壁的 ε_t 求出

$$\varepsilon_t\big|_{r=b} = \frac{1}{E}\left[\sigma_t' - \nu(\sigma_r' + \sigma_z')\right]_{r=b} = \frac{1}{2E}\left[(2-\nu)\sigma_t' - 3\nu\sigma_r'\right]_{r=b}$$

$$\varepsilon_t\big|_{r=b} = \frac{1}{2E}\left[(2-\nu)\frac{Y_0 n^2}{\sqrt{3}\,\omega^2}\left(\frac{\omega^2}{m^2}+1\right) + 3\nu\frac{Y_0 n^2}{\sqrt{3}\,\omega^2}\left(\frac{\omega^2}{m^2}-1\right)\right]_{r=b} = \frac{(2-\nu)Y_0 n^2}{\sqrt{3}\,E\omega^2}$$

$$\tag{2.5.59}$$

式中用到 $r=b$ 时 $m=\omega$ 的条件。将式 $(2.5.59)$ 代入式 $(2.5.58)$，得

$$\frac{(1-2\nu)Y_0 n^2}{\sqrt{3}\,E\omega^2} + \frac{c_1}{b^2} = \frac{(2-\nu)Y_0 n^2}{\sqrt{3}\,E\omega^2}$$

$$c_1 = \frac{b^2 Y_0 n^2}{\sqrt{3}\,E\omega^2}(1+\nu) \tag{2.5.60}$$

$$\varepsilon_t = \frac{Y_0 n^2}{\sqrt{3}\,E\omega^2}\left[(1-2\nu) + (1+\nu)\frac{b^2}{r^2}\right] \tag{2.5.61}$$

同理可求得

$$\varepsilon_r = \frac{Y_0 n^2}{\sqrt{3} E \omega^2} \left[(1 - 2\nu) - (1 + \nu) \frac{b^2}{r^2} \right] \qquad (2.5.62)$$

综合式(2.5.52)、(2.5.61)和式(2.5.62)得

$$\varepsilon_z = \frac{1}{2}(\varepsilon_r + \varepsilon_t) \qquad (2.5.63)$$

此式与应力关系式 $\sigma_z = (\sigma_r + \sigma_t)/2$ 相对应。

2.6 分割式圆筒[3]

图 2.23 总结了单一圆筒、双层组合圆筒和自紧圆筒的弹性工作压力极限。若使用屈服强度为 $Y_0 = 0.95$ GPa 的材料,例如 AISI4340 钢,则上述圆筒弹性工作的极限值为 1.10 GPa。这是不发生反向屈服条件下的极限值,显然比理论爆裂压力低得多。

当最大剪应力达到弹性极限时,圆筒工作在极限压力。从前面的分析可知,圆筒内壁的切向应力具有较大的值,是造成圆筒屈服的主要原因。因此,如果能消除切向应力,那么圆筒的极限工作压力将会得到提高。实际上,可以通过分割高压容器的内筒,使内筒材料只受径向应力的作用,能进一步提高圆筒容器弹性工作压力的极限值。

本节介绍两种分割式圆筒设计,即 Poulter 设计和 Dawson 与 Stigel 设计,它们能显著地提高圆筒弹性工作的压力极限。Poulter 设计是 1951 年提出的,圆筒由分割式内筒和非自紧外筒组成。Dawson 与 Stigel 设计是 1962 年提出的,圆筒由分割式内筒和自紧外筒组成。

2.6.1 Poulter 设计

图 2.25 为分割式圆筒的结构图,最内侧为弹性内筒,其外部是 WC 制作的分割环,最外层为钢制外筒。图中的 d_i 为内筒内径,d_s 为分割环外径,d_o 为外筒外径。p_i 为作用于内筒内壁的正压力,p 为作用于分割环与外筒内壁之间的压力。定义分割环内外径之比为 $\omega_s = d_s/d_i$,整个装置内外径之比为 $\omega_o = d_o/d_i$。

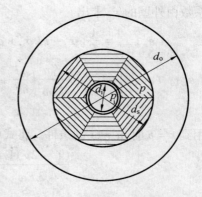

图 2.25 分割式圆筒

作用于内筒内壁上的压力 p_i,经过分割环传递到外筒内壁上。由于直径增大,作用面积随之增大,因而压力 p 减小了。p_i 和 p 满足如下关系

$$p_i d_i = p d_s$$

$$p_i = p \frac{d_s}{d_i} = p \omega_s \qquad (2.6.1)$$

当 p 满足

$$p = \frac{Y_0}{\sqrt{3}} \frac{(d_o/d_s)^2 - 1}{(d_o/d_s)^2} = \frac{Y_0}{\sqrt{3}} \frac{(\omega_o/\omega_s)^2 - 1}{(\omega_o/\omega_s)^2} = \frac{Y_0}{\sqrt{3}} \frac{\omega_o^2 - \omega_s^2}{\omega_o^2} \qquad (2.6.2)$$

时外筒内壁开始屈服,相应的内压 p_i 为

$$p_i = p \omega_s = \frac{Y_0}{\sqrt{3}} \frac{\omega_o^2 - \omega_s^2}{\omega_o^2} \omega_s \qquad (2.6.3)$$

可见 p_i 是 ω_s 与 ω_o 的函数。若 ω_o 给定,则 ω_s 取某一值时 p_i 取极大值。

$$\frac{\mathrm{d} p_i}{\mathrm{d} \omega_s} = 0 \qquad (2.6.4)$$

$$\omega_o^2 - 3 \omega_s^2 = 0 \qquad (2.6.5)$$

$$\omega_o = \sqrt{3} \omega_s \qquad (2.6.6)$$

由于 $\omega_s \geqslant 1$,所以 $\omega_o \geqslant \sqrt{3}$。将式(2.6.6)代入式(2.6.3)得

$$p_i^{max} = \frac{Y_0}{\sqrt{3}} \frac{\omega_o^2 - \omega_o^2/3}{\omega_o^2} \frac{\omega_o}{\sqrt{3}} = \frac{2}{9} \omega_o Y_0 \qquad (2.6.7)$$

当 $\omega_o \leqslant \sqrt{3}$ 时,式(2.6.3)无极值,因为 $1 < \omega_s < \omega_o \leqslant \sqrt{3}$,所以式(2.6.3)当且仅当 $\omega_s = 1$ 时取极大值,即 $p_i = \frac{Y_0}{\sqrt{3}} \frac{\omega_o^2 - 1}{\omega_o^2}$,和单壁圆筒一致。当 $\omega_o \geqslant \sqrt{3}$ 时,由式(2.6.7)得,$p_i/Y_0 = 0.222 \omega_o$。当 $\omega_o = \sqrt{3}$ 时,$p_i/Y_0 = \frac{2}{3} \sqrt{3}$。当 $\omega_o > 5$ 时,式(2.6.7)给出的内压力比自紧圆筒还要高,如图 2.26 所示。

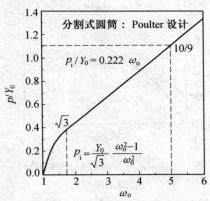

图 2.26　Poulter 设计分割式圆筒的极限工作压力

2.6.2　Dawson 与 Stigel 设计

如果组装 Poulter 高压容器之前,先把外筒自紧处理,可进一步提高弹性工作的压力极限。对于这种结构,由式(2.5.40)和式(2.5.42)可知,$\omega > 2.22$ 时,自紧圆筒的工作压力 p 的增加不大,因此采用 Dawson 与 Stigel 设计的外筒的 d_o/d_s 最佳值为 2.22,即

$$\frac{\omega_o}{\omega_s} = \frac{d_o}{d_s} = 2.22 \qquad (2.6.8)$$

与此相应的最高自紧压力由式(2.5.40)和式(2.5.42)给出

$$p = 0.92Y_0 \qquad (2.6.9)$$

相应的内压为

$$p_i = p\omega_s = p\frac{\omega_o}{2.22} = 0.415\omega_o \qquad (2.6.10)$$

显然比 Pouter 设计约大 1.9 倍。

图 2.27 给出了 Dawson 与 Stigel 设计分割式圆筒的极限工作压力与内外径之比的关系。

图 2.28 中比较了各种圆筒极限使用压力,可以看出,当 $\omega > 2.22$ 时,Dawson 与 Stigel 设计比任何其他圆筒提供更高的极限压力。$\omega_o > 3.5$ 时,其极限压力高于单一圆筒的爆裂压力 p_b。但是这种设计也存在缺点,如自紧圆筒的范性区不可见,加工难度大等。

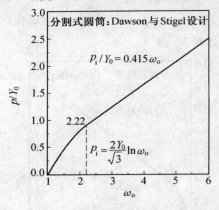

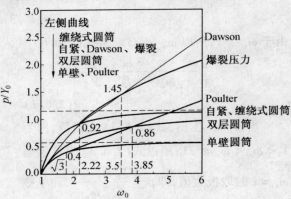

图 2.27　Dawson 与 Stigel 设计分割式　　　　图 2.28　几种圆筒容器极限工作压力的比较
　　　　　圆筒的极限工作压力

另外,由于分割环各个元件相互接触,产生非常高的应力,因此环必须用延性材料制作的薄内筒进行密封。工作时,外套筒的径向位移会使分割环内筒处的缝隙张开,以致内筒挤进缝隙。一般采用分割环事先成型,使其在安装时产生装配压力来解决此问题。

图 2.28 中最下面一行数字代表竖直虚线的横坐标,其余数字代表交叉点的纵坐标。

2.7　圆筒的热应力、蠕变和应力松弛[2,3]

压力容器除承受压力之外还承受高温,如高压合成时还需同时加热到高温,因此高压容器在工作中会遇到三个主要问题:热应力、蠕变和应力松弛。

　　物体在温度变化时会伸长或收缩,如果这种应变受到约束,将产生与此应变相应的应力,称为热应力。高压圆筒在加热过程中,筒壁内可能出现相当大的温度梯度,由此产生的热应力可能很大,必然要和内压引起的应力叠加,两者共同决定圆筒的屈服。

　　材料长时间承受一定应力时,会发生疲劳,导致应变随着时间而增大,这种现象称为蠕变,又称时间应变。相反,如果保持应变一定,应力随着时间也会发生减小,这种现象称为应力松弛。应力松弛和蠕变在材料受高应力、高温状态下非常明显,其他情况相对较小。图 2.29 给出了蠕变和应力松弛在应力 – 应变曲线上的表示。

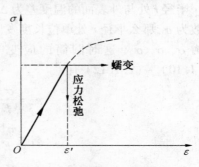

图 2.29　蠕变和应力松弛

2.7.1　圆筒的热应力

　　当圆筒内外表面有温度差时,必须考虑热应力,图 2.30 为内外存在温差的圆筒容器。设圆筒温度轴对称分布,沿 z 方向(轴向)无变化,图中 T_i 为内表面温度,T_o 为外表面温度,T 是半径为 r 处的温度,与 θ、z 无关。

　　图 2.30 中在 r 处的体积元在有温差时发生变化,如图 2.31 所示。半径 r 处的柱面在有温差时移动到 $r + u$ 处,而 $r + dr$ 处的面移动到 $r + u + dr + du$ 处。此时热应力分布应该是轴对称的,可以和由压力引起的圆筒应力作同样的分析处理。

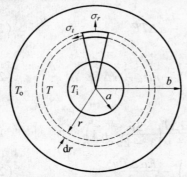

图 2.30　存在温差的圆筒容器

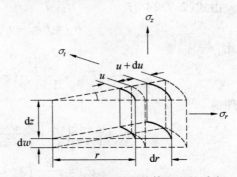

图 2.31　存在温差时圆筒体积元的受力

　　设圆筒充分长,横截面变形后仍然为平面,即 ε_z 与 r 无关,则此时应变为

$$\varepsilon_r = \frac{du}{dr} \tag{2.2.4}$$

$$\varepsilon_t = \frac{u}{r} \tag{2.2.5}$$

$$\varepsilon_z = \frac{\mathrm{d}w}{\mathrm{d}z} \tag{2.7.1}$$

显然 ε_z 应为常数,因为 z 方向的应变是均匀的。

半径 r 处与外表面的温度差为 $\Delta T = T - T_o$,温度梯度沿 r 方向。设圆筒材料的线膨胀系数为 α,那么半径 r 处单位长度发生的线膨胀就是 $\alpha \Delta T$。如果膨胀被约束,就会产生热应力 σ_r、σ_t、σ_z,这时圆筒的应变等于热应力和热膨胀引起的应变之和。根据式 (2.1.10) ~ (2.1.12) 有

$$\varepsilon_r = \frac{\sigma_r}{E} - \frac{\nu}{E}(\sigma_t + \sigma_z) + \alpha \Delta T \tag{2.7.2}$$

$$\varepsilon_t = \frac{\sigma_t}{E} - \frac{\nu}{E}(\sigma_z + \sigma_r) + \alpha \Delta T \tag{2.7.3}$$

$$\varepsilon_z = \frac{\sigma_z}{E} - \frac{\nu}{E}(\sigma_r + \sigma_t) + \alpha \Delta T \tag{2.7.4}$$

将三式相加,得相应的体应变为

$$\varepsilon_V = \varepsilon_r + \varepsilon_t + \varepsilon_z = \frac{1 - 2\nu}{E}(\sigma_r + \sigma_t + \sigma_z) + 3\alpha \Delta T \tag{2.7.5}$$

$$\sigma_r + \sigma_t + \sigma_z = \frac{E}{1 - 2\nu}(\varepsilon_V - 3\alpha \Delta T)$$

$$\sigma_t + \sigma_z = \frac{E}{1 - 2\nu}(\varepsilon_V - 3\alpha \Delta T) - \sigma_r \tag{2.7.6}$$

由式(2.7.2) 有

$$\sigma_r = E\varepsilon_r + \nu(\sigma_t + \sigma_z) - \alpha \Delta T E \tag{2.7.7}$$

因此

$$\sigma_r = E\varepsilon_r + \frac{\nu E}{1 - 2\nu}(\varepsilon_V - 3\alpha \Delta T) - \nu\sigma_r - \alpha \Delta T E \tag{2.7.8}$$

整理得

$$\sigma_r = \frac{E}{1 + \nu}\left(\varepsilon_r + \frac{\nu}{1 - 2\nu}\varepsilon_V\right) - \frac{E\alpha \Delta T}{1 + \nu}\left(\frac{3\nu}{1 - 2\nu} + 1\right)$$

$$\sigma_r = \frac{E}{1 + \nu}\left(\varepsilon_r + \frac{\nu}{1 - 2\nu}\varepsilon_V\right) - \frac{E\alpha \Delta T}{1 - 2\nu} \tag{2.7.9}$$

同理

$$\sigma_t = \frac{E}{1 + \nu}\left(\varepsilon_t + \frac{\nu}{1 - 2\nu}\varepsilon_V\right) - \frac{E\alpha \Delta T}{1 - 2\nu} \tag{2.7.10}$$

$$\sigma_z = \frac{E}{1 + \nu}\left(\varepsilon_z + \frac{\nu}{1 - 2\nu}\varepsilon_V\right) - \frac{E\alpha \Delta T}{1 - 2\nu} \tag{2.7.11}$$

代入应力平衡方程

$$\sigma_t - \sigma_r - r\frac{\mathrm{d}\sigma_r}{\mathrm{d}r} = 0 \tag{2.2.11}$$

即

$$\frac{\mathrm{d}\sigma_r}{\mathrm{d}r} = \frac{1}{r}(\sigma_t - \sigma_r) \tag{2.7.12}$$

由式(2.7.9)得

$$\frac{\mathrm{d}\sigma_r}{\mathrm{d}r} = \frac{E}{1+\nu}\left[\frac{\mathrm{d}\varepsilon_r}{\mathrm{d}r} + \frac{\nu}{1-2\nu}\left(\frac{\mathrm{d}\varepsilon_r}{\mathrm{d}r} + \frac{\mathrm{d}\varepsilon_t}{\mathrm{d}r} + \frac{\mathrm{d}\varepsilon_z}{\mathrm{d}r}\right)\right] - \frac{E\alpha}{1-2\nu}\frac{\mathrm{d}(\Delta T)}{\mathrm{d}r} \tag{2.7.13}$$

将 ε_r、ε_t、ε_z 代入得

$$\frac{\mathrm{d}\sigma_r}{\mathrm{d}r} = \frac{E}{1+\nu}\left[\frac{\mathrm{d}^2 u}{\mathrm{d}r^2} + \frac{\nu}{1-2\nu}\left(\frac{\mathrm{d}^2 u}{\mathrm{d}r^2} + \frac{1}{r}\frac{\mathrm{d}u}{\mathrm{d}r} - \frac{u}{r^2}\right)\right] - \frac{E\alpha}{1-2\nu}\frac{\mathrm{d}(\Delta T)}{\mathrm{d}r} \tag{2.7.14}$$

整理得

$$\frac{\mathrm{d}\sigma_r}{\mathrm{d}r} = \frac{E}{1+\nu}\left[\frac{1-\nu}{1-2\nu}\frac{\mathrm{d}^2 u}{\mathrm{d}r^2} + \frac{\nu}{1-2\nu}\left(\frac{1}{r}\frac{\mathrm{d}u}{\mathrm{d}r} - \frac{u}{r^2}\right)\right] - \frac{E\alpha}{1-2\nu}\frac{\mathrm{d}(\Delta T)}{\mathrm{d}r} \tag{2.7.15}$$

由式(2.7.9)和式(2.7.10)得

$$\frac{1}{r}(\sigma_t - \sigma_r) = \frac{E}{1+\nu} \cdot \frac{1}{r}(\varepsilon_t - \varepsilon_r) = \frac{E}{1+\nu} \cdot \frac{1}{r}\left(\frac{u}{r} - \frac{\mathrm{d}u}{\mathrm{d}r}\right) \tag{2.7.16}$$

式(2.7.15)和式(2.7.16)相等

$$\frac{u}{r^2} - \frac{1}{r}\frac{\mathrm{d}u}{\mathrm{d}r} = \frac{1-\nu}{1-2\nu}\frac{\mathrm{d}^2 u}{\mathrm{d}r^2} + \frac{\nu}{1-2\nu}\left(\frac{1}{r}\frac{\mathrm{d}u}{\mathrm{d}r} - \frac{u}{r^2}\right) - \frac{1+\nu}{1-2\nu}\alpha\frac{\mathrm{d}(\Delta T)}{\mathrm{d}r}$$

$$\frac{1-\nu}{1-2\nu}\frac{\mathrm{d}^2 u}{\mathrm{d}r^2} + \left(\frac{\nu}{1-2\nu} + 1\right)\left(\frac{1}{r}\frac{\mathrm{d}u}{\mathrm{d}r} - \frac{u}{r^2}\right) = \frac{1+\nu}{1-2\nu}\alpha\frac{\mathrm{d}(\Delta T)}{\mathrm{d}r}$$

以位移表示应变,式(2.7.12)变为

$$\frac{\mathrm{d}^2 u}{\mathrm{d}r^2} + \frac{1}{r}\frac{\mathrm{d}u}{\mathrm{d}r} - \frac{u}{r^2} = \frac{1+\nu}{1-\nu}\alpha\frac{\mathrm{d}(\Delta T)}{\mathrm{d}r} \tag{2.7.17}$$

改写上式左端的形式

$$\frac{\mathrm{d}}{\mathrm{d}r}\left[\frac{1}{r}\frac{\mathrm{d}}{\mathrm{d}r}(ru)\right] = \frac{1+\nu}{1-\nu}\alpha\frac{\mathrm{d}(\Delta T)}{\mathrm{d}r} \tag{2.7.18}$$

积分得

$$\frac{1}{r}\frac{\mathrm{d}}{\mathrm{d}r}(ru) = \frac{1+\nu}{1-\nu}\alpha(\Delta T) + A \tag{2.7.19}$$

再次积分得

$$ru = \frac{1+\nu}{1-\nu}\alpha\int \Delta Tr\mathrm{d}r + \frac{A}{2}r^2 + B$$

$$u = \frac{1+\nu}{1-\nu}\frac{\alpha}{r}\int \Delta Tr\mathrm{d}r + \frac{A}{2}r + \frac{B}{r} \tag{2.7.20}$$

式中 A 和 B 为积分常数。进而可得

$$\frac{\mathrm{d}u}{\mathrm{d}r} = \frac{1+\nu}{1-\nu}\alpha\left(\Delta T - \frac{1}{r^2}\int\Delta Tr\mathrm{d}r\right) + \frac{A}{2} - \frac{B}{r^2} \qquad (2.7.21)$$

$$\frac{u}{r} = \frac{1+\nu}{1-\nu}\frac{\alpha}{r^2}\int\Delta Tr\mathrm{d}r + \frac{A}{2} + \frac{B}{r^2} \qquad (2.7.22)$$

由式(2.7.9)得应力

$$\sigma_r = \frac{E}{1+\nu}\left[\frac{\mathrm{d}u}{\mathrm{d}r} + \frac{\nu}{1-2\nu}\left(\frac{\mathrm{d}u}{\mathrm{d}r} + \frac{u}{r} + \varepsilon_z\right)\right] - \frac{E\alpha\Delta T}{1-2\nu}$$

将式(2.7.21)和式(2.7.22)代入

$$\sigma_r = \frac{E}{1+\nu}\left[\frac{1+\nu}{1-\nu}\alpha\left(\Delta T - \frac{1}{r^2}\int\Delta Tr\mathrm{d}r\right) + \frac{A}{2} - \frac{B}{r^2} + \right.$$

$$\left.\frac{\nu}{1-2\nu}\cdot\frac{1+\nu}{1-\nu}\alpha\Delta T + \frac{\nu}{1-2\nu}(A + \varepsilon_z)\right] - \frac{E\alpha\Delta T}{1-2\nu}$$

$$\sigma_r = -\frac{E}{1-\nu}\frac{\alpha}{r^2}\int_a^r\Delta Tr\mathrm{d}r + \frac{E}{1+\nu}\left[\frac{1}{2(1-2\nu)}A - \frac{B}{r^2} + \frac{\nu}{1-2\nu}\varepsilon_z\right] \qquad (2.7.23)$$

利用边界条件可确定积分常数 A 和 B。当 $r = a$ 和 $r = b$ 时, $\sigma_r = 0$, 代入式(2.7.23)得

$$\frac{1}{2(1-2\nu)}A - \frac{B}{a^2} + \frac{\nu}{1-2\nu}\varepsilon_z = 0 \qquad (2.7.24)$$

$$-\frac{E}{1-\nu}\frac{\alpha}{b^2}\int_a^b\Delta Tr\mathrm{d}r + \frac{E}{1+\nu}\left[\frac{1}{2(1-2\nu)}A - \frac{B}{b^2} + \frac{\nu}{1-2\nu}\varepsilon_z\right] = 0 \qquad (2.7.25)$$

由此得积分常数

$$A = \frac{2(1+\nu)(1-2\nu)}{1-\nu}\cdot\frac{\alpha}{b^2-a^2}\int_a^b\Delta Tr\mathrm{d}r - 2\nu\varepsilon_z \qquad (2.7.26)$$

$$B = \frac{1+\nu}{1-\nu}\cdot\frac{a^2\alpha}{b^2-a^2}\int_a^b\Delta Tr\mathrm{d}r \qquad (2.7.27)$$

把 A、B 代入式(2.7.23),有

$$\sigma_r = \frac{E\alpha}{1-\nu}\left(\frac{r^2-a^2}{b^2-a^2}\cdot\frac{1}{r^2}\int_a^b\Delta Tr\mathrm{d}r - \frac{1}{r^2}\int_a^r\Delta Tr\mathrm{d}r\right) \qquad (2.7.28)$$

由应力平衡方程(2.2.11)得

$$\sigma_t = \frac{E\alpha}{1-\nu}\left(\frac{r^2+a^2}{b^2-a^2}\cdot\frac{1}{r^2}\int_a^b\Delta Tr\mathrm{d}r + \frac{1}{r^2}\int_a^r\Delta Tr\mathrm{d}r - \Delta T\right) \qquad (2.7.29)$$

由式(2.7.4)得

$$\sigma_z = E\varepsilon_z + \nu(\sigma_r + \sigma_t) - E\alpha\Delta T = \frac{E\alpha}{1-\nu}\left(\frac{2\nu}{b^2-a^2}\cdot\int_a^b\Delta Tr\mathrm{d}r - \Delta T\right) + E\varepsilon_z$$

$$(2.7.30)$$

设圆筒两端开放,即 σ_z 沿 z 方向的合力为零

$$\int_a^b \sigma_z 2\pi r \mathrm{d}r = 0 \tag{2.7.31}$$

由于 ε_z 为常量,只要知道 $\Delta T = T - T_o$ 的表达式,就可以求出三个热应力,即 σ_r、σ_t 和 σ_z。

根据热传导理论,设 r 处温度 T 具有如下形式

$$T = T_i + (T_o - T_i)\frac{\ln(r/a)}{\ln(b/a)} = T_i + (T_o - T_i)\frac{\ln(r/a)}{\ln \omega} \tag{2.7.32}$$

其中 $\omega = b/a$,那么以 T_o 为基准的温差为

$$\Delta T = T - T_o = (T_i - T_o) - (T_i - T_o)\frac{\ln(r/a)}{\ln \omega} = \frac{(T_i - T_o)}{\ln \omega}\ln \frac{b}{r} \tag{2.7.33}$$

因此

$$\int_a^r \Delta T r \mathrm{d}r = \frac{T_i - T_o}{\ln \omega}\int_a^r r\ln \frac{b}{r}\mathrm{d}r = \frac{T_i - T_o}{2\ln \omega}\left[r^2 \ln \frac{b}{r} - a^2 \ln \omega + \frac{1}{2}(r^2 - a^2)\right]$$

$$\tag{2.7.34}$$

同理有

$$\int_a^b \Delta T r \mathrm{d}r = \frac{T_i - T_o}{2\ln \omega}\left[- a^2 \ln \omega + \frac{(b^2 - a^2)}{2}\right] \tag{2.7.35}$$

将式(2.7.34) 和(2.7.35) 代入式(2.7.30),应用式(2.7.31),有

$$\varepsilon_z = \frac{\alpha(T_i - T_o)}{2(1 - \nu)\ln \omega}\left[- \nu\left(1 - \frac{2a^2}{b^2 - a^2}\ln \omega\right) - \frac{2a^2}{b^2 - a^2}\ln \omega + 1\right]$$

$$\varepsilon_z = \frac{\alpha(T_i - T_o)}{2\ln \omega}\left(1 - \frac{2a^2}{b^2 - a^2}\ln \omega\right) \tag{2.7.36}$$

因此可知

$$\sigma_r = \frac{E\alpha(T_i - T_o)}{2(1 - \nu)\ln \omega}\left[- \ln \frac{b}{r} + \frac{a^2}{b^2 - a^2}\left(\frac{b^2}{r^2} - 1\right)\ln \omega\right] \tag{2.7.37}$$

$$\sigma_t = \frac{E\alpha(T_i - T_o)}{2(1 - \nu)\ln \omega}\left[1 - \ln \frac{b}{r} - \frac{a^2}{b^2 - a^2}\left(\frac{b^2}{r^2} + 1\right)\ln \omega\right] \tag{2.7.38}$$

$$\sigma_z = \frac{E\alpha(T_i - T_o)}{2(1 - \nu)\ln \omega}\left(1 - 2\ln \frac{b}{r} - \frac{2a^2}{b^2 - a^2}\ln \omega\right) \tag{2.7.39}$$

圆筒内壁处($r = a$) 的热应力为

$$\sigma_r = 0$$

$$\sigma_t = \sigma_z = \frac{E\alpha(T_i - T_o)}{2(1 - \nu)\ln \omega}\left(1 - \frac{2\omega^2}{\omega^2 - 1}\ln \omega\right) \tag{2.7.40}$$

圆筒外壁处($r = b$) 的热应力为

$$\sigma_r = 0$$

$$\sigma_t = \sigma_z = \frac{E\alpha(T_i - T_o)}{2(1 - \nu)\ln\omega}\left(1 - \frac{2}{\omega^2 - 1}\ln\omega\right) \tag{2.7.41}$$

当圆筒采用内热式时，即 $T_i > T_o$，其应力分布如图 2.32 所示，其中内外径之比为 $\omega = 2$。可见，σ_r 为压应力，在整个范围内都不大。σ_t 和 σ_z 在内壁处为压应力，外壁处为拉应力。

图 2.33 给出了外热式圆筒（$T_i < T_o$）在内外径之比为 $\omega = 2$ 时的应力分布。与内热式相反，这时 σ_r 在整个范围内都是拉应力。σ_t 和 σ_z 在内壁处为拉应力，外壁处为压应力。

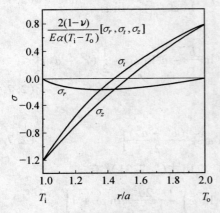

图 2.32　内热式圆筒的热应力分布

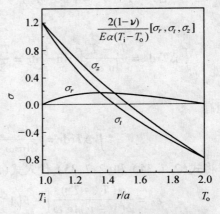

图 2.33　外热式圆筒的热应力分布

圆筒总的应力为内压产生的应力和热应力的合成。内热式可以在内壁产生切向压应力，可降低合应力，有利于使用压力的提高。而外热式圆筒刚好相反，合应力较高，不利于提高使用压力。因此高温高压条件下使用的圆筒容器多采用内热式设计。

例2.2　设圆筒的内外温差为 $T_i - T_o = 50 \ ℃$，内径 $a = 100 \ mm$，外径 $b = 240 \ mm$，圆筒材料的杨氏模量为 $E = 2.1 \times 10^4 \ kgf/mm^2$，Possion 比 $\nu = 0.3$，线膨胀系数 $\alpha = 1.2 \times 10^{-5}/℃$，求圆筒内外壁的热应力。

解　由式(2.7.40)和式(2.7.41)可得

圆筒内壁　　　　　　　　$[\sigma_t = \sigma_z]_{r=a} = -0.115 \ GPa$

圆筒外壁　　　　　　　　$[\sigma_t = \sigma_z]_{r=a} = 0.062 \ GPa$

如果温差提高 10 倍，即 500 ℃，则热应力也相应提高 10 倍，可达到相当大的数值。

2.7.2　蠕　变

蠕变现象非常常见，如斜拉桥的铁索经历过一段时间后会变长，提供的张力就减小了。高压管道的密封圈在长时间使用后与相关部件的接触压力会降低，产生渗漏。用来固定部件的螺栓可能会变松。前面讲的预应力混凝土,在长时间使用后预应力就会变小或消失,因此相应的工程建筑具有一定的使用寿命。

在恒定温度下,通过测量等截面试样上施加恒定轴向拉伸载荷时应变随时间的变化可得到蠕变曲线。图 2.34 给出了材料的标准蠕变曲线。

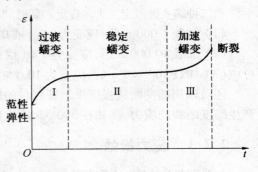

图 2.34　典型的蠕变曲线

标准的蠕变曲线分为三个阶段,第 Ⅰ 阶段中蠕变的时间变化率 $d\varepsilon/dt$ 随着时间的增长由大变小,这个阶段称为过渡蠕变。第 Ⅱ 阶段为稳定蠕变,$d\varepsilon/dt$ 几乎不随时间变化。第 Ⅲ 阶段称为加速蠕变,$d\varepsilon/dt$ 随着时间的增长由小变大,直至材料发生断裂。并不是所有材料都有这样标准的三个阶段,有些材料缺少 Ⅱ 阶段,有的缺少 Ⅲ 阶段。

在不同温度下,同一材料的蠕变曲线是不一样的,温度越高,蠕变随时间的变化率越大,如图 2.35 所示。

蠕变曲线随温度的变化,一般认为与晶内滑移和晶界滑移间的过渡有关,可用所谓等内聚力温度加以说明。即低于这个温度时,主要呈现由晶内滑移而发生的蠕变;高于此温度时呈现晶界滑移而发生的蠕变现象。

材料所受应力不同时,蠕变曲线也会发生变化。一般来说,应力越大,蠕变的时间变化率越大,如图 2.36 所示。

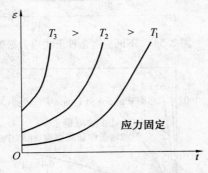

图 2.35　不同温度的蠕变曲线

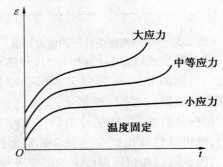

图 2.36　不同应力条件下的蠕变曲线

可以用蠕变极限来表征材料的蠕变特性,蠕变极限有两种定义。

第一种蠕变极限定义为,在规定的加载时间内产生规定的应变速度所需的应力。例如 Kaiser Wilhelm 研究所规定的蠕变极限为:

(1) 加载 3 ~ 6 h 后,应变速度为 $d\varepsilon/dt = 50 \times 10^{-4}/h$ 的应力;

(2) 加载 5 ~ 10 h 后,应变速度为 $d\varepsilon/dt = 30 \times 10^{-4}$/h 的应力;

(3) 加载 25 ~ 35 h 后,应变速度为 $d\varepsilon/dt = 15 \times 10^{-4}$/h 的应力。

第二种蠕变极限定义为在规定加载时间内产生规定应变的应力。例如,美国法规定为:

(1) 加载 1 000 h 后,应变为 1%(或 0.1%,0.01%)的应力;

(2) 加载 10 000 h 后,应变为 1%(或 0.1%)的应力;

(3) 加载 100 000 h 后,应变为 10.1%(或 1%)的应力。

还可以用蠕变断裂强度来表征材料的蠕变特性,其定义为某一温度下在规定时间内产生蠕变断裂的应力,例如在 500 ℃ 时,1 000 h 加载后发生断裂的应力。

2.7.3　应力松弛

与温度有关的另一个问题是应力松弛,即应变保持一定时应力随着时间而减小的现象。

应变 ε 固定时,从 $\ln\sigma - \ln t$ 曲线中(图2.37)可以看出温度高时应力松弛现象更明显,温度 T 固定时形变越大,应力松弛现象越明显,如图2.38所示。实际上这类问题很多,如法兰的紧固螺栓、预应力混凝土、双层组合圆筒的装配压力、自紧圆筒的残余应力等。

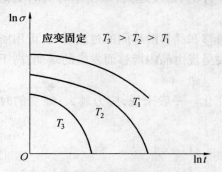

图 2.37　不同温度条件下的应力松弛

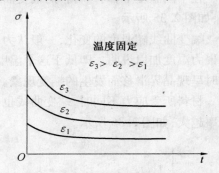

图 2.38　不同应变条件下的应力松弛

通过蠕变曲线,可计算出应力,并估计蠕变效应。例如 Dawson 得到了 AISI4340 钢的蠕变曲线数据,如图 2.39 所示。

根据该数据,只要估计出具体条件下的应力,就可以估算出蠕变达到 2% 需要的时间,由图也可以知道该温度下的蠕变极限。

Dawson 在他的博士论文中报道了由 AISI4340 钢制成的、内径为 12.7 mm、内外径之比 $\omega = 2$ 的 8 个圆筒,先经过自紧处理,其中 6 个圆筒加热到高温,具体数据见表2.1。

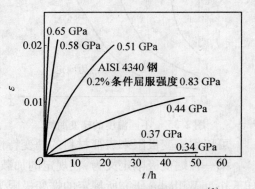

图 2.39　AISI4340 钢的蠕变曲线[3]

表 2.1　Dawson 的自紧圆筒处理条件[3]

样品编号	处理温度 /℃	处理时间 /h
#1	25	0
#2	204	24
#3	316	24
#4	454	24
#5	25	0
#6	454	1
#7	454	5
#8	454	72

　　Dawson 的实验结果与应力松弛理论计算值进行比较,符合得比较好。图 2.40 给出了圆筒在自紧卸压后,未经过加热处理(#1 和 #5 号样品)时的残余应力分布,并给出了与理论值的比较(图中实线)。加热前筒内壁切向残余应力为压应力,其值为 0.67 GPa。加热到 454 ℃ 时,最初残余应力迅速下降,随着加热时间的延长渐近于 0.26 GPa,虽然残余应力损失不少,但加温较长时间后仍然留下可观的切向残余应力,如图 2.41 所示。

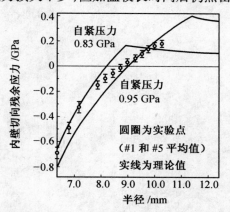

图 2.40　自紧圆筒未经热处理时的
残余应力分布[3]

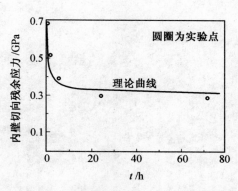

图 2.41　圆筒内壁切向应力松弛曲线与
实验值的比较[3]

参考文献

[1] 刘鸿文. 材料力学（Ⅰ）[M]. 4 版. 北京：高等教育出版社,2004.

[2] 渥美光. 材料力学[M]. 张少如,译. 北京：人民教育出版社,1981.

[3] 伊恩 L 斯佩恩,杰克 波韦. 高压技术（第一卷）,设备设计、材料及其特性[M]. 陈国理,等译. 北京：化学工业出版社,1987.

[4] 邵国华,魏兆灿. 超高压容器[M]. 北京：化学工业出版社,2002.

[5] EREMETS M I. High Pressure Experimental Methods[M]. New York：Oxford University Press,1996.

第3章 压 砧

除使用圆筒容器以外,还可利用压砧系统来产生高压。实际上,分割式圆筒的分割环可以看成是一种压砧系统。由于外径大于内径,内壁较高的压力传递到外径时有很大幅度的降低;同时,各分割块之间紧密接触,互相提供了侧向保护,使高压容器的耐压获得提高。圆筒容器的失效是由内壁的差应力引起的,而压砧系统基本处于压应力状态,张应力相对较小,因此可承受更高的压力,目前静高压的记录就是利用金刚石压砧产生的。

3.1 大质量支撑原理[1~3]

3.1.1 材料的静力学方程

材料在应力作用下处于静止状态,内部每个体积元的受力都达到平衡。如图 3.1 所示的平行六面体,边长分别为 Δx、Δy、Δz,各应力在 x 方向的分量分别为 σ_x、T_{xy}、T_{xz}。其中 σ 表示正应力,T 表示剪应力。如果没有外力作用,且忽略体积力,则此体积元在 x 方向的受力平衡条件为

$$\left(\sigma_x + \frac{\partial \sigma_x}{\partial x}\Delta x\right)\Delta y \Delta z - \sigma_x \Delta y \Delta z + \left(T_{xy} + \frac{\partial T_{xy}}{\partial y}\Delta y\right)\Delta x \Delta z - T_{xy}\Delta x \Delta z +$$

$$\left(T_{xz} + \frac{\partial T_{xz}}{\partial z}\Delta z\right)\Delta x \Delta y - T_{xz}\Delta x \Delta y = 0$$

整理得

$$\left(\frac{\partial \sigma_x}{\partial x} + \frac{\partial T_{xy}}{\partial y} + \frac{\partial T_{xz}}{\partial z}\right)\Delta x \Delta y \Delta z = 0$$

因为平行六面体是任意选择的,所以

$$\frac{\partial \sigma_x}{\partial x} + \frac{\partial T_{xy}}{\partial y} + \frac{\partial T_{xz}}{\partial z} = 0 \qquad (3.1.1)$$

同理,考察 y 方向和 z 方向的受力平衡,可得

$$\frac{\partial T_{yx}}{\partial x} + \frac{\partial \sigma_y}{\partial y} + \frac{\partial T_{yz}}{\partial z} = 0 \qquad (3.1.2)$$

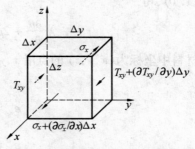

图 3.1 应力作用下的体积元,图中未画出剪应力 T_{zx}

$$\frac{\partial T_{zx}}{\partial x} + \frac{\partial T_{zy}}{\partial y} + \frac{\partial \sigma_z}{\partial z} = 0 \tag{3.1.3}$$

直角坐标系中的应力 – 应变方程为

$$\sigma_x = \frac{E\nu}{(1+\nu)(1-2\nu)}\left(\frac{1-\nu}{\nu}\varepsilon_x + \varepsilon_y + \varepsilon_z\right) \tag{2.1.4}$$

$$\sigma_y = \frac{E\nu}{(1+\nu)(1-2\nu)}\left(\varepsilon_x + \frac{1-\nu}{\nu}\varepsilon_y + \varepsilon_z\right) \tag{2.1.5}$$

$$\sigma_z = \frac{E\nu}{(1+\nu)(1-2\nu)}\left(\varepsilon_x + \varepsilon_y + \frac{1-\nu}{\nu}\varepsilon_z\right) \tag{2.1.6}$$

式中, ν 为 Possion 比; σ_x、σ_y、σ_z 为主应力; ε_x、ε_y、ε_z 为主应变。设

$$\theta = \varepsilon_x + \varepsilon_y + \varepsilon_z \tag{3.1.4}$$

θ 实际上就是体应变。利用式(1.2.67)和(1.2.68),即

$$\lambda = \frac{E\nu}{(1+\nu)(1-2\nu)}$$

$$\mu = \frac{E}{2(1+\nu)} = G$$

得

$$\sigma_x = \lambda\theta + 2\mu\varepsilon_x \tag{3.1.5}$$
$$\sigma_y = \lambda\theta + 2\mu\varepsilon_y \tag{3.1.6}$$
$$\sigma_z = \lambda\theta + 2\mu\varepsilon_z \tag{3.1.7}$$

根据材料剪切模量的定义,可知剪应力 T_{ij} 和剪应变 $\varepsilon_{ij}(i,j=x,y,z)$ 之间的关系为

$$T_{xy} = G\varepsilon_{xy} = \mu\varepsilon_{xy} \tag{3.1.8}$$
$$T_{yz} = G\varepsilon_{yz} = \mu\varepsilon_{yz} \tag{3.1.9}$$
$$T_{xz} = G\varepsilon_{xz} = \mu\varepsilon_{xz} \tag{3.1.10}$$

考虑到应力和应变张量都是对称张量,将式(3.1.5)、(3.1.8)和(3.1.10)代入式(3.1.1),得

$$\lambda\frac{\partial\theta}{\partial x} + 2\mu\frac{\partial\varepsilon_x}{\partial x} + \mu\frac{\partial\varepsilon_{xy}}{\partial y} + \mu\frac{\partial\varepsilon_{xz}}{\partial z} = 0 \tag{3.1.11}$$

设材料中坐标为(x,y,z)的点沿 x、y 和 z 方向的位移分别为 u、v 和 w,则根据式(1.2.20),有

$$\varepsilon_x = \frac{\partial u}{\partial x}; \quad \varepsilon_{xy} = \frac{\partial v}{\partial x} + \frac{\partial u}{\partial y}$$

$$\varepsilon_y = \frac{\partial v}{\partial y}; \quad \varepsilon_{yz} = \frac{\partial w}{\partial y} + \frac{\partial v}{\partial z} \tag{3.1.12}$$

$$\varepsilon_z = \frac{\partial w}{\partial z}; \quad \varepsilon_{zx} = \frac{\partial u}{\partial z} + \frac{\partial w}{\partial x}$$

代入式(3.1.11)可得以应变表示的平衡方程

$$\lambda \frac{\partial \theta}{\partial x} + \mu \left(\frac{\partial^2 u}{\partial x^2} + \frac{\partial^2 u}{\partial y^2} + \frac{\partial^2 u}{\partial z^2} \right) + \mu \frac{\partial}{\partial x} \left(\frac{\partial u}{\partial x} + \frac{\partial v}{\partial y} + \frac{\partial w}{\partial z} \right) = 0 \qquad (3.1.13)$$

由于 $\theta = \varepsilon_x + \varepsilon_y + \varepsilon_z = \dfrac{\partial u}{\partial x} + \dfrac{\partial v}{\partial y} + \dfrac{\partial w}{\partial z}$,并采用拉普拉斯算子的写法

$$\nabla^2 u = \frac{\partial^2 u}{\partial x^2} + \frac{\partial^2 u}{\partial y^2} + \frac{\partial^2 u}{\partial z^2}$$

式(3.1.13)简化为

$$(\lambda + \mu) \frac{\partial \theta}{\partial x} + \mu \nabla^2 u = 0 \qquad (3.1.14)$$

同理可得

$$(\lambda + \mu) \frac{\partial \theta}{\partial y} + \mu \nabla^2 v = 0 \qquad (3.1.15)$$

$$(\lambda + \mu) \frac{\partial \theta}{\partial z} + \mu \nabla^2 w = 0 \qquad (3.1.16)$$

方程(3.1.14)～(3.1.16)对应两组特解,第一组为

$$u = \frac{zx}{r^3}$$

$$v = \frac{zy}{r^3} \qquad (3.1.17)$$

$$w = \frac{z^2}{r^3} + \frac{\lambda + 3\mu}{(\lambda + \mu) r}$$

式中,$r^2 = x^2 + y^2 + z^2$。第二组特解为

$$u = \frac{x}{r(r + z)}$$

$$v = \frac{y}{r(r + z)} \qquad (3.1.18)$$

$$w = \frac{1}{r}$$

根据这两组解和给定边界条件,可以求出材料的应变,进而求得整个物体的应力分布。

3.1.2　半无限弹性体界面上一点受外力作用

设半无限弹性体占据 $z > 0$ 区域,力 F 作用于坐标原点 O,如图3.2所示,图中 y 轴垂直纸面指向读者。由于 O 点附近应力非常大,超过了弹性极限,因此认为除以 O 为球心以 a 为半径的小半球体外,材料处于弹性应变状态。

方程组(3.1.14) ~ (3.1.16) 的通解应为式(3.1.17) 和(3.1.18) 两组解的线性组合

$$u = A \frac{zx}{r^3} + B \frac{x}{r(r+z)}$$

$$v = A \frac{zy}{r^3} + B \frac{y}{r(r+z)} \qquad (3.1.19)$$

$$w = A \left[\frac{z^2}{r^3} + \frac{\lambda + 3\mu}{(\lambda + \mu)r} \right] + \frac{B}{r}$$

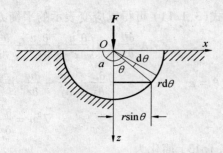

图 3.2　界面受力的半无限弹性体(未画出 y 轴)

其中 A、B 为待定常数。由式(3.1.5) ~ (3.1.10) 和式(3.1.12) 可知,应力分量分别为

$$\sigma_x = \lambda\theta + 2\mu \frac{\partial u}{\partial x} \qquad T_{yz} = \mu\left(\frac{\partial v}{\partial z} + \frac{\partial w}{\partial y}\right)$$

$$\sigma_y = \lambda\theta + 2\mu \frac{\partial v}{\partial y} \qquad T_{zx} = \mu\left(\frac{\partial w}{\partial x} + \frac{\partial u}{\partial z}\right) \qquad (3.1.20)$$

$$\sigma_z = \lambda\theta + 2\mu \frac{\partial w}{\partial z} \qquad T_{xy} = \mu\left(\frac{\partial u}{\partial y} + \frac{\partial v}{\partial x}\right)$$

以式(3.1.19) 代入,可得应力分量分别为

$$\sigma_x = -A \frac{2\mu z}{r^3}\left[3\left(\frac{x}{r}\right)^2 - \frac{\mu}{\lambda + \mu}\right] + B \frac{2\mu}{r^2}\left[\frac{y^2 + z^2}{r(r+z)} - \frac{x^2}{(r+z)^2}\right]$$

$$\sigma_y = -A \frac{2\mu z}{r^3}\left[3\left(\frac{y}{r}\right)^2 - \frac{\mu}{\lambda + \mu}\right] + B \frac{2\mu}{r^2}\left[\frac{x^2 + z^2}{r(r+z)} - \frac{y^2}{(r+z)^2}\right]$$

$$\sigma_z = -A \frac{2\mu z}{r^3}\left[3\left(\frac{z}{r}\right)^2 + \frac{\mu}{\lambda + \mu}\right] - B \frac{2\mu z}{r^3}$$

$$T_{yz} = -A \frac{2\mu y}{r^3}\left[3\left(\frac{z}{r}\right)^2 + \frac{\mu}{\lambda + \mu}\right] - B \frac{2\mu y}{r^3} \qquad (3.1.21)$$

$$T_{zx} = -A \frac{2\mu x}{r^3}\left[3\left(\frac{z}{r}\right)^2 + \frac{\mu}{\lambda + \mu}\right] - B \frac{2\mu x}{r^3}$$

$$T_{xy} = -A \frac{6\mu xyz}{r^5} + B \frac{2\mu xy(z+2r)}{r^3(r+z)^2}$$

式中,$r^2 = x^2 + y^2 + z^2$。由式(1.2.34) 知,作用在与 r 垂直单位面积上的应力分量为

$$T_x = T_{xx}l + T_{xy}m + T_{xz}n$$

$$T_y = T_{yx}l + T_{yy}m + T_{yz}n \qquad (1.2.34)$$

$$T_z = T_{zx}l + T_{zy}m + T_{zz}n$$

式中,T_x、T_y 和 T_z 分别为此面上应力在 x、y 和 z 方向上的分量;$l = x/r$、$m = y/r$、$n = z/r$ 为此

面法线的方向余弦。将式(3.1.21)代入式(1.2.34),得

$$T_x = -A \frac{6\mu xz}{r^4} - B \frac{2\mu x}{r^2(r+z)}$$

$$T_y = -A \frac{6\mu yz}{r^4} - B \frac{2\mu y}{r^2(r+z)} \tag{3.1.22}$$

$$T_z = -A \frac{6\mu z^2}{r^4} - A \frac{2\mu}{(\lambda+\mu)r^2} - B \frac{2\mu}{r^2}$$

如图 3.2 所示,作用于半径为 r 的半球面的合力为应力分量对半球面的面积分

$$F_x = \int T_x \mathrm{d}S = -A \frac{6\mu}{r^4} \int xz\mathrm{d}S - B \frac{2\mu}{r^2} \int \frac{x}{(r+z)} \mathrm{d}S = 0$$

$$F_y = \int T_y \mathrm{d}S = -A \frac{6\mu}{r^4} \int yz\mathrm{d}S - B \frac{2\mu}{r^2} \int \frac{y}{(r+z)} \mathrm{d}S = 0 \tag{3.1.23}$$

$$F_z = \int T_z \mathrm{d}S = -A \frac{6\mu}{r^4} \int z^2 \mathrm{d}S - A \frac{2\mu^2}{(\lambda+\mu)r^2} \int \mathrm{d}S - B \frac{2\mu}{r^2} \int \mathrm{d}S$$

因为体系具有相对 z 轴的旋转对称性,所以前两个积分为零。即半球在 x 和 y 方向上的受力为零。而相对于 z 轴夹角为 θ 处的环状面元的面积为

$$\mathrm{d}S = 2\pi r\sin\theta \cdot r\mathrm{d}\theta = 2\pi r^2 \sin\theta\mathrm{d}\theta$$

而 $z = r\sin\theta$,则

$$F_z = -A \frac{4\pi\mu(\lambda+2\mu)}{\lambda+\mu} - 4\pi\mu B \tag{3.1.24}$$

此即作用在半球体上的合力,沿 z 方向。在平衡状态下,这个力与界面上所受外力 F 相等,即

$$F = \frac{4\pi\mu(\lambda+2\mu)}{\lambda+\mu}A + 4\pi\mu B \tag{3.1.25}$$

在边界 Oxy 面上,$z=0$,除以 O 为球心以 a 为半径的圆形区域外,其他位置不受任何力的作用。由式(3.1.21)可得

$$\sigma_z = 0$$

$$T_{zy} = -\frac{2\mu y}{r^3}\left[\frac{\mu A}{\lambda+\mu}+B\right] = 0 \tag{3.1.26}$$

$$T_{zx} = -\frac{2\mu x}{r^3}\left[\frac{\mu A}{\lambda+\mu}+B\right] = 0$$

即

$$\frac{\mu A}{\lambda+\mu}+B = 0 \tag{3.1.27}$$

式(3.1.25)和(3.1.27)联立,可确定 A 和 B 的值为

$$A = \frac{F}{4\pi\mu}$$

$$B = -\frac{F}{4\pi(\lambda + \mu)} \tag{3.1.28}$$

将 A 和 B 的值代入应力分量式(3.1.21)中得

$$\sigma_x = -\frac{Fz}{2\pi r^3}\left[3\left(\frac{x}{r}\right)^2 - \frac{\mu}{\lambda+\mu}\right] - \frac{\mu F}{2\pi(\lambda+\mu)r^2}\left[\frac{y^2+z^2}{r(r+z)} - \frac{x^2}{(r+z)^2}\right]$$

$$\sigma_y = -\frac{Fz}{2\pi r^3}\left[3\left(\frac{y}{r}\right)^2 - \frac{\mu}{\lambda+\mu}\right] - \frac{\mu F}{2\pi(\lambda+\mu)r^2}\left[\frac{x^2+z^2}{r(r+z)} - \frac{y^2}{(r+z)^2}\right]$$

$$\sigma_z = -\frac{Fz}{2\pi r^3}\left[3\left(\frac{z}{r}\right)^2 + \frac{\mu}{\lambda+\mu}\right] + \frac{\mu F}{2\pi(\lambda+\mu)r^2}\frac{z}{r^3} = -\frac{3F}{2\pi}\frac{z^3}{r^5}$$

$$T_{yz} = -\frac{Fy}{2\pi r^3}\left[3\left(\frac{z}{r}\right)^2 + \frac{\mu}{\lambda+\mu}\right] + \frac{\mu F}{2\pi(\lambda+\mu)r^2}\frac{y}{r^3} = -\frac{3F}{2\pi}\frac{yz^2}{r^5} \tag{3.1.29}$$

$$T_{zx} = -\frac{Fx}{2\pi r^3}\left[3\left(\frac{z}{r}\right)^2 + \frac{\mu}{\lambda+\mu}\right] + \frac{\mu F}{2\pi(\lambda+\mu)r^2}\frac{x}{r^3} = -\frac{3F}{2\pi}\frac{xz^2}{r^5}$$

$$T_{xy} = -\frac{3xyz}{2\pi r^5} + \frac{\mu F}{2\pi(\lambda+\mu)}\frac{xy(z+2r)}{r^3(r+z)^2}$$

可见,与边界 Oxy 面平行的任何平面上,所受应力 σ_z、T_{yz} 和 T_{xz} 与弹性常数 λ、μ 无关。如图 3.3 所示,$z/r = \cos\theta$,z 方向的应力分量可写为

$$\sigma_z = -\frac{3F}{2\pi r^2}\cos^3\theta \tag{3.1.30}$$

图 3.3 还给出了一个小的三棱柱的受力分析,由图中的斜边所在平面上的受力平衡可知,其沿着径向的应力为

$$\sigma_r = \frac{\sigma_z}{\cos\theta} = -\frac{3F}{2\pi r^2}\cos^2\theta \tag{3.1.31}$$

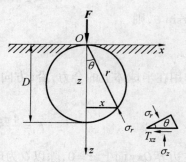

图 3.3　半无限弹性体界面一点受力时的应力分布

由图 3.3 可以看出,在与 Oxy 面相切、直径为 D 的球面上,$r = D\cos\theta$,因此

$$\sigma_r = -\frac{3F}{2\pi D^2} \tag{3.1.32}$$

可见,此球面上任意一点沿着径向的应力是相同的。如果将与 Oxy 面相切的所有球面做出,就可以得到整个半无限弹性体沿着径向的应力分布。

由式(3.1.29)可知,直角坐标系中三个主应力的和为

$$\sigma_x + \sigma_y + \sigma_z = -\frac{zF}{2\pi r^3}\left[3\frac{x^2+y^2+z^2}{r^2}-\frac{\mu}{\lambda+\mu}\right]-$$

$$\frac{\mu F}{2\pi(\lambda+\mu)r^2}\left[\frac{x^2+y^2+2z^2}{r(r+z)}-\frac{x^2+y^2}{(r+z)^2}-\frac{z}{r}\right]=$$

$$-\frac{zF}{2\pi r^3}\left[3-\frac{\mu}{\lambda+\mu}\right] \tag{3.1.33}$$

利用 Possion 比来表示式(3.1.33)为

$$\sigma_x + \sigma_y + \sigma_z = -\frac{(1+\nu)z}{\pi r^3}F \tag{3.1.34}$$

将式(3.1.28)代入式(3.1.19)可得弹性体的位移

$$u = \frac{F}{4\pi\mu}\frac{zx}{r^3}-\frac{F}{4\pi(\lambda+\mu)}\frac{x}{r(r+z)}$$

$$v = \frac{F}{4\pi\mu}\frac{zy}{r^3}-\frac{F}{4\pi(\lambda+\mu)}\frac{y}{r(r+z)} \tag{3.1.35}$$

$$w = \frac{F}{4\pi\mu}\frac{z^2}{r^3}+\frac{F(\lambda+2\mu)}{4\pi\mu(\lambda+\mu)r}$$

在距离力 F 作用点很远的地方,$r \to \infty$,这些位移分量均为零。由于体系具有相对于 z 轴的旋转对称性,可以把位移分为横向位移(平行于 Oxy 平面)和纵向位移(z 方向)。如图3.4所示,$z/r = \cos\theta$,考虑到绕着 z 轴任意方向的等价性,x 方向位移即为横向位移,等于

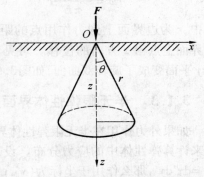

$$\frac{F}{4\pi\mu}\frac{\sin\theta}{r}\left[\cos\theta-\frac{\mu}{\lambda+\mu}\frac{1}{(1+\cos\theta)}\right] \tag{3.1.36}$$

图3.4 半无限弹性体内的横向位移

横向位移为零的点由以下方程决定

$$(\lambda+\mu)\cos\theta(1+\cos\theta)=\mu \tag{3.1.37}$$

由此方程可解出相应的 θ 值,可见横向位移为零的点构成了一个圆锥面,圆锥面内部和外部的横向位移方向相反。如果材料的 Possion 比为 0.25,则圆锥角约为 $68°32'$。

弹性体的纵向位移为

$$w = \frac{F}{4\pi\mu r}\left[\cos^2\theta+\frac{\lambda+2\mu}{\lambda+\mu}\right] \tag{3.1.38}$$

由于 $w > 0$,因此其方向总是沿着 z 轴正向。在弹性体的边界面上,$z = 0$,三个位移分量为

$$u = -\frac{F}{4\pi(\lambda + \mu)}\frac{x}{r^2}$$

$$v = -\frac{F}{4\pi(\lambda + \mu)}\frac{y}{r^2} \qquad (3.1.39)$$

$$w = \frac{F(\lambda + 2\mu)}{4\pi\mu(\lambda + \mu)r} = \frac{1 - \nu^2}{\pi E}\frac{F}{r}$$

式中用到了 Possion 比和弹性常数 λ、μ 和杨氏模量 E 的关系

$$\nu = \frac{\lambda}{2(\lambda + \mu)} \qquad (1.2.65)$$

$$E = \frac{\mu(3\lambda + 2\mu)}{\lambda + \mu} \qquad (1.2.66)$$

在力 F 的作用下,弹性体发生变形,且各处的形变量不同,但相对于 z 轴仍然具有旋转对称性。此时边界面也不再是平面,而是成为旋转曲面。由式(3.1.39)可知

$$rw = \frac{1 - \nu^2}{\pi E}F \qquad (3.1.40)$$

式中,r 为边界面上到力作用点的距离;w 为边界面上点沿 z 方向的位移。可见,受力后 Oxy 平面变成了旋转双曲面,如图3.5所示。

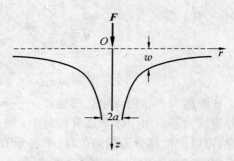

图3.5　受力后弹性体的边界面

3.1.3　半无限弹性体界面上圆形区域受外力作用

如果外力作用在半无限弹性体界面上一个区域,而不是一个点,可以利用力的叠加原理来计算弹性体中的应力分布。设 $p(x', y')$ 为边界面上单位面积上的载荷,取面积元 $\mathrm{d}S = \mathrm{d}x'\mathrm{d}y'$,那么作用于坐标为 (x', y') 点上的外力为

$$\mathrm{d}F = p\mathrm{d}S = p(x', y')\mathrm{d}x'\mathrm{d}y' \qquad (3.1.41)$$

点 (x', y') 到弹性体内部任一点 (x, y, z) 的距离为

$$r = \sqrt{(x - x')^2 + (y - y')^2 + z^2} \qquad (3.1.42)$$

将以上两式代入应力表达式(3.1.29)并积分即可得到半无限弹性体中的应力分布。

考虑一种简单的情形,均匀分布的载荷 p 作用在半无限弹性体界面上半径为 a 的圆形区域内,如图3.6所示,其 z 轴上的应力分布可通过叠加方法得到。

由于弹性体受力具有轴对称性,可利用极坐标来解此问题。图3.7给出了 Oxy 面的俯视图,半径为 r' 宽度为 $\mathrm{d}r'$ 的环带上的点对弹性体内 z 轴上应力的贡献是等价的。此圆环上作用的外力为 $\mathrm{d}F = p2\pi r'\mathrm{d}r'$。在 z 轴上,$x = y = 0$,由式(3.1.42)可得

$$r = \sqrt{x'^2 + y'^2 + z^2} = \sqrt{r'^2 + z^2} \qquad (3.1.43)$$

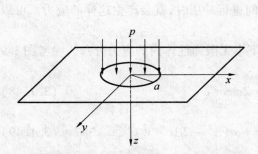
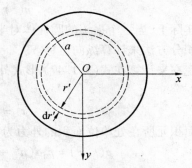

图 3.6 界面圆形区域受力的半无限弹性体　　图 3.7 弹性体边界面的俯视图

根据式(3.1.29),可求出以 a 为半径的圆上的全部载荷在 z 轴上产生的 z 方向应力为

$$\sigma_z = -\int \frac{3z^3}{2\pi r^5} dF = -\frac{3p}{2\pi} \int_0^a \frac{2\pi z^3 r' dr'}{(r'^2 + z^2)5/2} = pz^3 (r'^2 + z^2)^{-3/2} \Big|_0^a =$$
$$p[z^3 (a^2 + z^2)^{-3/2} - 1] \tag{3.1.44}$$

当 $z = 0$ 时,即在坐标原点 O 处,$\sigma_z = -p$。随着 z 的增加 σ_z 逐渐减小。z 轴上任一点的剪应力 $T_{zx} = T_{zy} = 0$。

式(3.1.34)给出的是应力张量的迹,在任意坐标系下均应保持为常量。因此在图 3.7 所示的极坐标下,均匀分布于半径为 a 的圆面上的载荷在 z 轴上产生的主应力之和为

$$\sigma_r + \sigma_t + \sigma_z = \sigma_x + \sigma_y + \sigma_z = -\int \frac{(1+\nu)z}{\pi r^3} dF = -\int_0^a \frac{2(1+\nu)p\pi z r' dr'}{\pi(r'^2 + z^2)^{3/2}} =$$
$$2(1+\nu)pz(r'^2 + z^2)^{-1/2} \Big|_0^a = 2(1+\nu)p[z(a^2 + z^2)^{-1/2} - 1] \tag{3.1.45}$$

体系相对于 z 轴是轴对称的,因此 z 轴上的应力也具有旋转对称性,即径向和切向应力相等,$\sigma_r = \sigma_t$,如图 3.8 所示。

根据式(3.1.44)和(3.1.45)求出 z 轴上的径向和切向应力为

$$\sigma_r = \sigma_t = \frac{(\sigma_x + \sigma_y + \sigma_z) - \sigma_z}{2} =$$

$$(1+\nu)p[z(a^2 + z^2)^{-1/2} - 1] - \frac{1}{2}p[z^3 (a^2 + z^2)^{-3/2} - 1] =$$

$$-\frac{p}{2} \left[(1+2\nu) - \frac{2(1+\nu)z}{(a^2 + z^2)^{1/2}} + \frac{z^3}{(a^2 + z^2)^{3/2}} \right] \tag{3.1.46}$$

弹性体其他位置的应力也可通过积分方法计算,但要复杂得多。

和外力作用在一点上的情况类似,作用于圆形区域内的均匀分布应力使界面产生的位移也是不均匀的。若要在圆形区域获得均匀的纵向位移,外力的分布需满足

$$p(r) = p_0(1 - r^2/a^2)^{-1/2} \tag{3.1.47}$$

实际上,当一个平头的圆柱体对半无限空间进行冲压时,就会产生这样的应力。可以利用积分方法来计算纵向位移。

现在来计算在式(3.1.47)形式外力作用下半无限弹性体内的应力分布。参考图3.9可知

$$t^2 = r^2 + s^2 + 2rs\cos\varphi \tag{3.1.48}$$

图中面积元所在处单位面积的外力为

$$p(s,\varphi) = p_0 a(a^2 - t^2)^{-1/2} = p_0 a(\alpha^2 - 2\beta s - s^2)^{-1/2} \tag{3.1.49}$$

式中

$$\alpha^2 = a^2 - r^2, \quad \beta = r\cos\varphi$$

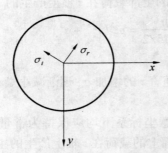

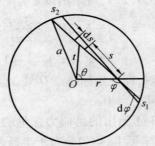

图 3.8　z 轴上对称分布的应力　　　图 3.9　圆域上的几何关系

距离圆心 O 为 r 处的纵向位移应为整个圆上外力作用的叠加,由式(3.1.39)可得

$$w(r) = \frac{1-\nu^2}{\pi E} \int \frac{dF}{s} = \frac{1-\nu^2}{\pi E} \int \frac{ps\,ds\,d\varphi}{s} =$$

$$\frac{1-\nu^2}{\pi E} p_0 a \int_0^{2\pi} d\varphi \int_0^{s_2} (\alpha^2 - 2\beta s - s^2)^{-1/2} ds \tag{3.1.50}$$

当 $s = s_2$ 时,$r = a$,正处于圆域的边界上,由式(3.1.47)可知,对应的外力为零。换句话说,s_2 为方程

$$\alpha^2 - 2\beta s - s^2 = 0$$

的一个根。因为积分

$$\int_0^{s_2} (\alpha^2 - 2\beta s - s^2)^{-1/2} ds = \frac{\pi}{2} - \tan^{-1}(\beta/\alpha) \tag{3.1.51}$$

考虑到 $\tan^{-1}x$ 为奇函数,有

$$\tan^{-1}[\beta(\varphi)/\alpha] = \tan^{-1}[\beta(\varphi+\pi)/\alpha] \tag{3.1.52}$$

因此,当 φ 从 0 变化到 2π 时,$\tan^{-1}(\beta/\alpha)$ 对 φ 的积分为零,从而可得

$$w(r) = \frac{1-\nu^2}{\pi E} p_0 a \int_0^{2\pi} [(\pi/2 - \tan^{-1}(\beta/\alpha)] d\varphi = (1-\nu^2)\pi p_0 a/E \tag{3.1.53}$$

上式的结果为常数且与 r 无关,即在受力的圆形区域内沿 z 方向的位移是均匀的。弹性体所受的合力大小为

$$F = \int_0^a p(r)2\pi r\mathrm{d}r = \int_0^a p_0(1 - r^2/a^2)^{-1/2}2\pi r\mathrm{d}r =$$

$$- 2\pi a^2 p_0(1 - r^2/a^2)^{1/2}\Big|_0^a = 2\pi a^2 p_0 \qquad (3.1.54)$$

3.1.4　大质量支撑原理

考虑图 3.6 所示的半无限弹性体,在圆形区域内受轴对称的外力作用时,根据力的叠加原理,z 轴上的点所受应力应该是最大的,因为式(3.1.29)中各应力分量都和 r^2 成反比。考虑圆形区域均匀受力的情形,z 轴上的应力是 z 的函数,由式(3.1.44)和式(3.1.46)给出。设 $t = z/a$,则

$$\sigma_z = p\Big[\frac{t^3}{(1 + t^2)^{3/2}} - 1\Big] \qquad (3.1.55)$$

$$\sigma_r = \sigma_t = -\frac{p}{2}\Big[(1 + 2\nu) - \frac{2(1 + \nu)t}{(1 + t^2)^{1/2}} + \frac{t^3}{(1 + t^2)^{3/2}}\Big] \qquad (3.1.56)$$

$$\Delta\sigma = \sigma_z - \sigma_r = -\frac{p}{2}\Big[(1 - 2\nu) + \frac{2(1 + \nu)t}{(1 + t^2)^{1/2}} - \frac{3t^3}{(1 + t^2)^{3/2}}\Big] \qquad (3.1.57)$$

图 3.10 给出了 Possion 比 $\nu = 0.25$ 时 z 轴上应力及差应力 $\Delta\sigma = \sigma_z - \sigma_r$ 与 z 的关系。

在弹性体界面处 $z = 0$,差应力为

$$\Delta\sigma = \sigma_z - \sigma_r = -\frac{p}{2}(1 - 2\nu) = -f_0 p$$

$$(3.1.58)$$

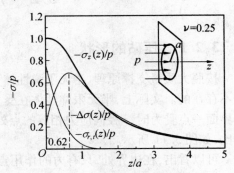

图 3.10　z 轴上的应力分布

其中 $f_0 = -(1 - 2\nu)/2$。从图中可以看出,最大差应力并非出现在界面处($z = 0$)。利用

$$\frac{\mathrm{d}(\Delta\sigma)}{\mathrm{d}t} = -\frac{p}{2}\Big[\Big(\frac{2(1 + \nu)}{(1 + t^2)^{1/2}} - \frac{2(1 + \nu)t^2}{(1 + t^2)^{3/2}} - \frac{9t^2}{(1 + t^2)^{3/2}} + \frac{9t^4}{(1 + t^2)^{5/2}}\Big] = 0$$

$$(3.1.59)$$

可得

$$t = \sqrt{\frac{2(1 + \nu)}{7 - 2\nu}} \qquad (3.1.60)$$

最大差应力为

$$\Delta\sigma_{max} = -\left[\frac{1-2\nu}{2} + \frac{2\sqrt{2}(1+\nu)^3}{9}\right]p = -f_m p \qquad (3.1.61)$$

负号表示压应力，f_m 称为增强系数。取 Possion 比 $\nu = 0.25$，当 $z = 0.62a$ 时，最大差应力为 $\Delta\sigma = -0.69p$。

最大剪应变能理论指出，当差应力 $\Delta\sigma = \sigma_z - \sigma_r$ 等于材料弹性极限 $2Y_0/\sqrt{3}$ 时，材料发生屈服，这时对应的外力大小为

$$p = \frac{2Y_0}{\sqrt{3}f_m} \qquad (3.1.62)$$

由于 $f_m < 1$，材料可承受比其压缩弹性极限大的压力。当弹性体为 WC 时，取 $Y_0 = 5$ GPa，$\nu = 0.25$，可得其耐压 $p = 8.38$ GPa。

可见，在大物体的小面积上产生高压，由于周围材料的支撑作用，物体可承受比其压缩弹性极限大的应力，这就是大质量支撑原理。

大质量支撑原理对于产生高压是至关重要的。理想的情况下，只采用大质量支撑原理所产生的压力能达到材料压缩强度的 3.57 倍左右，如果采用一些其他技术，如通过压砧与外部箍环的过盈配合产生预应力，可达到更高的压力。

3.2　压　砧[4~9]

3.2.1　压砧的形状

按照大质量支撑原理，半无限弹性体可承受比其弹性极限大的压力，但无限大的材料是不存在的。实际上，半无限弹性体在受力状态下其内部应力分布是不均匀的。例如，当其界面一点受力时，z 径向应力相等的点处在一个圆周上，应力的大小和圆的直径平方成反比，如图 3.11 所示。

可以看出，在边界处，只有力的作用点附近很小范围内的应力比较大，其他位置应力很小。图 3.4 也说明横向应变为零的点处于一个圆锥面上。因此，要产生高压，并不需要无限大的材料，可以适当减小材料尺寸，而不影响产生的压力极限。当外力不是作用在一点，而是作用在界面上一定范围时，可做类似的分析。当外力的作用区域为圆形时，有限弹性体内的应力分布如图 3.12(a) 所示，图中虚线标出了力的作用区域。在外力的作用

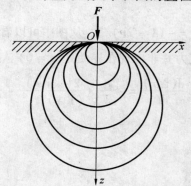

图 3.11　界面一点受力弹性体的 z 径向应力分布

区域范围内应力比较集中,随着与界面距离的增加,应力被均匀地分散在大的底座上。可以看出,界面上小块面积受压,不仅得到下部材料的支撑,同时也得到了侧面外围材料的支撑。

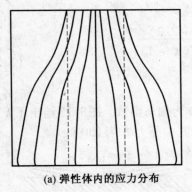 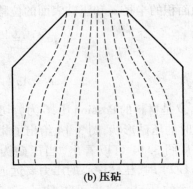

　　　　(a) 弹性体内的应力分布　　　　　　　　　　　　　　　(b) 压砧

图 3.12　　弹性体内的应力分布[4]

　　从应力的分布可以预知,如果将图 3.12(a) 中上面的角部材料截去,变成图 3.12(b) 中的截角锥体,其耐压不会有大的变化。这样的截角锥体就是压砧,相对于未截角的材料(活塞)来说,压砧节约了大量材料,而性能基本相同。

　　压砧的形状可以表示成函数的形式。为方便起见,可设为

$$z(r) = Ar^{2\lambda} \tag{3.2.1}$$

这种函数是合理的,如当 $\lambda = 1/2$ 时,若取 $A = \cot \alpha$,则上述函数表示一个圆锥体,其中 α 为圆锥的半锥角;当 $\lambda = 1, A = (2R)^{-1}$ 时,式(3.2.1) 表示一个球,其中 R 为球的半径,如图 3.13 所示。当 $\lambda \gg 1$ 时代表一个圆柱体。

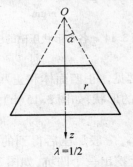 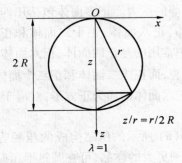

　　$\lambda = 1/2$　　　　　　　　　　　　　　　　$\lambda = 1$

图 3.13　压砧的形状

　　对于式(3.2.1) 描述的压砧在工作时,其压力分布可由下式给出

$$p_\lambda(r) = \frac{2\lambda + 1}{2} \frac{F}{\pi a^2} \int_0^{\sqrt{1-r^2/a^2}} (x^2 + r^2/a^2)^{\lambda-1} \mathrm{d}x \tag{3.2.2}$$

式中，a 为压砧接触面的半径；F 为加载的外力。接触面中心的压力为

$$p_\lambda(r) = \frac{2\lambda + 1}{2(2\lambda - 1)} \frac{F}{\pi a^2} \tag{3.2.3}$$

接触面积的半径 a 和压砧表面的位移 δ 为

$$a^{2\lambda+1} = \frac{(\nu - 1)F}{4\nu GA} \frac{\Gamma(\lambda + 3/2)}{\lambda \sqrt{\pi} \Gamma(\lambda + 1)}$$

$$\delta = Aa^{2\lambda} \frac{\sqrt{\pi} \Gamma(\lambda + 1)}{\lambda \Gamma(\lambda + 1/2)} \tag{3.2.4}$$

式中，ν 是材料的 Possion 比；G 为剪切弹性模量；$\Gamma(x)$ 为伽马函数。图 3.13 给出了 λ 取不同值时的压砧形状，图 3.14 给出了相应的压力分布，其中外力 F 为 250 kg。

从图 3.14 可以看出，当压砧为圆锥体（λ =1/2）时，压砧中心的压力要远远高于其他形状的压砧，这也可以从式(3.2.3) 看出。因此，许多压砧都设计成圆锥体的形状，以达到最高的使用压力。

对于两面加压的设备，如 Bridgman 压机，其硬质合金（WC）压砧都采用圆锥形设计，如图 3.15(a) 所示。在这种加压方式中，在垂直于压砧轴线方向没有外力的作用，因此加压是不对称的，会影响到高压腔体内的静水压条件。使用对称形式加压可改善这个问题，即高压腔体为正多面体形状，在不同的面上施加相等的压力。正多面体包括正四面体、正六面体、正八面体、正十二面体和正二十面体，其中常用的是正四面体、正六面体和

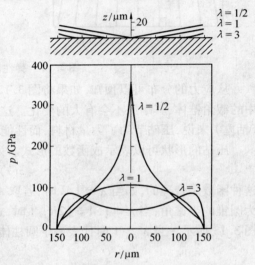

图 3.14　各种形状压砧的压力分布[5]

正八面体压腔，而正十二面体和正二十面体压腔不常见。正四面体和正八面体的面为等边三角形，正六面体的面为正方形，对应于压砧砧面的形状，如图 3.15(b)、(c) 和(d) 所示。

图 3.15(a) 所示的压砧构成的压腔容积比较小，一般加压后得到的是小的片状样品。为了得到更大的样品，可在圆锥形压砧的砧面上挖出一个凹坑，如图 3.16(a) 所示，这样的压砧称为杯状压砧（cupped anvil）。如果在凹坑的外围再加一个环形的凹槽，可以达到更高的压力，同时压力更稳定，这样的压砧称为环状压砧（toroidal anvil）如图 3.16(b) 所示。有的设计在凹坑的外围加上两个环形的凹槽，和 3.16(b) 类似。杯状压砧基本保留了圆锥形压砧的优点，但可以形成更大的高压腔体积。

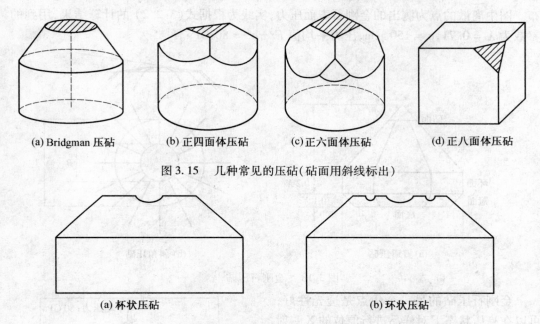

(a) Bridgman 压砧   (b) 正四面体压砧   (c) 正六面体压砧   (d) 正八面体压砧

图 3.15 几种常见的压砧(砧面用斜线标出)

(a) 杯状压砧   (b) 环状压砧

图 3.16 变形的 Bridgman 压砧

杯状压砧内形成的压力分布很不同于圆锥形压砧,图 3.17 给出了其压力分布,最高的压力并不在压砧的中轴线处产生,而是在凹坑的边缘附近。

金刚石是已知的最硬的材料,用它做成的压砧可以达到最高的压力。由于金刚石的硬度高,难于加工,一般金刚石压砧不做成圆锥状,而是做成多面锥体形状,见图 3.18(a)。砧面的形状为正多边形,常见的有正八边形和正十六边形。图中还给出了相关的设计尺寸。常压下,金刚石压砧的砧面为平面,受压时中心由于压力高而形变大,台面会向内弯曲,这限制了压力的进一步提

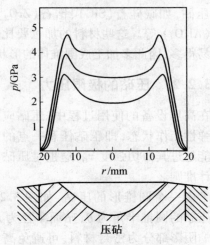

图 3.17 杯状压砧的压力分布[5]

高。为了达到更高的压力,可利用形如图 3.18(b) 的斜角金刚石压砧。它是在图 3.18(a) 压砧的基础上,再磨出一个多面锥体。最优化的设计为 $A/B > 3$、$A < 0.6$ mm 和 θ 角为 7°~8°。利用这种压砧可产生 100 GPa 以上的压力。例如,在 $B = 20$ μm 和 $\theta = 8.5°$ 时,Ruoff 等人产生了 400 GPa 以上的压力。图 3.19 给出了两个斜角压砧间的压力分

布。图中离散的点为测出的金刚石表面压力,实线为根据式(3.2.2)的计算结果,用到的参数为 $\lambda = 0.71$, $a = 150\ \mu m$,压力平均值 $F/\pi a^2 = 80\ GPa$。

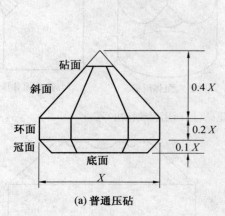

(a) 普通压砧

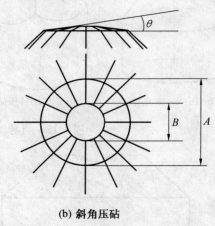

(b) 斜角压砧

图 3.18　金刚石压砧[5]

金刚石压砧的另一个优点是透光性好,可以在高压状态下对样品进行原位的 X – 射线、光谱学测量。其实许多透明物质都可以用作压砧,如碳硅石(SiC)、锆石(ZrO_2)、蓝宝石(Al_2O_3)等。这些材料的加工要比金刚石容易得多,因此多加工成圆锥体的形状。

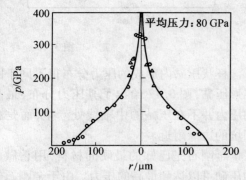

图 3.19　斜角压砧高压腔体内的压力分布[5]

3.2.2　压砧的极限压力

在高压设备的使用过程中,压砧应始终处于弹性工作状态,即压砧任意一点的剪应力不能超过其剪切强度 τ_0,这也是压砧系统的设计准则。

考虑一个圆锥形的压砧,如图 3.20 所示。压砧的圆锥半角为 θ,砧面半径为 R_0。图中的阴影部分为密封材料,可避免高压腔中的样品被挤出。以圆锥的顶点作为坐标原点,以圆锥体的母线作为 x 轴,密封材料存在的范围为 $x_0 \sim x_1$。砧面承受压力为 p_0,到密封材料另一边缘时降为 $p(x_1) = 0$。设材料的

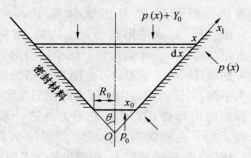

图 3.20　弹性工作时圆锥体压砧的受力

剪切强度 τ_0 不随压力改变,根据最大剪应力理论,材料中的最大剪应力不能超过其剪切强度。由于屈服强度 Y_0 是剪切强度 τ_0 的二倍,而两个主应力之差是最大剪应力的二倍,因此上述条件可表示为

$$p - p_n \leqslant Y_0 \qquad (3.2.5)$$

式中,p_n 代表垂直于某个面的主应力;p 为与之垂直的另一个主应力。实际上,任意一个方向的应力与 p_n 的差都应该满足式(3.2.5)。

考虑密封材料内的一部分压砧。根据式(3.2.5),在 x 处的水平面上,应力最大为 $p(x) + Y_0$。这部分压砧在竖直方向上的受力平衡给出

$$[p(x) + Y_0]\pi x^2 \sin^2\theta = p_0 \pi x_0^2 \sin^2\theta + \sin\theta \int_{x_0}^{x} p(x) 2\pi(x\sin\theta)\mathrm{d}x \qquad (3.2.6)$$

将 Y_0 视为常数,将上式对 x 取微分,可得密封材料内的压力分布关系

$$\frac{\mathrm{d}p(x)}{\mathrm{d}x} = -\frac{2Y_0}{x} \qquad (3.2.7)$$

取边界条件,$p(x_0) = p_0 - Y_0$,则压砧的压力分布为

$$p(x) = p_0 - Y_0 - 2Y_0\ln(x/x_0) \qquad (3.2.8)$$

在密封材料另一端 x_1,压力为零,由此可知压砧所能达到的最大压力为

$$p_0 = Y_0 + 2Y_0\ln(x_1/x_0) \qquad (3.2.9)$$

压砧的极限使用压力正比于压砧材料的剪切强度 Y_0 和与密封材料有关的因子 $\ln(x_1/x_0)$。因为因子 $\ln(x_1/x_0)$ 随着 x_1/x_0 的增大变化缓慢,所以提高压砧极限使用压力最有效的方法就是使用高剪切强度的材料,如金刚石、烧结金刚石、WC 硬质合金等。要达到 $p_0 = 5Y_0$ 的高压,$\ln(x_1/x_0)$ 的值应为 2,对应于 $x_1/x_0 = e^2 = 7.39$。含 3% Co 的 WC 的屈服强度 Y_0 约为 5 GPa,采用上述 x_1/x_0 数值,砧面上的压力可达到 15 GPa。如果对密封材料加以限制,使其远离砧面一端的压力不为零,那么砧面达到一定压力所需要的 x_1/x_0 值将有所降低。

式(3.2.9)给出了压砧的极限使用压力,人们关心的另一个问题是达到这样的压力需要加载的力,即传力比。由于密封材料和压砧之间的摩擦力,传递到砧面上的力会比加载的力小,可以用力的效率来描述这种力的传递情况。力的效率定义为传递到砧面上的力 F_f 和加载到砧座上的总力 F_t 的比值 F_f/F_t。如图 3.20 所示,这两个力可表示为

$$F_f = p_0 \pi x_0^2 \sin^2\theta \qquad (3.2.10)$$

$$F_t = [p(x_1) + Y_0]\pi x_1^2 \sin^2\theta \qquad (3.2.11)$$

利用式(3.2.6),可得力的效率为

$$\frac{F_f}{F_t} = \frac{p_0 x_0^2}{p_0 x_0^2 + 2\int_{x_0}^{x_1} x p(x)\mathrm{d}x} \qquad (3.2.12)$$

应用边界条件, $p(x_0) = p_0 - Y_0$,可画出力的效率倒数与压砧极限工作压力的关系图,如图 3.21 所示。图中还给出了 p_0/Y_0 的等值线。

显然,利用密封材料对压砧的边缘提供一定范围的支撑,可以在砧面上产生比材料弹性压缩弹性极限高得多的压力,但需要以高的 F_t/F_f 值为代价。例如,对于 $F_t/F_f = 60$,砧面上将产生 $7Y_0$ 的压力。在力 F_t 一定的情况下,应用高强度的材料,可以达到更高的压力。

压砧的极限工作压力还和圆锥的锥角有关,图 3.22 中给出了半锥角 θ 与大质量支撑增强系数 f_m 的关系。增强系数随着半锥角的降低而降低,当半锥角降为零时,增强系数为 1。大的半锥角能产生更高的极限工作压力,例如在两面加压的设备中压砧的半锥角一般取 $80°$ 左右。

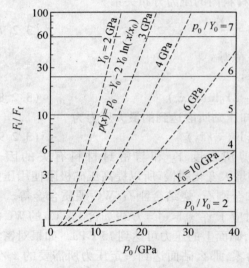

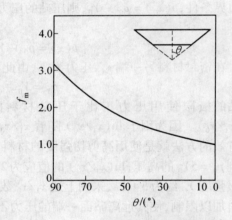

图 3.21　力的效率倒数与压砧的极限压力的关系[9]　　　图 3.22　增强系数和半锥角的关系[6]

3.3　压砧材料[5,7~15]

根据最大剪应变能理论,各向同性均匀材料的弹性工作条件由式(1.3.17)给出。

$$(\sigma_1 - \sigma_2)^2 + (\sigma_2 - \sigma_3)^2 + (\sigma_1 - \sigma_3)^2 \leqslant 2y_0^2 \qquad (1.3.17)$$

产生高压需要两个条件,一个为上式的左端尽可能小,另一个是右端尽可能大。在静水压作用下,三个主应力相等,式(1.3.17)左端为零。只要材料不发生相变,材料就不会屈服。利用压砧装置产生高压时,会伴有非静水压成分,限制了装置的极限工作压力。一般使用合适的密封材料,并制成恰当的形状、尺寸来减小非静水压的影响。若要式(1.3.17)右端大,只须使用高强度的材料即可。

实际应用中,往往根据所需压力的大小来选用不同的压砧材料。压砧装置中常用的材料有高强度钢、WC 硬质合金、立方氮化硼(BN)、多晶金刚石烧结体、单晶金刚石、蓝宝石(Al_2O_3)、锆石(ZrO_2)、碳硅石(SiC)等。

高强度钢主要用于制作活塞和圆筒部件,也用作预应力圆筒及压砧的外套。常用的高强度钢有 Cr – Mo 钢和 Cr – Ni – Mo 钢,含碳量在 0.35% ~ 0.45% 之间,屈服强度为 1.6 ~ 1.9 GPa。产生预应力的钢环,一般使用 Cr – Ni – Mo – V 钢,其拉伸强度约为 1.5 GPa。 钢的一个主要缺点是高压下形变量大,当压力超过 1 GPa 时,钢制圆筒的直径可增加 10% 以上,限制了压力的进一步提高。钢的另一个缺点是高温下硬度下降,如淬火钢的硬度在 200 ℃ 以上迅速下降,700 ℃ 以上就变得非常软了。

在压力超过 3 GPa 以上,一般使用 WC 硬质合金材料。WC 硬质合金是以 Co 作为烧结助剂用 WC 粉烧结而成的。合金的强度与晶粒的大小及 Co 的含量有关,晶粒越细,Co 含量越低,合金的压缩强度越高,但拉伸强度越低。对于圆筒部件,需要具备一定的抗拉伸能力,Co 的含量一般选为 6% ~ 15%。压砧所用的 WC 合金,Co 的含量为 6% 左右。如果压力在 10 GPa 以上,可使用 Co 含量为 3% 的合金。图 3.23 给出了 WC 合金的力学性质与 Co 含量的关系。

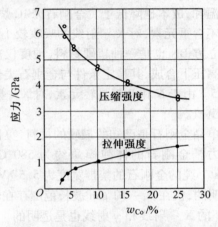

图 3.23 WC 硬质合金的力学性质与 Co 含量的关系[8]

从图 3.23 中可以看出,当 Co 的含量从 25% 降低到 3% 时,WC 合金的压缩屈服强度由 3.5 GPa 增加到 6 GPa,而拉伸强度却由 1.5 GPa 降为 0.4 GPa。目前 WC 的压缩强度可达 7 GPa,晶粒的大小约为 5 μm。当 Co 含量在 6% 以上时,WC 的压缩强度与 Co 含量的关系可近似用下述公式来描述

$$Y_0 = a/\sqrt{n} + b \tag{3.3.1}$$

式中,n 为 WC 中 Co 的体积分数;a 和 b 为常数。

WC 有两个优点,第一是弹性形变比较小,可应用于压力较高的高压装置;第二就是耐高温,500 ℃ 以下,WC 的硬度几乎不变,500 ℃ 以上才有明显的变化,在 1 000 ~ 1 100 ℃,WC 仍然有可观的硬度,这是高强度钢所无法比拟的。现代的大体积高压装置,大部分都采用 WC 材料作为高压部件。目前报道的利用 WC 压砧产生的最高压力为 41 GPa,若要产生更高的压力,需要使用硬度更高的材料。

烧结多晶金刚石是一种复合材料,它的制备和 WC 合金类似:利用 Co 作为烧结助剂,将多晶金刚石烧结在一块。由于 Co 的存在,烧结金刚石的密度大于单晶金刚石,体弹模

量为 410 GPa,仅次于单晶金刚石。烧结金刚石的努氏硬度约为 5 000 kg/mm²,远大于 WC(2 400 kg/mm²)。烧结金刚石的压缩屈服强度大于 12 GPa,约为 WC 的两倍。Co 含量对烧结金刚石强度的影响规律与 WC 类似,低的 Co 含量对应于高的压缩屈服强度。晶粒大小对烧结金刚石的强度也有影响,晶粒尺寸在 10 μm 以下的烧结体强度明显高于大晶粒的材料。 这种材料的烧结条件控制在金刚石稳定存在的区域,如 4.5 GPa、1 500 ℃。 由于硬度大,烧结金刚石难于加工,制造这种材料的价格偏高。目前,14 mm 和 20 mm 的烧结金刚石立方块已经成为商品。

另一种烧结金刚石是以 SiC 作为烧结助剂,利用热等静压方法制备的。合成压力为 0.2 GPa,合成温度为 1 450 ℃,反应时间为 30 min。和金刚石/Co 烧结体相比,合成条件更为温和,成本也降低了。金刚石/SiC 烧结体的强度比金刚石/Co 材料略低,但由于材料中不含重元素,对 X - 射线的吸收较小,可用作高压下的原位 X - 射线测量的窗口。

立方 BN 也是一种超硬材料,硬度仅次于金刚石,可用作高压装置的压砧。立方 BN 可在高压下合成,其稳定条件与金刚石类似。立方 BN 的体弹模量为 400 GPa,莫氏硬度为 9.5。由于 N 和 B 都是轻元素,对 X - 射线的吸收非常弱,立方氮化硼也可用作 X - 射线的窗口。

单晶金刚石是已知的最硬的材料,莫氏硬度为 10。如果用它来做压砧,可达到最高的压力。 金刚石的体弹模量约为 580 GPa,压缩屈服强度约为 20 GPa,拉伸强度为 3 GPa。 纯的金刚石的禁带宽度为 5.5 eV,吸收边处在紫外波段,对能量小于这个值的光是透明的,仅在 4 ~ 10 μm 波长范围存在弱的两声子和三声子吸收。金刚石对能量高于 5 keV 的 X - 射线和 γ 射线也是透明的。

自然界中,纯的金刚石非常少见,通常含有一些杂质。按照光学性质的不同,金刚石分为 Ⅰ 型和 Ⅱ 型。Ⅰ 型金刚石的含氮量比较高,约为 0.01% ~ 0.25%,呈淡黄色。如果氮杂质以替代原子即 P1 心的形式存在,称为 Ib 型金刚石;如果以近邻 N - N 配对即 A 心的形式存在,称为 Ia 型金刚石;如果氮原子环绕一个空位形成凝聚体即 B 心,称为 IaB 型金刚石。IaB 型金刚石中可能存在纳米到微米尺度的氮原子片状聚集体缺陷。氮杂质含量很低的金刚石为 Ⅱ 型,其中纯的金刚石为 Ⅱa 型,呈无色透明状;含硼杂质和少量氮杂质的金刚石呈蓝色,为 Ⅱb 型。所有类型的杂质都可在红外光谱上看到,图 3.24 给出了一些杂质的吸收光谱,图中纵轴 α 代表吸收系数,横轴为波长。

金刚石不仅硬度高,而且对很大波长范围的电磁波(光)是透明的,这就使高压下的

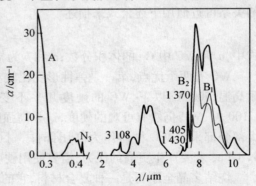

图 3.24　含不同杂质金刚石的红外吸收光谱[5]

原位探测成为可能,尤其是光学探测,因此金刚石压机成为当前最流行的高压装置。利用金刚石压机,可以实现高压下压力的原位标定、吸收和发射光谱、非弹性光学散射、材料结构测定、激光加热等多种实验。金刚石单晶的尺寸非常小,利用金刚石压砧形成的高压腔体也比较小,使得许多实验操作需要在显微镜下进行,不够方便。和大腔体高压装置比较起来,金刚石压机在材料合成方面存在明显的缺点。

除金刚石以外,能用作压砧的透明材料有很多,如碳硅石、蓝宝石、立方氧化锆等。碳硅石的体弹模量为 267 ~ 335 GPa,莫氏硬度为 9.25,对波长大于 425 nm 的光透明。蓝宝石的体弹模量为 255 GPa,莫氏硬度为 9,对波长小于 5.5 μm 的光透明。15% Y_2O_3 稳定的 ZrO_2 的莫氏硬度为 8.5,对波长小于 6.9 μm 的光透明。

这些透明压砧虽然比金刚石压砧产生的压力低,但是它们的价格要远远低于金刚石,且可以得到更大的晶体,使高压装置的腔体更大。金刚石在空气中 740 ℃ 以上氧化,高温应用受到限制,而以上三种材料空气中的热稳定温度均在 1 700 ℃ 以上,显示了突出的优势。在金刚石不透明的波段,可选用这几种材料替代金刚石完成实验。

热导是压砧材料的一个非常重要的物理性质,因为高压合成实验经常需要高温条件,某些实验要求在 1 000 ℃ 以上的温度长时间稳定。为了避免温度过高引起压砧的力学性能的退化,压砧材料需要具有高的热导率。

一些常用的高压材料的力学、热学和电学性质列在表 3.1 中。

表 3.1 高压装置用材料的物理性质[5,9,13~15]

材料	密度 /g·cm^{-3}	硬度	体弹模量 /GPa	热导率 /W·cm^{-1}·℃$^{-1}$	电阻率 /W·cm
叶腊石	2.7	1 ~ 3(莫氏)	78	0.08	10^4
NaCl	2.18	2(莫氏)	23	0.13	10^4
工具钢	7.8	200 ~ 500(布氏)	172	0.42	1.1×10^{-5}
WC – 6% Co	14.9	2 400(努氏)	385	0.80	2×10^{-5}
Al_2O_3 烧结体	3.9	2 100(努氏)	263	0.29	10^4
立方氮化硼	3.45	9.5(莫氏)	400	2.02	10^4
单晶金刚石	3.52	10(莫氏)	580	19.74	10^4
碳硅石	3.22	9.25(莫氏)	267 ~ 335	1.4 ~ 5.0	10^2 ~ 10^6
蓝宝石	3.97	9(莫氏)	255	0.35	$> 10^{14}$
ZrO_2 – 15% Y_2O_3	5.6	8.5(莫氏)	—	0.02	—

压砧材料最重要的性质就是力学性能，为了达到高的压力，必须使用高强度、高硬度的材料。材料的强度和硬度是内部原子结合性质的表现，依赖于化学键的键合能量和空间分布。最硬的材料内的原子应以共价键结合，键能高，而且共价键在空间上均匀分布。图 3.25 中示出了几种材料单位体积内的键能和莫－吴氏硬度的关系。很显然，键能高的物质具有更大的硬度，如金刚石的键能最大，硬度也最高。

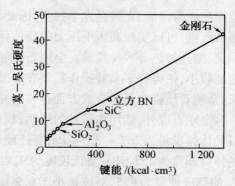

图 3.25　材料硬度与键能的关系[9]

化学键的空间分布也影响材料的强度和硬度，金刚石和石墨就是很好的例子。碳原子的外层电子组态为 $2s^2p^2$，在结合成固体时，会采取不同的杂化方式。对于金刚石，碳原子发生 sp^3 杂化，与周围的四个近邻组成正四面体，共价键在空间均匀分布，两个共价键之间的夹角为 $109°28'$。金刚石的键能非常大，因而具有非常高的强度。石墨中的碳原子发生 sp^2 杂化，与三个近邻形成正三角形，共价键分布在一个平面内，而垂直于此平面的方向以范德瓦尔斯键相结合。由于键分布的不对称性，石墨具有层状结构，层内的键合非常强，但由于层之间的键合太弱，造成石墨的强度差、硬度低。

作为压砧，要承受很大的压力，处于形变状态，因此压砧材料在高压下的力学行为是一个重要的参数。图 3.26 中画出的是几种材料在压力下的体积变化曲线。这些曲线是根据实验数据和 Grover 压缩率关系

$$\kappa / \kappa_0 = e^{4\Delta V/V_0}$$

得到的。式中，κ 和 κ_0 分别是高压和零压下的压缩率；V 和 V_0 为高压和零压下材料的体积；$\Delta V = V - V_0$。压缩率与体应变之间的关系为

$$\kappa = - d(\Delta V/V_0)/dp$$

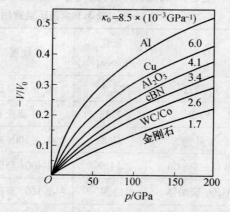

图 3.26　几种材料在高压下的体应变[9]

图 3.26 中曲线上任意一点的斜率即为该点的压缩率。可以看出，材料的压缩率并不是一个常数，而是压力的函数。一般来说，随着压力的增加，材料的压缩率减小，即高压下材料不容易被压缩。通过图 3.26 可以得到压缩率随压力的变化曲线，图 3.27 中给出了几种材料的结果。

在所有材料中，金刚石的压缩率最低，是最难压缩的材料。当压力在 100 GPa 以上时，所有材料都难于压缩，但仍可看出不同材料之间的差异。如在 200 GPa 压力作用下，

叶腊石比金刚石容易压缩 70%,而在常压下,叶腊石比金刚石容易压缩 700%。

对于某些实验过程,如材料合成,压砧材料需要同时承受高压和高温条件,这就要求压砧材料的性质在高压高温条件下长时间保持稳定,因此高温条件下压砧材料性质的稳定性也是衡量压砧材料性能的一个重要指标。图 3.28 给出了几种压砧材料在高温下的显微硬度。可以看出,在 800 ℃ 以下,金刚石的显微硬度要远远高于其他材料。

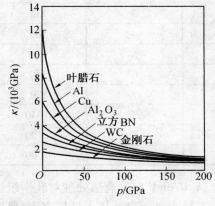

图 3.27 几种材料压缩率和压力的关系[9]   图 3.28 高温下压砧材料的显微硬度[9]

附录 材料的硬度[16]

具有一定形状和尺寸的物体压在材料表面,材料局部表现出的抵抗压入的能力称为硬度。硬度是比较各种材料机械性能的指标。利用不同的测试方法,可给出不同的硬度标准。比较常用的硬度有莫氏硬度、布氏硬度、努氏硬度等。

早在 1822 年,Friedrich Mohs 提出用 10 种矿物作为标准来衡量材料的软硬程度,这就是莫氏硬度。表 3.2 给出了莫氏硬度中规定的 10 种矿物及其对应的硬度。

在莫氏硬度的 9 和 10 之间,存在大量的材料,它们的硬度表现出极大的差别,因此莫氏硬度对这部分材料的描述不够细致。C. E. Wooddell 在 1935 年提出了另一种方法来描述材料硬度。他将待测的材料和一些已知硬度的试样嵌在树脂中,把这些试样研磨到相同的程度以后,再在一定的标准条件下,在砂轮上磨两分钟左右,量度每一个试样上材料的损耗量,并决定这些损耗的比值。他把石英和刚玉的硬度定为 7 和 9,作为标准,利用线性关系定出未知材料的硬度。利用这种办法得到的金刚石的硬度为 42.5,立方氮化硼的硬度为 19。对于莫氏硬度小于 9 的材料,其硬度和莫氏硬度一致。可见,Wooddell 的方法是对莫氏硬度的一个扩展,称为莫 – 吴氏硬度。

表 3.2　矿物的硬度

材料	分子式	莫氏硬度 （Mohs）	莫－吴氏硬度 （Mohs-Wooddell）	努氏硬度 （Knoop）
滑石	$Mg_3Si_4O_{10} \cdot (OH)_2$	1	1	—
岩盐	$NaCl$	2	2	32
方解石	$CaCO_3$	3	3	135
萤石	CaF_2	4	4	163
磷灰石	$Ca_5F(PO_4)_3$	5	5	430
长石	$KAlSi_3O_8$	6	6	560
石英	SiO_2	7	7	820
黄玉	$Al_2(FOH)_2 \cdot SiO_4$	8	8	1 340
刚玉	Al_2O_3	9	9	2 100
金刚石	C	10	42.5	7 000

　　布氏硬度是在 1899～1900 年由瑞典工程师 J. A. Brinell 在研究热处理对轧钢组织影响时提出来的。这种方法是在规定的载荷 F 下，将直径为 D 的钢球压入试样表面，保持一定时间，然后去除载荷。测量钢球在试样表面上压痕的直径 d，并计算出压痕面积 A，把单位面积上所承受的平均压力 $HB = F/A$ 表示为布氏硬度，单位为 kg/mm^2。如图 3.29 为压痕试验的几何配置图，根据图中尺寸，可知压痕面积 $A = \pi Dt$，其中

$$t = D/2 - OB = (D - \sqrt{D^2 - d^2})/2$$

因此布氏硬度

$$HB = 2F / [\pi D(D - \sqrt{D^2 - d^2})]$$

　　由于压痕较大，因而硬度值受试样组织微偏析及成分微观不均匀的影响较小，试验结果的重复性好，能比较客观地反映出材料的宏观硬度，因而布氏试验法成为最常用的几种硬度试验方法之一。

　　努氏硬度的定义与布氏硬度类似，都是单位压痕面积上的力。在载荷作用下将

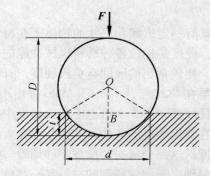

图 3.29　布氏硬度的试验原理图

172°30′ 的金刚石四棱锥压入被测试样显微组织中某个小的区域，保持一定时间，在卸除载荷后，测量压痕对角线的长度并计算出压痕面积，进而得到材料的努氏硬度。单位为 kg/mm^2。由于所用载荷较小，在 1 kgf 以下，产生的压痕也较浅，需要在显微镜下计算压痕面积，因此努氏硬度是一种显微硬度。表 3.2 也给出了一些矿物的努氏硬度。

莫氏硬度和莫 – 吴氏硬度给出的都是相对值,而布氏硬度和努氏给出的是绝对值,可直接用来衡量材料的力学性能。

参考文献

[1] 刘鸿文. 材料力学(Ⅰ)[M]. 四版. 北京:高等教育出版社,2004.

[2] 王龙甫. 弹性理论[M]. 北京:科学出版社,1979.

[3] JOHNSON K J. 接触力学[M]. 徐秉业,等译. 北京:高等教育出版社,1992.

[4] 冯端. 固体物理学大辞典[M]. 北京:高等教育出版社,1995.

[5] EREMETS M I. High Pressure Experimental Methods[M]. New York:Oxford University Press,1996.

[6] 吉林大学固体物理教研室高压合成组. 人造金刚石[M]. 北京:科学出版社,1975.

[7] 伊恩 L 斯佩恩,杰克 波韦. 高压技术(第一卷),设备设计、材料及其特性[M]. 陈国理,等译. 北京:化学工业出版社,1987.

[8] ITO E. Theory and Practice:Multianvil Cells and High-Pressure Experimental methods. In: G. D. Price,G. Schubert ed. Treatises on Geophysics[M]. Vol 2. Amsterdam:Elsevier B. V. ,2007:197-230.

[9] BUNDY F P. Ultra-high pressure apparatus[J]. Physics Reports,1988(167):133-176.

[10] 齐克利斯 Д C. 高压和超高压物理-化学研究技术[M]. 北京:科学出版社,1983.

[11] ZHAI S M,ITO E. Recent advances of high-pressure generation in a multianvil apparatus using sintered diamond anvils[J]. Geoscience Frontiers,2011(2):101-106.

[12] 李植华,郭永存,卢飞雄. 金刚石制造[M]. 北京:机械工业出版社,1983.

[13] XU J A,MAO H K,HEMLEY R J. The gem anvil cell:high-pressure behaviour of diamond and related materials[J]. Journal of Physics:Condensed Matter,2002(14):11549-11552.

[14] PLENDL J N,GIELISSE P J. Hardness of Nonmetallic Solids on an Atomic Basis[J]. Physical Review,1962(125):828-832.

[15] SUNG C M,SUNG M. Carbon nitride and other speculative superhard materials[J]. Materials Chemistry and Physics,1996(43):1-18.

[16] 韩德伟. 金属的硬度及其试验方法[M]. 长沙:湖南科学技术出版社,1983.

第4章 高压设备

研究物质在高压下的性质时,需将物质置于高压腔体中,这就要用到高压设备。对于科学研究工作来说,高压腔体的体积不能太小,内部的压力梯度不能过大,最好能产生静水压。高压设备主要有活塞-圆筒装置、Bridgman 压机、压砧-圆筒装置、多压砧装置和金刚石对顶砧装置(DAC)等。这些设备中必须包含能够移动的部件以压缩其中的物质产生高压,而且和高压腔体中物质接触的部分要具有比这种物质高的硬度。各种高压设备产生高压的方式不同,所能达到的极限工作压力也不一样。

高压设备的相关部件,如活塞、圆筒和压砧并不是直接和被研究样品接触的,否则样品将处于极不均匀的压力作用下。使用传压介质可以解决这个问题。样品的尺寸远远小于传压介质,被夹在传压介质中间,其局部的压力相对均匀。

为了保持压力的均匀性和有效地提高设备的使用压力,正确选择具有一定机械性能的密封材料是非常重要的。密封材料在受压缩时,在保持半流动状态下产生变形。在压砧系统中,密封材料发生流动后可有效地提供对压砧的侧向支撑,从而提高其工作压力。

高压设备工作时,活塞、压砧等部件要承受很大的作用力,一般使用一个特殊设计的框架来提供支撑。除了金刚石对顶砧装置以外,一个完整的高压设备还包括压缩泵、阀门、管道等部件。

4.1 活塞-圆筒装置[1~5]

早期的高压设备多为活塞—圆筒装置,如图 4.1 所示。圆筒可以是单一圆筒、组合圆筒或自紧圆筒。为了达到高的使用压力,内筒应使用弹性模量高的材料,如 WC 硬质合金,并且采用径向和轴向支撑。活塞为圆柱形,一般用高强度钢或 WC 材料制成。

活塞和圆筒之间存在一定间隙,在高压工作状态下内部的样品容易被挤出,需要对高压腔进行密封。图 4.2 中为 Bridgman 密封和 O 型环密封的示意图。在 Bridgman 密封中,密封垫和 T 型头上的作用力是相等的,但由于密封垫的横截面积小于 T 型头,其压力高于 T 型头,而 T 型头的压力就是样品的压力,因此样品被更高的压力密封在里面,不会发生渗漏现象。在常温和 3 GPa 以下,密封垫由两个钢环或铜环和夹在中间的一薄层橡胶组成。高温下,橡胶要用钢或铅替代。

O 型环密封相对简单。如图 4.2(b)所示,在活塞的前端有几个凹槽,用橡胶或尼龙等材料镶在里面,而达到密封的目的。

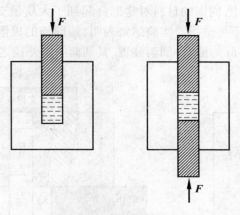

图 4.1　活塞-圆筒装置

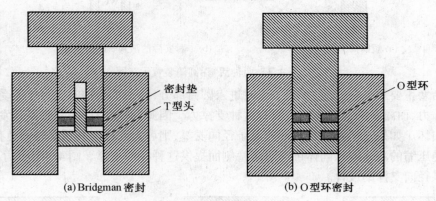

(a) Bridgman 密封　　　　　　　　　　(b) O 型环密封

图 4.2　两种密封的示意图[3]

　　活塞-圆筒装置的极限压力是由构成的材料和具体设计决定的。一般比较硬的钢的压缩屈服强度为 2 GPa，350 超高强度钢的屈服强度为 2.8 GPa，是已知最硬的钢。WC 合金是高压设备中常用的材料，其压缩屈服强度约为 5 GPa。无预应力的圆筒的极限工作压力就是压缩屈服强度，使用组合圆筒或自紧圆筒可以提高其使用压力。350 钢比较脆，当圆筒的工作压力达到 2.8 GPa 时，会出现很多纵向裂纹。一般情况下，应用硬度稍低但具有一定塑性的钢来制造圆筒，可达到的压力约为 3 ~ 3.5 GPa。利用 WC 材料可得到 3 GPa 以上的压力，但这种材料的拉伸强度极差，因此经常用作组合圆筒的内筒，利用钢制外筒对其施加接近压缩屈服强度的预应力。在加压过程中，要保证 WC 材料工作在压缩状态下，而不能处于张应力作用下。WC 材料不能用来做自紧处理，因为自紧圆筒内壁通常要有 0.2% ~ 2.5% 的塑性变形。活塞的屈服也是限制活塞-圆筒装置极限压力的一个因素，利用 WC 材料，其使用压力可达 5 GPa。

　　提高活塞-圆筒装置极限压力的另一个方法是使用短圆筒，如图 4.3(a) 所示。高压区附近的材料应力很集中,周围的材料对这部分起到了大质量支撑的作用。长圆筒情况下的计算结果对短圆筒不再适用。实验结果表明,短圆筒的极限工作压力约为长圆筒的二倍。图 4.3(b)为一实际的活塞-圆筒装置,其圆筒的内外径之比约为 1∶10。

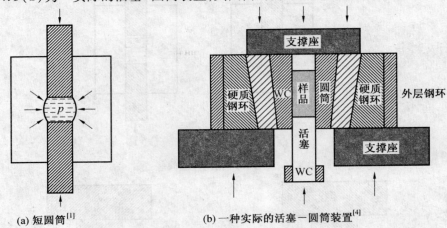

(a) 短圆筒[1]　　　　　　　　　(b) 一种实际的活塞—圆筒装置[4]

图 4.3　两种活塞-圆筒装置示意图

　　活塞主要承受轴向应力,它工作时进入圆筒部分,除了承受轴向压力外还受圆筒的径向支撑力,而露在圆筒外的部分没有这种支撑力。因此,活塞的径向膨胀使其发生剪切形变而损坏。如果对活塞的这一部分给予径向支撑,则可大大提高其承受轴向负荷的能力。利用受压缩的液体或软固体可以对活塞侧面提供这种径向支撑。图 4.4 给出了几种对活塞提供径向支撑的设计。

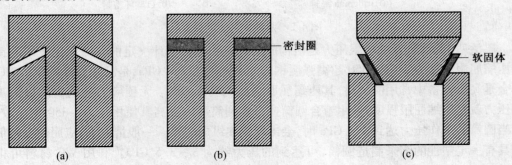

(a)　　　　　　　　(b)　　　　　　　　(c)

图 4.4　活塞的几种径向支撑设计

　　强化活塞强度的另一种方法是逐次加压法。为了给活塞露在外面的部分提供侧面支撑,将第一级活塞-圆筒装置的圆筒内放进第二级活塞-圆筒装置,而在第二级的圆筒内放进第三极活塞-圆筒装置,等等。当依次加压后在最里面的圆筒内产生很高的压力,其特点是对活塞和圆筒同时提供很高的支撑压力。但是这种方法中每增加一级,高压腔体积就会缩小很多,实际应用上受到限制。Bridgman 首先采用了二级活塞-圆筒装置,产生了高达 10 GPa 的压力。

活塞-圆筒装置可提供较大的高压腔,但产生的压力相对较低。通过施加的力和活塞的面积可精确地确定压力。在活塞-圆筒装置中可方便地引入加热部件,并实现精确的温度控制。目前活塞-圆筒装置广泛地用于 5 GPa 以下的样品合成、材料物理化学性质研究,也可为更高压力下的进一步实验进行前期预压工作。

4.2 Bridgman 压机[2,3]

根据大质量支撑原理,压砧可以承受比自身材料屈服强度高得多的压力。而单级活塞-圆筒装置缺乏支撑,产生的压力有限。1952 年,Bridgman 设计了一种压力机,是由两个相对放置的圆锥形压砧组成。压缩其间的物质可以产生高压。其原理如图 4.5 所示。

压砧一般是由高强度材料构成,如 WC、烧结金刚石等。砧面的面积和底面面积比约为 1:10(为清楚起见,图 4.5 放大了砧面的尺寸)。当压砧在工作时,砧面上的应力被均匀分散到底面上,使其能承受很大的压力。外力是沿着压砧的轴向施加的,因此压砧在轴向被压缩,而径向发生膨胀,处于拉伸状态。由于 WC 等材料的拉伸性能比较差,在高压下会发生屈服,表现为压砧上出现裂纹。为了避免这种情形的发生,可对压砧的径向施加预应力,使压砧在不工作时处于压缩状态。在工作时,压砧内的应力首先需要抵消这部分预应力,然后才能对压砧造成破坏。具体的做法和组合圆筒类似,将压砧和外层的钢套进行过盈配合,过盈量约为 1%,压砧和外套均具有一定的锥度,如图 4.6 所示。

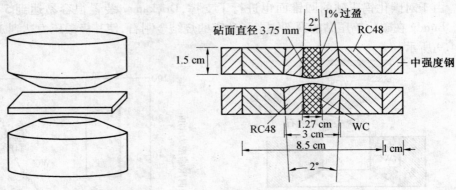

图 4.5 Bridgman 压机 　　　　图 4.6 预应力 Bridgman 压砧[3]

实验证明,有预应力的压砧,可以承受更高的压力,图 4.7 为铜、钢、硬质合金和具有预应力的硬质合金的大质量支撑增强系数。利用这种压砧,Bridgman 装置的工作压力很容易就超过 10 GPa。例如,半锥角为 80°、具有预应力的硬质合金压砧的增强系数为 3.5

左右,WC 的压缩屈服强度约为 5 GPa,因此设备的极限工作压力可达 17.5 GPa。

如果在两个压砧之间放入一薄片电阻加热器,那么可以在高压下同时产生高温,使高压和高温条件下的研究工作成为可能。

这种装置的主要缺点是高压腔体比较小,样品比较薄。另外对样品进行加热时,压砧不可避免地受到损伤,从而耐压会降低。但是这种装置结构简单,易于操作,对于从事基础科学研究的人员来说仍具有吸引力。

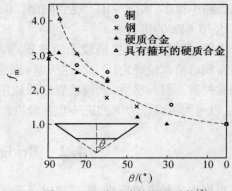

图 4.7　几种压砧的增强系数[3]

4.3　压砧-圆筒装置[4,5]

Bridgman 装置产生的压力较高,但样品为薄片状;活塞-圆筒装置的高压腔体较大,压力也较为均匀,但产生压力有限。如果将两者的优点结合起来,则可以得到更适合于实际应用的高压装置。

4.3.1　Drickamar 装置

1962 年,Drickamar 和 Balchan 利用叶腊石对 Bridgman 装置压砧的侧面进行了支撑,进一步提高了其使用压力。这种装置被称为 Drickamar 装置,如图 4.8 所示,主要用在室温或低温下的电阻测试等方面。

由于对碳化钨压砧的圆锥面也进行了支撑,Drickamar 装置很容易达到 5 GPa 的压力。Bundy 在碳化钨压砧的顶部镶上了致密的烧结金刚石,使其极限压力达到 30 GPa,如图 4.9 所示。

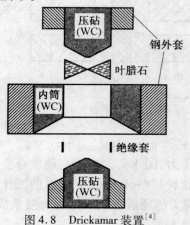

图 4.8　Drickamar 装置[4]

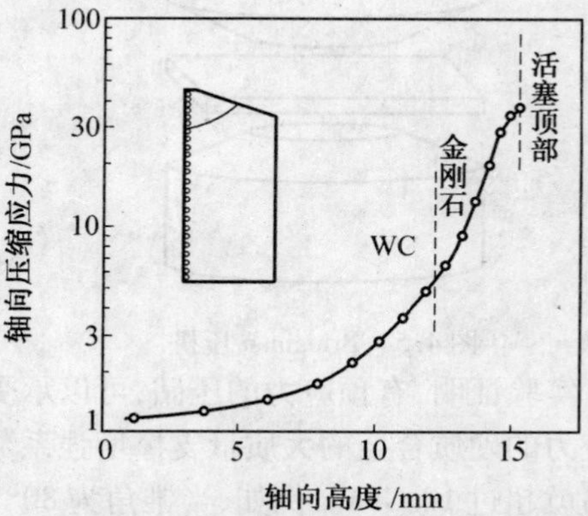

图 4.9　压砧中轴线上的单轴压缩应力[5]

4.3.2　Belt 装置

另一种对压砧锥面进行侧向支撑的装置是 1960 年由 Hall 提出的，即 Belt 装置，图4.10画出了它的示意图。样品放在一个多层组合圆筒内，这组圆筒又称为"Belt"。两个锥形活塞在单轴外力的作用下对样品压缩以产生高压。活塞外面紧箍着具有预应力的钢环，对其产生侧向支撑。包围样品的是传压介质，再外面是密封材料，一般是叶腊石和金属构成的多层结构，可防止内部材料的挤出，同时提供对活塞锥面的侧向支撑。密封材料使压力的分布更加均匀，有效地保护了活塞和外部圆筒。由图可见，大质量支撑原理对活塞和多层圆筒都适用，使其能承受很高的压力。

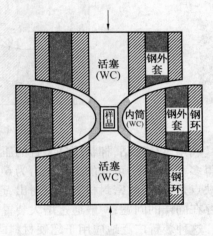

图 4.10　Belt 装置[4]

Belt 装置可产生 10 GPa 以上的压力。由于高压腔体体积比较大，且可方便地引入高温，使之广泛用于工业领域，如金刚石、立方 BN 的合成等。报道的 Belt 装置最高使用压力为 16 GPa，可靠的使用压力为 8 GPa 左右。日本无机材料研究所的 3 万吨压机，就是 Belt 装置，高压腔体的体积达 1 000 cm³。

4.4　变形的 Bridgman 压机[1]

为了克服 Bridgman 压机高压腔体小的缺点，可以用杯状压砧或环状压砧来替代平砧面压砧，这个想法来源于实践经验。Bridgman 压机中，高压实验后压砧表面中心会产生塑性变形，随后压砧在稍低的压力下仍然可正常工作。因此，人们有意地将压砧的中心挖去一块，可增大高压腔的容积，而高压装置的使用压力又不至于有大的降低。变形的 Bridgman压机主要有杯状压砧装置（Cupped anvils cell）和环形压砧装置（Toroidal cell）两种，高压腔体的体积可达 100 cm³。

4.4.1　杯状压砧装置

杯状压砧装置是由俄罗斯高压研究所的 Ivanov 和 Vereshchagin 等人在 1960 年设计的，其结构如图 4.11 所示。压砧上凹槽的深度和宽度需要特殊考虑，如果凹槽的边缘太高，则导致在压缩过程中两个压砧接触，将限制压力的进一步提高；如果凹槽的边缘太低，那么高压腔体的体积就会缩小。因此必须根据实际的需要来设计相应的压砧。

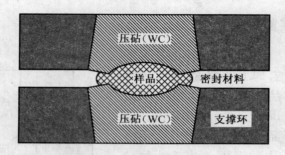

图 4.11　杯状压砧装置

　　利用 WC 压砧,杯状压砧装置的压力可高到 8 GPa,而高压腔体积要比 Bridgman 压砧大得多。室温下,可靠的工作压力为 6 GPa,高温下为 4.5～5.5 GPa。这种高压装置的主要缺点是,卸压时密封材料容易射出,造成危险,因此卸压时要求缓慢操作。在加热实验中存在同样的问题,一般通过增大装置的载荷来加以避免。

　　这种装置广泛地应用于超硬材料的合成,需要的压力为 4～5 GPa。其较大的腔体为高压(5～8 GPa)下材料的物理性质研究提供了方便条件。

4.4.2　环状压砧装置

　　环状压砧装置是由 Khvostantsev 等人在 1977 年设计的,它保留了 Bridgman 压机的优点,但具有大的高压腔体,如图 4.12 所示。和杯状压砧不同的是,环状压砧除了中央的高压腔外,在外边还有一个环形的凹槽,这种装置的工作压力要高于杯状压砧装置,而且压力更加稳定,但需要更大的载荷。

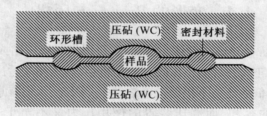

图 4.12　环状压砧装置

　　利用 WC 压砧,这种装置的压力极限为 14 GPa。高压腔体积为 0.3 cm³ 的装置在 11 GPa、1 800～2 000 ℃ 条件下可稳定工作几天;高压腔体积为 0.8 cm³ 的装置,其压力和温度分别达到 9.5 GPa 和 1 800 ℃。环状压砧装置的最大高压腔体积为 200 cm³,压力为 8 GPa。

　　前苏联的许多实验室都利用这种装置合成金刚石、立方 BN 等超硬材料。这种装置的应用范围是多方面的,可用于压缩率、电阻、热电势、X－射线衍射、中子衍射、低温超导电性等方面的研究。

　　这种装置有许多改进的类型,但主要技术参数没变,改变的只是高压腔体外的环形凹槽。环形凹槽对这种装置起到了非常重要的作用。

　　(1)对压砧中间的密封材料起到了有效地支撑作用,使密封材料不至于被过分挤出,在加压过程中密封材料也不会变形太大。因此在这种装置中可以方便地引入导线做不同的测试。加压后,环状压砧装置的密封材料的典型厚度为 1~2 mm,而杯状压砧装置中密封材料的厚度只有 0.2~0.3 mm。

　　(2)环形凹槽增大了压砧与密封材料的摩擦力,使压砧的应力分布更平缓。

　　(3)环形凹槽可看做是密封材料的储存器,减小了压力梯度。这一点在降压时尤为重要,可有效地防止杯状压砧装置中密封材料喷出的问题。

4.5　多压砧装置[2~4,6]

4.5.1　多压砧装置的特点

　　多压砧装置是在 20 世纪五六十年代发展起来的。这种装置中的所有压砧具有相同的形状和几何尺寸,合在一起构成正多面体状的高压腔体。砧面可以是正三角形、正方形和正五边形,最简单的正多面体是正四面体,所以压砧的数量应在 4 以上。

　　Bridgman 压机和 Drickamer 装置的高压腔体几乎是二维的,得到的是片状样品。多压砧装置的高压腔体明显大于前面两种装置。应用固态传压介质时,两压砧装置高压腔体内的压力分布很不均匀。多压砧装置是从多个等价方向同时加压,静水压条件得到很大改善。图 4.13 中给出的是正四、六、八、十二和二十面体形状的高压腔体。

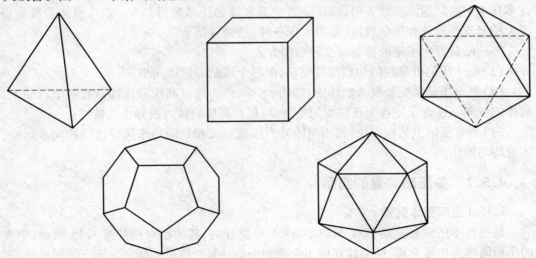

图 4.13　正多面体

压砧的形状为截角金字塔形(图 3.15),砧面面积最小,其余部分对砧面起到了大质量支撑的作用。多压砧装置在工作过程中,各个砧面被外力同步挤向正多面体形状的传压介质,产生高压。如图 4.14 所示,相邻的压砧之间是密封材料,它们的摩擦力平衡了作用在砧面上的压力。密封材料紧紧地附着在压砧上,使压砧的锥面处于压应力作用下,受到了侧向保护,可产生非常高的压力。使用同样的材料,如 WC,多压砧装置可产生比活塞-圆筒装置和 Belt 装置更高的压力,因为圆筒内壁要承受切向张应力,大的差应力限制了装置所能达到的极限压力,而压砧始终处于压应力作用下,差应力较圆筒小得多。

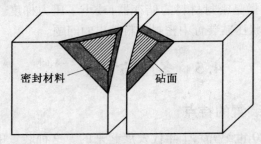

图 4.14　正八面体装置中的压砧和密封材料

常用的多压砧装置中压砧的数目为 4、6 和 8。增加压砧的数目如 12 和 20,显然会使高压腔体内的静水压条件更好,但每个压砧所对应的空间立体角会减小,造成大质量支撑增强系数的降低,压砧的极限工作压力反而降低。20 世纪 60 年代后期,日本大阪大学 Kawai 实验室曾经尝试过正二十面体高压装置的研制,结果造成许多压砧的损坏。另一方面,压砧的数目越多,各个压砧位置的校准、加压移动过程中的同步性就越难实现,带来许多技术上的问题。实践表明,高压装置中最有效的压砧数目是 8。正八面体装置实现了大质量支撑原理和压砧数目(即静水压条件)的最佳结合。

多压砧装置中压砧的移动有三种驱动方式。

(1)每个压砧被单独的加载部件驱动,但各个压砧的运动同步;

(2)整个压砧系统被浸入液体中,如油、水等,外力通过高压液体加载在各个压砧上,液体的各向同性传压使各个压砧均匀受力,以提高高压腔体内的静水压特性;

(3)所有压砧组装在一块,利用单轴外力加载方式和导向块来保证压砧的同步运动,实现均匀加压。

4.5.2　多压砧装置的类型

1. Hall 正四面体装置

第一台多压砧装置是 H. T. Hall 在 1958 年设计的,其加压原理如图 4.15 所示,中央的小四面体为传压介质,样品放在传压介质的中心。每个压砧的砧面为正三角形形状,四个压砧可无缝隙地拼在一起,中央形成正四面体状的高压腔体。装置工作时砧面压缩中

间的传压介质而产生高压。传压介质的边长
略大于砧面的边长,加压时传压介质被挤到
相邻两个压砧之间而对压砧锥面形成侧向保
护,但介质的挤出也限制了装置的极限使用
压力。使用 WC 压砧,Hall 的正四面体装置
所达到的最高压力为 12 GPa。

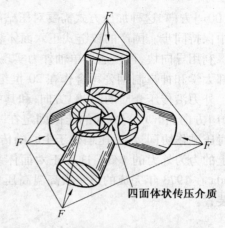

四面体状传压介质

图 4.15　正四面体装置中的压砧配置[3]

正四面体装置在运行过程中,各个压砧
的同步是非常重要的,严格的均匀加压可以
保证装置达到最高的使用压力。这需要在加
压前对压砧进行校正、就位,加压过程中压砧
的同步可以通过导杆来实现。由于导杆的限
制,不同压砧的运动相互制约,对称运动。加
压过程中,压砧之间发生相对滑动,在高压下摩擦力非常大,可能会损坏压砧。一般使用
聚四氟乙烯塑料板垫在压砧之间以减小摩擦力。

正四面体装置在发明初期应用较多,主要用于超硬材料的合成。Hall 曾经将正四面
体装置用于高压下的 X-射线衍射实验。最近的三、四十年,正四面体装置基本不用了,代
之以正六面体和正八面体高压装置。

2. 正六面体装置

将压砧的数目由四个提高到六个,可使
高压腔体内的静水压特性得到改善。六个压
砧是将一个球体均匀分割,并将角磨平得到
的。每个压砧对应的立体角为 $2\pi/3$,砧面为
正方形,形成的高压腔体为一个立方体。六
个压砧分为三组,每组的中轴线两两正交,如
图 4.16 所示。六个压砧在相同的力的作用
下,压缩中心的正六面体传压介质,产生高
压。

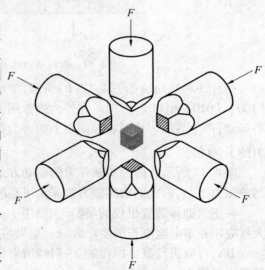

图 4.16　正六面体装置中的压砧配置

最早的正六面体装置是 von Platen 设计
的,六个分割球压砧如图 4.16 那样组装好,
包裹在铜制的外套内,整体浸入液体中,通过
液体将压力均匀地作用在各个压砧上。这种
加压方式的优点在于液体内的静水压,形状、
尺寸相同的压砧在液体内受力相等,可实现同步运动。压砧也可通过三个相互垂直方向
的力分别驱动,如图 4.16 所示。对于立方体的传压介质来说,外力分别沿 [100]、[010]

和[001]方向,这种加压方式需要对压砧的初始位置进行调整,并要求各个压砧在移动过程中保持同步。国产的铰链式正六面体装置就是使用这种驱动方式。

利用导向块,可以通过单轴外力实现六个压砧的同步运动。这种加压方式是由日本京都大学和神户制钢公司合作在20世纪60年代中期开发的,具体装置如图4.17(a)所示。外力沿传压介质的[100]方向,和其中一对压砧的轴线平行。导向块分别沿[110]和[101]方向,和[100]方向的压砧固定在一起。单轴外力推动压砧和导向块运动时,另外两对压砧作协同运动,压缩处于中心的传压介质。外力被平均分配在三对压砧上,每对压砧上的力为外力的1/3。这种正六面体装置称为DIA型装置。值得一提的是,Inoue和Asada在1973年完成的第一次高温高压条件下的原位X-射线衍射实验,使用的就是这种装置。

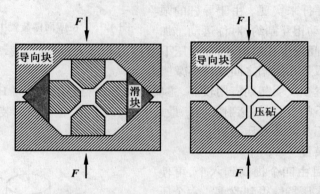

图4.17　两种单轴外力驱动的正六面体装置[2]

另外一种导向块如图4.17(b)所示,单轴外力沿传压介质的[111]方向,导向块沿着[100]、[010]和[001]方向。在外力的作用下,两个导向块相对运动,挤压六个压砧向中心运动,产生高压。作用在导向块上的外力在与之接触的三个压砧上的分力相等,均为外力的$1/\sqrt{3}$倍。

图4.17所示的两种单轴外力的驱动方式,都存在导向块和压砧之间的相对滑动。在高的压力下,它们之间的摩擦力是非常可观的,甚至会造成压砧的损坏。

在正六面体装置出现的早期,主要用于金刚石的合成。国产的铰链式正六面体装置,大量应用在多晶金刚石的生产方面。如果将六个压砧中的一对换成低原子序数材料,如立方BN,可以进行高压原位的X-射线衍射实验,目前许多同步辐射实验站应用的就是这种高压装置。

利用WC压砧,在500吨单轴外力的作用下,正六面体装置产生的压力达到10 GPa,高压腔体的体积为1 cm³。如果利用更硬的烧结金刚石做压砧,压力可高达15~20 GPa。

3. 正八面体装置

正八面体装置是 1966 年由大阪大学的 N. Kawai 设计的,因此又称 Kawai 型装置。压砧的砧面为等边三角形,形成的高压腔体为正八面体。八个压砧是由一个 WC 球体沿三个通过球心、互相垂直的平面均分,然后再将尖角磨平得到的。每个压砧对球心所张的立体角为 $\pi/2$。将压砧重新组合到一块,外部包覆一层橡皮或铜等制成的软球壳,浸在充满油的圆柱型腔体内。在油压的作用下,八个压砧均匀受力,共同挤压球心处的传压介质,产生高压,如图 4.18 所示。这个设计和 von Platen 的正六面体装置非常相似。

分割球状压砧的缺点在于形状复杂、加工起来非常困难,后来正八面体压砧发展成为立方体状,将其中一个角截去,形成正三角形砧面,如图 4.14 所示。比较起来,立方体压砧加工容易,而且八个角是等价的,可根据产生压力的需要,在同一个压砧上加工出不同尺寸的砧面,方便使用。压力越高,高压腔体就越小,相应地需要更小尺寸的砧面。八个立方体压砧组合在一起形成一个更大的立方体,中心是一个正八面体的高压腔体。图 4.19给出了立方体压砧和正八面体传压介质的装配图。

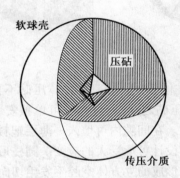

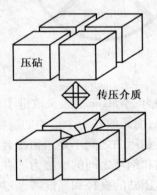

图 4.18　正八面体分割球装置[3]　　　　图 4.19　立方体压砧的装配图[4]

八个压砧组合在一块形成一个大的立方体,正好可以放在一个正六面体装置的中心,外力可通过正六面体压砧传递到正八面体压砧上,产生高压。加压过程中,正八面体压砧互相靠拢,向中心挤压传压介质。同时,正八面体压砧和正六面体压砧之间发生滑动,相应的摩擦力很大,会影响产生的压力,也会损害压砧。一般正八面体装置的立方体压砧用聚四氟乙烯塑料板粘在一块,将它放在正六面体装置中时,塑料板处于两组压砧之间,可有效地降低摩擦力,使传压介质内的静水压条件得到改善。由于外力是通过两组压砧传递到中心的高压腔体,因此这样的装置又称二级增压装置。

正六面体装置的压砧可以加工成分割球形状,整个装置组装好以后,放在软球壳中,外力通过液体加载,如图 4.20(a)所示。这种装置使用大容量高压液体容器,比较危险,而且所能达到的最高压力也受到限制,目前已经被淘汰。另一种加压方式是将正六面体装置六个压砧中的三个分为一组,组合成半球,放在半球形的底座上,另三个组成的半球放在顶部砧座上,图4.20(b)画出了这种加压方式的俯视图。单轴外力是沿着正八面体立方块的[111]方向加载的,大立方体每个面受力为外力的$1/\sqrt{3}$倍。在这种加压方式下,底座和分割球压砧之间的紧密配合是产生高压的重要前提,要求非常高的加工精度。1987年,Ohtani等人对正六面体分割球压砧进行了改进,代之以分割圆柱体压砧,如图4.20(c)所示。压砧的数目仍然是六个,但每三个拼成半个圆柱体,可以方便地镶在圆柱形的砧座上,避免了分割球压砧加工困难的问题。外力仍然是沿立方体[111]方向加载的单轴力。

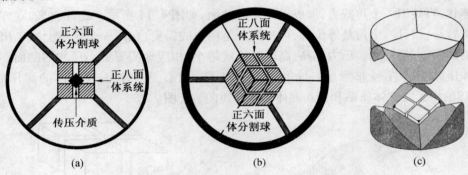

图4.20 二级增压装置[3,4]

1990年,Walker等人又改进了正六面体分割圆柱体装置。分割圆柱体压砧不再固定在砧座上,而是放在一个活动的圆筒形支撑钢环内,压砧之间是自由的,可单独安装和拆卸。钢环和压砧之间不是紧密配合的,具有一定间隙。在间隙内可填入一薄层塑料片,以减小压砧和钢环之间的摩擦力。在外力作用下,这种设计可承受大的应变。圆柱形钢环、正六面体压砧的直径和高度需经过特殊设计,使中间形成的立方体空腔不发生切向变形。

另一种二级增压装置是将正八面体(Kawai型)装置放在DIA型正六面体装置内,采用[100]方向单轴外力的加压驱动方式,这时立方体每个面上的力为外力的1/3。这种装置在同步辐射实验室内应用广泛,因为这种Kawai型和DIA型装置结合的设备有利于X-射线的引入,可实现高压原位的测试。但是,由于八面体压砧与六面体压砧间、以及正六面体压砧与导向块之间的摩擦力,加载的外力会损失10%~20%。而且导向块的滑动并不是连续的,以致内部正八面体装置有发生爆炸的可能。正六面体装置的导向块之间存在摩擦力,使其内部的立方体空腔发生变形。原则上,这些缺点可以通过在三个相互垂直方向上分别加载外力来克服。这种加压方式要求正六面体装置的六个压砧上作用相同的力,而且做同步运动,对控制系统有严格的要求,是多压砧装置未来的发展方向。

多压砧装置中,正八面体装置可产生最高的压力。利用WC压砧,可产生28 GPa的压力,高压腔体的体积为2 mm³。最近,利用新型WC材料,产生的压力高达41 GPa。如果将压砧材料换成烧结金刚石,产生的最高压力已超过 90 GPa。图 4.21 给出了常用的三种压砧材料,即 WC、烧结金刚石和单晶金刚石的努氏硬度及其产生的最大压力。

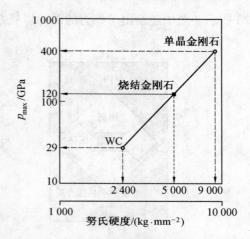

图 4.21　几种压砧材料的努氏硬度和所达到的最高压力[4]

显然,压砧材料的硬度越大,所能达到的最大压力也越高。从图 4.21 中可以看出,烧结金刚石作为压砧可以达到比 WC 高得多的压力。根据图中的线性关系可知,烧结金刚石压砧所能达到的最高压力为 120 GPa,而单晶金刚石压砧所能达到的最高压力为 400 GPa。但受到尺寸的限制,单晶金刚石材料制成的多压砧装置还不够实用。

烧结金刚石是产生高压的首选材料,但有一个缺点,就是容易爆炸。原因是导向块的非均匀形变造成 Kawai 型立方体的不均匀压缩,这可以采用三个方向分别加载外力的方式来解决。如果烧结助剂是 SiC 的话,烧结金刚石可以用于原位的 X-射线衍射实验。烧结立方 BN 材料也可用于同样的目的。

4. 滑动压砧装置

滑动压砧装置中的各个压砧的形状、大小可以不同,组合起来构成一个立方体。图 4.22 给出了一种滑动压砧装置的装配图。

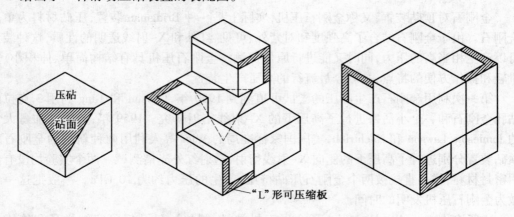

图 4.22　滑动压砧装置[7]

这种装置由两个截角立方体压砧、六个四棱柱和六个"L"形压缩板组成。和前面的几种多压砧装置不同,滑动压砧装置的高压腔体不是正多面体,而是不规则的形状,如图

4.23 所示。图中还给出了外力的两种加载方式。

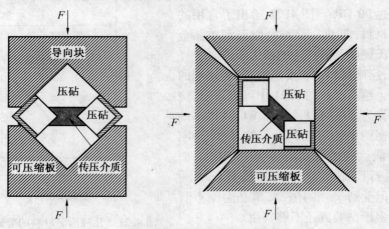

图 4.23   滑动压砧装置的两种驱动方式[3]

在加压过程中,各个压砧之间紧密接触,互相形成了支撑,使压砧的差应力保持较小,提高了装置的使用压力。当两个大压砧相互接近时,与之接触的小压砧向外滑动,互相远离,体积压缩比很大,产生的压力较高。这种装置主要在日本和法国使用,最高压力都已经达到了 18 GPa。

4.6   金刚石对顶砧装置[1,8,9]

金刚石对顶砧装置,又称金刚石压机,实际上是一种 Bridgman 装置,压砧材料为单晶金刚石。由于金刚石结合了高强度和对紫外、可见、红外和 X-射线透明的性质,这种装置可以产生相当高的压力,同时又能进行原位探测。金刚石压机具有结构简单、体积小、重量轻和操作方便的特点,是当今最流行的高压产生装置。

第一次利用金刚石产生高压的尝试可追溯到 1950 年,Lawson 和 Tang 利用 3 克拉的钻孔金刚石和一个小活塞进行了高压下的 X-射线衍射研究。1959 年,美国芝加哥大学的 Jamieson、Lawson 和 Nachtrieb,美国国家标准局的 Wier 等人利用两种新型的金刚石对顶砧装置分别进行了高压下的侧向 X-射线衍射、透射红外光谱测试。两个实验均没有使用密封材料,样品直接被两个金刚石压砧挤压,产生的压力约为 10 GPa。一般把这一年做为金刚石压机发明的时间。

1965 年,von Valkenburg 引入了金属密封材料(封垫),钻孔后可容纳样品和传压介质,降低了高压腔内部的压力梯度。

Basset、Piermarini 和 Block 分别在 1967 年、1975 年,通过调节两个金刚石压砧的同轴、砧面的平行、使用更硬的密封材料,达到了 40 GPa 的压力。

　　1972 年，Forman 等人提出利用红宝石 R_1 荧光峰在压力下的移动来为压力定标，提供了精确、迅速的测压方法。

　　再加上新型传压介质，如 4∶1 甲醇–乙醇混合物、氦等的发现，金刚石压机迅速成为高压研究的重要工具，金刚石压机的出现是高压科学领域的一次技术革命。

4.6.1　金刚石压机的原理

　　金刚石压机的原理非常简单。如图 4.24 所示，两个金刚石压砧的台面相对，在外力的作用下挤压处于中间的密封材料而产生高压。密封材料的小孔内充满液态或固态的传压介质，使处于其中的样品受到静水压或准静水压的作用。

　　图 4.24 为所有金刚石压机的核心部分，实际应用中，金刚石压砧要固定到垫块（diamond seating）上，外力通过金刚石压机的框架加载。在加压之前，两个金刚石压砧的砧面要调节平行，压砧的中轴线要重合，以避免压砧在加压过程中损坏，并保证达到高的压力。根据外力加载方式的不同，人们设计出不同种类的金刚石压机。

　　金刚石压机的简单结构画在图 4.25 中，包括活塞–圆筒、垫块、摇床（rocker）以及图 4.24 给出的金刚石、密封材料。在外力作用下，活塞和圆筒发生相对移动，挤压金刚石压砧，在密封材料中心的孔内产生高压。垫块和摇床的作用是保持两个金刚石压砧的同轴和砧面平行。

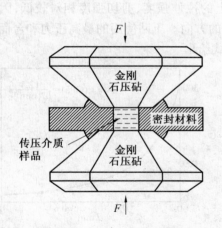

图 4.24　金刚石压机的原理图

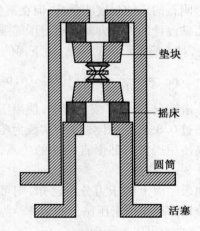

图 4.25　金刚石压机的结构

4.6.2　压砧的选择

　　按 3.3 节中的分类，金刚石有 Ⅰ 型和 Ⅱ 型两种，其中 Ⅰ 型金刚石中氮杂质含量较高，Ⅱb 型金刚石中含硼和少量氮杂质，Ⅱa 型金刚石无色透明，杂质含量最低。按照实验的要求，可选用不同类型的金刚石。如果测量材料在高压下的光学性质，如光学常数，则需要选用Ⅱa型金刚石作为压砧材料,对于其他类型的实验,如高压下的压缩率、晶体结构、电学性质,Ⅰ型金刚石基本能满足需要。

压砧的几何尺寸也是一个重要的指标。根据惯例,金刚石压砧的重量用克拉(carat,1/15 g)来表示,随着重量的增大,价格成倍增加。图4.26 给出了典型的金刚石压砧的形状,砧面直径为 d,底面直径为 D。

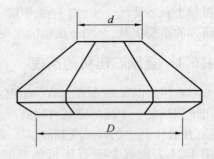

图4.26 金刚石压砧

常用的金刚石压砧的重量约为 1/3 克拉,相应的 D 约为 3 mm。砧面为正八边形或正十六边形,直径 d 根据所要达到的压力来选择。750 μm 直径的台面可以轻易地达到 10 GPa,但达到 20 GPa 有些困难。要达到 30 GPa 的压力,需要选用 500 μm 直径的台面。如果压机在低温下使用,则需要略小的台面直径,因为低温下摩擦力比常温大。

高压下金刚石压砧会产生变形,例如 50 GPa 的压力下,形变可达 20 μm。为了达到更高的压力,如 100 GPa 以上,需要采用图 3.18 所示的斜角压砧。

对于一些特殊的实验,如电阻测量,需要在高压腔内引入导线。在加压过程中,引线处于压砧边缘的部分容易断裂。为了避免这种情况,可将压砧的边缘磨成圆角。

金刚石的压缩强度非常高,但在某些方向上的拉伸强度、剪切强度相对较低,因此金刚石压砧设计的加压方向是沿着压缩强度最高的方向。压砧使用的最高压力和台面直径 d 有关,对于简单形状的压砧,由下面的经验公式给出

$$p_{max} = \frac{12.5}{[d(mm)]^2}(GPa) \quad (4.6.1)$$

一般情况下,为了安全起见,使用压力不应超过 $0.8\, p_{max}$。图 4.27 中实线为压机的最高使用压力与砧面直径 d 的关系,虚线为 $0.8\, p_{max}$ 的值。

如果砧面上的压力分布已知,则可通过积分计算出作用于压砧上的力 F。为了方便,这个力可以表示为

$$F = \beta\pi d^2 p/4 \quad (4.6.2)$$

其中 β 为一常数,根据经验取 0.8 左右。

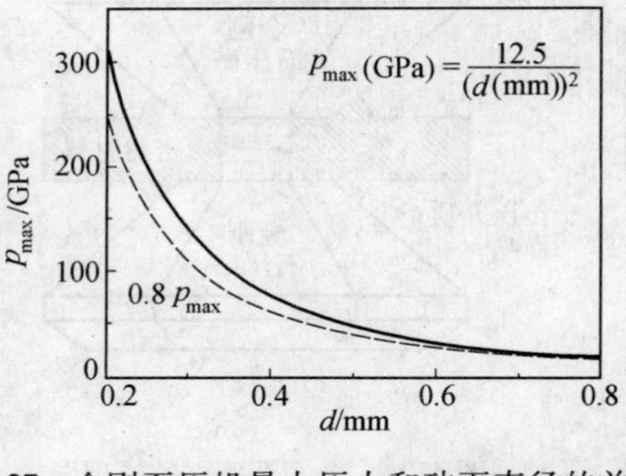

图4.27 金刚石压机最大压力和砧面直径的关系
虚线为安全使用压力

压机内有滑动部件,不可避免地存在摩擦,密封材料的流动也会造成额外的力的损耗,考虑到这些,式(4.6.2)改写为

$$F = \beta\pi d^2 p/4 + F_0 \quad (4.6.3)$$

式中，F_0 为和摩擦等有关的力。

综合式(4.6.1)和(4.6.3)可得

$$F = 12.5 \times 10^3 \beta \pi / 4 + F_0 \qquad (4.6.4)$$

可见，压机所需要的最大力与砧面直径 d 无关，约为 10 kN，即 1 t。因此，使用简单压砧的压机，设计的加载力为 1 t。对于斜角压砧，可达到 100 GPa 以上的压力，需要加载的力为 3 ~ 4 t。

4.6.3　活塞–圆筒

活塞–圆筒的作用是为金刚石压砧提供行程而产生高压。在活塞和圆筒的相对运动中，压砧的准直性不应发生变化，即砧面的平行度和压砧的同轴性应得以保持，这要求活塞的长度和直径的比值要大于 1。为确保活塞和圆筒之间运动的流畅，活塞的直径要略小于圆筒，一般为 10 ~ 15 μm。间隙太大会破坏调节好的准直性，间隙太小会造成加压过程中活塞与圆筒卡在一块。因为外力是通过活塞传递到压砧上的，加压时受力的活塞发生膨胀，与圆筒之间的运动不够顺畅。

活塞和圆筒之间的配合也可在调节金刚石压砧时来估计。当两个金刚石砧面距离足够小时，如果砧面完全平行，在显微镜的视野中不会看到任何条纹。如果砧面偏离平行，将会看到等厚干涉条纹。将活塞向离轴方向移动，如果看到少数几个条纹的移动，那么就认为两者之间的配合较好。由上面的分析可知，加压情况下活塞和圆筒的配合变好。

活塞和圆筒的中心开有孔，用来对高压腔内进行探测，孔的形状一般为锥形。有的压机设计中在活塞上开一个"V"形槽，在圆筒上安装一个螺丝，用于固定活塞的位置，也避免了活塞和圆筒的相对转动。

活塞和圆筒的尺寸根据实际的需要来确定，如需要达到的压力、密封材料导向杆的位置、压砧调节螺丝的位置、尺寸等。

有些压机的设计中，外力的加载和压砧运动的导向是分开的。利用配合良好的活塞圆筒来对压砧的运动导向，而外力则是通过另一个部件加载到压砧上，这样活塞在加压过程中不受力，不会发生膨胀，活塞和圆筒之间的间隙可降低到 10 μm 以下。图 4.28 给出了一个典型的设计，活塞和圆筒部件位于金刚石压砧的外部，只起到导向作用，对压砧施力的部分位于内部，加压时不会影响活塞和圆筒之间的配合。

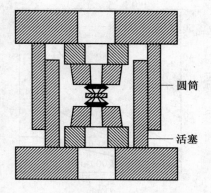

图 4.28　金刚石压机:活塞和圆筒只用于导向

4.6.4　垫块和金刚石的安装

金刚石在工作时受到很大的力,与其底面接触的材料也处于高的应力状态,需要具有高的强度。金刚石一般不直接安装在活塞和圆筒上,而是安装在垫块上。垫块中心开有锥形孔,以便对高压腔内的样品进行测试。孔的直径大于金刚石底面直径的1/3,对特定实验可以开得更大些。孔的直径一定要比金刚石砧面大,在调节金刚石压砧时可看到全貌。垫块上的应力可通过加载的力和与金刚石接触的面积算出。如果金刚石底面直径为3 mm,中心锥形孔的直径为1 mm,加载的力为1 t,那么垫块上的平均应力就是1.6 GPa。常用作垫块的材料有 WC、铍铜、硬质钢、立方 BN、蓝宝石等。

垫块使用的极限压力也限制了金刚石压机的最高压力。图4.29画出了使用不同砧面直径时压机的最高压力与底面直径的关系。图中数字为砧面直径和加载的力,实线代表使用 WC 垫块,虚线代表使用金属垫块的结果。平行于横轴的直线给出了压砧使用的最高压力,曲线部分由式(4.6.1)给出。当压机的参数处于曲线部分时,垫块的强度决定了最高压力;当处于直线部分时,金刚石砧面上的应力决定了最高压力。图4.29只是给出了定性的描述,与实际会有一些差别。

金刚石压砧要固定在垫块上,因此垫块的表面要磨平并抛光,否则将在压砧的局部形成非常大的应力,容易损坏压砧。早期由于加工精度不够,需要在垫块表面镀一层比较软的铝,或垫一层厚约20 μm 的铝箔,来保证压砧和垫块之间的紧密接触,使压砧底面的应力分布更均匀。近年来,随着垫块加工精度的提高,这层铝箔已不再需要。

垫块上金刚石的固定并不需要很大的压力,但要保证加载外力时不破坏调节好的金刚石状态。图4.30给出了一种固定金刚石的方法。

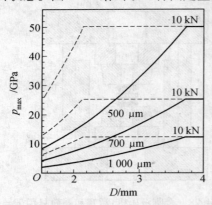

图4.29　金刚石压机最大压力和压砧底面直径的关系[8]

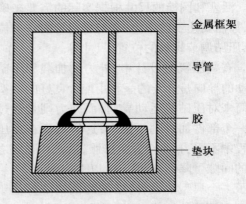

图4.30　金刚石在垫块上的固定

将压砧和垫块放在一个框架内,调节压砧和垫块的横向位置使两者的中心重合,利用一个导管将金刚石压砧的底面紧紧地顶在垫块上。保持两者的相对位置,在压砧的四周涂上胶,然后加热使胶凝固即可。

4.6.5　摇　床

金刚石粘在垫块上以后,还需固定在摇床上。摇床是为调节金刚石压砧轴线的准直而设计的,准直包括中轴线重合和砧面平行。图 4.31 给出了垫块在一个半球形摇床上的安装,先将垫块压紧在摇床的凹槽中,然后通过四个固定螺栓将其固定。四个定位螺栓可以调节垫块和压砧的位置,使两个压砧中轴线重合。

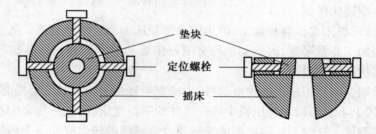

垫块
定位螺栓
摇床

图 4.31　垫块在摇床上的安装

活塞和圆筒上相应地有半球形的凹槽,可以和摇床紧密地配合。两个压砧砧面的平行度通过摇床在凹槽上的转动得以实现。摇床上也有一个锥形孔,比垫块上的孔稍大,约 $200\ \mu m$ 左右。

摇床是压砧调节的重要部件,有多种设计,图 4.32 给出了四种常见的摇床。图 4.32(a)中画出的是半球形摇床和锥形垫块,可实现对压砧的调节。图 4.32(b)为一对轴线互相垂直的半圆柱形摇床,通过沿轴线的运动可将两个金刚石压砧的砧面对齐,再通过

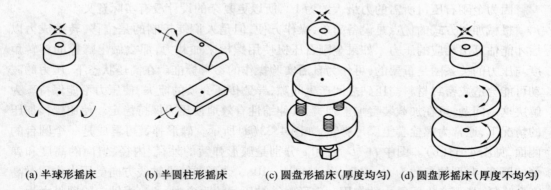

(a) 半球形摇床　　(b) 半圆柱形摇床　　(c) 圆盘形摇床(厚度均匀)　　(d) 圆盘形摇床(厚度不均匀)

图 4.32　四种常用的摇床设计,箭头示出了调节时压砧的运动方向[8]

绕轴线的转动实现两个砧面的平行。在图 4.32(c)中,压砧的位置通过垫块在摇床上的移动来调节。摇床由一个金属圆盘和下面的三个调节螺栓组成,螺栓的相对高度可改变金属圆盘的倾斜度,实现压砧砧面平行度的调节。由于金属圆盘和调节螺栓的接触面积比较小,接触部分的应力较高,螺栓和圆盘需选择高强度的材料。图 4.32(d)所示的摇床由两个厚度不均匀的圆盘构成,两者之间的相对转动可使圆盘上表面的倾斜度改变,从而改变砧面之间的平行度。

以上四种设计中,(a)和(d)所示的摇床和活塞或圆筒的接触面积较大,可承受较高的压力。(c)的设计不能用于太高的压力,因为在螺栓和金属圆盘接触的地方容易产生屈服。(b)只用于特殊的实验,如 X-射线衍射,需要在某一方向开大角度的狭缝,可方便地利用半圆柱型摇床做到。

圆盘、半球形摇床都很容易加工,但半圆柱形摇床的加工稍显复杂。商用金刚石压砧的砧面和底面加工非常平整,因此要求与金刚石接触的面也需要具有高的平整度。摇床平面部分的起伏不应超过 20 μm。

摇床是早期金刚石压机中的重要部件,但随着机械加工精度的不断提高,金刚石砧面和底面、垫块的上下表面以及与压机中相应部件的平行度很高,在一些金刚石压机的设计中取消了摇床部件。这时两压砧砧面的平行通过绕轴线的转动改变两个垫块间的相对位置来实现。

4.6.6　力的加载

高压的产生是通过两金刚石压砧的相对运动实现的,这就需要加载外力。外力可通过两种方式加载。

(1)利用机械夹紧装置,如杠杆、螺栓等方式加载;

(2)利用气动或液压设备加载。

因为金刚石压机所需的力最大约为 1 t,所以更复杂的设计没有实际意义。

机械加载方式的优点是设备简单,操作方便,但是人们能控制的是位移,转换成力以后才能估算出相应的压力。如果金刚石压机使用螺栓来加载力,那么做出螺栓的旋转角度与压力的关系图是重要的,可作为日后实验操作的参考标准。在高压状态下,压力的波动可能会造成密封材料与压砧之间产生间隙,导致传压介质的流失,使压力不能保持。为解决这一问题,可在加载装置加上弹簧,其伸缩性有效地使压力保持稳定。使用螺栓加压的情况下,通常为螺栓套上碟形弹簧,如图 4.33(a)所示。碟形弹簧可看成是一个圆台的侧面,见图 4.33(b)。图中 D_o、D_i、h 和 e 分别是碟形弹簧的外径、内径、斜面的高度和弹簧的厚度,典型的参数为 $D_o = 2D_i$,$h = e/4$,$D_o = 10e$。碟形弹簧沿轴线方向受压力作用时高度会降低,从而产生回复力的作用。碟形弹簧被压缩的距离为 x 时,沿轴向的回复力为

$$F = \frac{4EC}{(1-\nu^2)} \frac{ex}{D_o^2} [(h-x)(h-x/2)+e^2] \tag{4.6.5}$$

式中,E 为弹簧材料的杨氏模量;ν 为 Possion 比;C 为常量,由下式给出

$$C = \pi \left(\frac{\delta}{\delta-1}\right)^2 \left(\frac{\delta+1}{\delta-1}+\frac{2}{\ln \delta}\right) \tag{4.6.6}$$

其中 $\delta = D_o/D_i$。以 Cu/Be 合金为例,$E = 120$ GPa,$\nu = 0.34$,当压缩值为 $x = 2h/3 = 0.33$ mm 时,$F = 2\,400$ N。

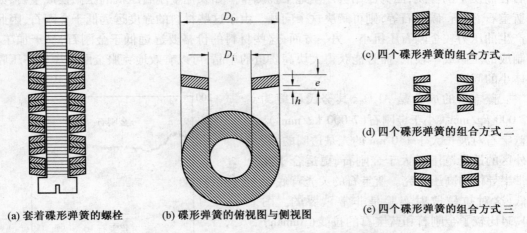

(a) 套着碟形弹簧的螺栓　　(b) 碟形弹簧的俯视图与侧视图　　(c) 四个碟形弹簧的组合方式一
(d) 四个碟形弹簧的组合方式二
(e) 四个碟形弹簧的组合方式三

图 4.33　碟形弹簧及其不同的组合方式[8]

　　如果 n 个弹簧叠在一起,那么产生的力为 1 个弹簧的 n 倍,图 4.33(c) ~ (e)给出了三组碟形弹簧的组合,对于同样的压缩量 x,(c)产生的力为单个弹簧的 4 倍,(d)的力为单个弹簧的 1/4,(e)的力和单个弹簧相同。

　　在气动和液压加载方式中,可通过气体或液体的压力直接算出力。由于气压和液压的增减方便,可精确地控制作用于压砧上的力,有效地减少了因过载造成的压砧损坏。液压设备结构紧凑,占用体积小,但容易受环境温度变化的影响;气动设备更容易控制,使用起来清洁,但气体压缩率高,储能较大,使用时需要有安全防护,而且设备相对笨重。

　　如果金刚石压机用于低温环境,那么实验过程中改变压力是一个重要的环节。从低温室内取出压机在外部加压是不方便的,因为

　　①多次变化压力会导致实验过程复杂;

　　②温度的变化会带来压力的变化,传压介质有漏出的可能;

　　③低温压机取出后在大气中会结冰,给实验带来不便;

　　④压机变压后放入低温室后,降温过程需花费很长时间。

　　因此一般采用传动设备在低温室外部进行原位加压。几个长螺栓可实现力的传递和加压过程。

金刚石压机所能达到的最高压力为 550 GPa,是 1986 年由徐济安等人实现的,已超过地球中心的压力,这也是目前人们获得的最大压力。

4.7　宝石对顶砧装置[1,10~16]

金刚石压机为研究材料在高压下的行为提供了有力的工具,但它不能用来研究金刚石在高压下的性质,因为压砧会严重地干扰测量。如果把金刚石压机的压砧换成宝石,如蓝宝石、锆石、碳硅石等,则可解决这个问题。由于这些材料的强度远远低于金刚石,因此产生的压力较金刚石压机小。另一方面,这些材料的价格要远远低于金刚石,易于加工,制成的压砧成本较低,而且能获得大块高质量的单晶,可以有效地克服金刚石压机高压腔体小的问题。

蓝宝石的成分是 Al_2O_3,其努氏硬度为 2 000 kg/mm^2,小于金刚石(7 000 kg/mm^2)。蓝宝石对波长大于 140 nm 的光是透明的,紫外区的透光范围远大于金刚石,更适合于宽带半导体的高压研究。蓝宝石的荧光背底很低,这对拉曼散射实验是非常重要的。图 4.34比较了金刚石和蓝宝石的拉曼(Raman)光谱,蓝宝石的荧光背底低于金刚石,且 Raman峰比金刚石弱,作为压砧来说对样品信号的干扰更小,因此蓝宝石更适合用作高压设备的窗口材料。

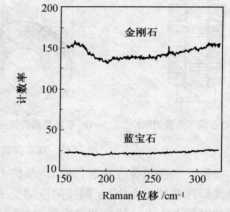

图 4.34　金刚石和蓝宝石的 Raman 光谱[1]

蓝宝石压砧可以做得很大,砧面直径大于 2 mm 时比金刚石压砧更富竞争力。大的腔体使蓝宝石压机可用于中子衍射实验,7 ~ 15 GPa 压力范围的结构测试已见报道。大的腔体也给电阻测试带来了方便。

蓝宝石是脆性材料,容易碎裂。但如果对压砧做特殊设计,适当选择密封材料,蓝宝石压机可以产生较高的压力。利用砧面直径小于 1 mm 的压砧产生 12 ~ 16 GPa 的压力是可靠的,直径 2 ~ 4 mm 的砧面可产生 6 ~ 8 GPa 的压力。目前蓝宝石压机产生的最高压力为 25.8 GPa。对大多数半导体材料来说,10 GPa 的高压对电子的能带会造成很大的影响,某些半导体可发生金属-绝缘体转变。蓝宝石压机完全可以满足半导体物理研究的需要。

如果采用与金刚石压机同样的设计,包括压砧和密封材料,蓝宝石压机仅仅能够达到几个 GPa 的压力。对于蓝宝石压机,压砧的形状需区别于金刚石,且压砧的边缘需要磨圆以使应力的分布更平滑,减少压砧破裂的可能。图 4.35 中画出了一对蓝宝石压砧和相

应的密封材料。金刚石压砧的密封材料,如
T301 钢、硬化铍铜合金以及铼等都不能直接用
于蓝宝石压砧。蓝宝石压砧的密封材料不能太
硬,可采用铜、铜镍合金、未硬化的铍铜合金等材
料,不锈钢是可用的最硬的材料。

　　以上的设计是有依据的。在加压过程中,如
果压力足够高,密封材料会附着在压砧表面。压
砧表面的剪应力就是密封材料的剪切强度,蓝宝
石的强度不如金刚石,需要选用更软的密封材
料。压砧的边缘是压砧最薄弱的地方,在此处压
力减小为零,如果边缘磨得圆滑一些,可使此处
的压力梯度变小,能承受更高的压力。

　　软的密封材料可提高产生的压力,但由于高
压操作后密封材料的厚度会变得很小,样品的体
积会变小。为解决此问题,可使用复合密封材

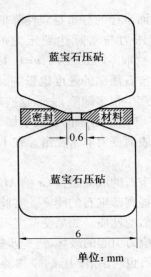

图 4.35　蓝宝石压砧和密封材料[1]

料。如果在硬的密封材料表面覆盖较软的铜、锡、铅等材料,压砧表面的剪应力就是这些
软材料的剪切强度,从而改善压砧的受力。使用这种方法可使样品腔容积增加 3 ~ 5 倍,
而使用压力不受影响。

　　蓝宝石压机所能达到的最大压力决定于压砧,压砧的损坏与砧面受到的平均压力有
关,因此可通过平均压力来估算压砧的使用压力。一般压砧的形状和图 4.35 相同,设砧
面接触半径为 a,圆锥形压砧的半锥角为 α,对应压砧形状参数 $\lambda = 1/2$,那么由式(3.2.4)
可知

$$a^2 = \frac{(\nu-1)F}{4\nu GA} \frac{\Gamma(2)}{(1/2)\sqrt{\pi}\,\Gamma(3/2)} \qquad (4.7.1)$$

式中,ν 为压砧材料的 Possion 比;G 为剪切模量;伽马函数 $\Gamma(2) = 1$,$\Gamma(3/2) = \sqrt{\pi}/2$;
$A = \tan\alpha$。如果施加的作用力为 F,那么压砧砧面上的平均压力为

$$\bar{p} = \frac{F}{\pi a^2} = \frac{\nu G}{(\nu-1)\tan\alpha} \qquad (4.7.2)$$

　　这个计算值和实验值的差别往往很大。对于金刚石,$\alpha = 72°$时,砧面平均压力的计算
值为 22 GPa,而实际的压力可高达 80 GPa。这是因为式(4.7.2)的前提是压砧的接触面
积随压力增加而增大、材料的 Possion 比和剪切模量不随压力而改变,不大符合实际情况。
大多数材料的剪切模量和 Possion 比是随压力增加而增大的,这给平均压力的计算带来了
困难。

　　假定蓝宝石压力下的行为与金刚石类似,如果蓝宝石压砧的中心压力为 15 GPa 且压

力沿砧面半径的分布是线性降低的,那么其砧面平均压力约为 5 GPa。采用金刚石压砧的计算压力与实际达到压力的比值,蓝宝石压砧的计算压力大约为 2 GPa,代入式(4.7.2),取 $G = 207$ GPa,$\nu = 0.131$,可得压砧的半锥角为 86°。

　　蓝宝石压砧的硬度也影响到最高使用压力。在加工过程中,宝石表面层 1～2 μm 范围内会产生很多缺陷,去除这些缺陷可以提高硬度。加工后在 1 200 ℃退火 1 h 可将硬度提高 2～3 倍。熔融的硼酸中加入 25% 的 Al_2O_3,在 1 000 ℃对压砧进行腐蚀,可除去表面层并使表面变得非常光滑。在 1 850 ℃的高温加热压砧,使表面层蒸发,可达到同样的效果。

　　红宝石的成分是掺 Cr 的 Al_2O_3,硬度却比蓝宝石高得多。通过 Ti、Mg 等元素的掺杂,可有效提高蓝宝石的硬度。实验证明,低温下蓝宝石压砧可达到更高的压力,金刚石压砧也有类似的性质。如果使蓝宝石压砧与金属环进行过盈配合,产生预应力,可以减小高压下拉伸应力引起的破坏,进一步提高使用压力。

　　锆石也可用作压砧。掺杂 15% Y_2O_3 的 ZrO_2 具有立方结构,努氏硬度约为 1 400 kg/mm²,比蓝宝石稍软。图 4.36 给出了锆石的吸收光谱,纵轴 α 为吸光度。从图中可以看出,在 1 700 cm⁻¹ 以上锆石是透明的,可用作高压下的红外窗口。

　　锆石的价格比金刚石低得多,很容易买到砧面直径为 0.5～1 mm 的压砧,重约 2 克拉。由于砧面大,其平面加工精度不如金刚石。其密封材料也选用较软的铜等材料。目前锆石压砧产生的极限压力是 16.7 GPa。

　　碳硅石的努氏硬度为 3 000 kg/mm²,高于锆石和蓝宝石。在 1 900 以上碳硅石是透明的,图 4.37 给出了它的拉曼光谱。通过晶体生长方法可以获得 1 英寸(2.54 cm)大小的压砧。压砧一般沿着晶体的 c 轴进行切割。目前,大块商用碳硅石压砧已经可以买到。利用碳硅石压砧,可以实现高压与大腔体的组合。

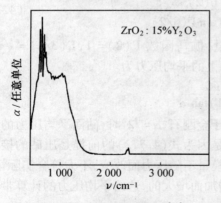

图 4.36　锆石的吸收光谱[12]

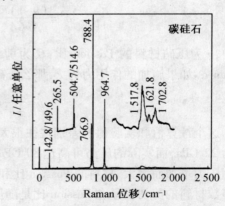

图 4.37　碳硅石的拉曼光谱,插图为弱峰的放大图[14]

　　徐济安等人利用砧面直径为 1 mm 的碳硅石压砧,达到了 30 GPa 的高压;利用砧面直径为 0.5 mm 的压砧达到 38.5 GPa;利用砧面直径为 0.3 mm 的压砧达到 52.1 GPa。碳硅石压砧达到的最高压力为 58.7 GPa,是使用斜角压砧(在直径为 0.15 mm 平面上磨出一个倾角为 10°、直径为 0.05 mm 的砧面)实现的。

　　徐济安等人使用的压砧是具有预应力的,压砧的形状也是经过特殊设计的,图 4.38 给出了压砧的设计和形状。由图可见,普通的非支撑压砧为圆柱形,在两端加工成锥面形状,砧面侧面的倾角为 45°。而预应力压砧做了以下三点改进

　　(1)砧面倾角改为 30°;

　　(2)压砧侧面和金属套环内表面均为具有 2°顶角的圆锥面;

　　(3)底面一端的圆锥面取消。

碳硅石压机可用于高压下金刚石性质的研究,也可用于高压下的中子衍射实验。

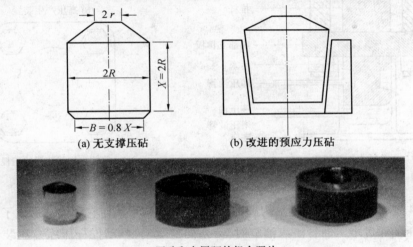

(a) 无支撑压砧　　　　(b) 改进的预应力压砧

(c) 压砧和金属环的组合照片

图 4.38　碳硅石压砧[15]

4.8　压机框架[3,5,6,17]

　　高压装置中,除金刚石压机和宝石压机的结构紧凑、体积小以外,其他压机的尺寸都比较大,高压腔的体积也较大,相应地外力加载装置也比较笨重。压机工作时,压砧在外力的驱动下相对运动,挤压中间的传压介质产生高压,砧面承受巨大的应力。对大多数大体积压机来说,产生这个驱动外力的装置就是液压系统,高压液体推动活塞、进而推动压砧运动。因此,高压的产生还需要一个固定的、高强度的框架结构,以保证力的有效加载。

对于 Bridgman 压机、金刚石压机来说,力的加载是单轴的,因此框架只须提供一个方向的相对运动即可。多压砧装置中力的加载有单轴和多方向两种,对应的框架也有两种。如果力沿多个方向加载,框架应是三维的结构,如国产的六压砧铰链式装置。应用更多的方式是单轴加载,利用导向块实现各压砧的协同运动。图 4.39 画出了一个外力单轴加载液压装置的示意图。

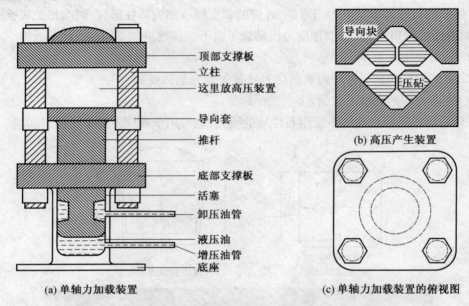

(a) 单轴力加载装置

(b) 高压产生装置

(c) 单轴力加载装置的俯视图

图 4.39 一种典型的压机框架[5]

如图 4.39(a)所示,液压油缸为圆柱形,活塞的特殊形状使它和油缸形成了两个储油室。当液压油通过增压油管流入油缸时,活塞向上运动,推动推杆压缩高压装置产生高压。当液压油从卸压油管流入油缸时,上下支撑板之间的距离增大,使高压装置受力减小,实现卸压。连接上下支撑板的是四根垂直的立柱,它们互相平行放置,且能承受设计需要的张应力作用。立柱之间的空间必须足够大,因为高压产生装置需要放置其间。工作时上下支撑板的中心区域受力,产生弯曲和扭转应变,因此支撑板应具有相当的强度,能承受与设计压力相应的外力。推杆在活塞作用下运动要保持准直,与四根立柱中轴线平行,将其与四个立柱上的导向套连接可保证这一点。推杆的准直运动可产生单轴力,如果其准直不好,将在高压装置中产生不对称的力,最终导致其损坏。对于大体积压机来说,产生高压所需外力往往很大,可达几百吨、几千吨,甚至几万吨,所以压机框架的体积较大。

制备压机框架的材料主要是具有一定强度的钢,承受很大应力的部分如活塞,需要采用高强度钢。钢的强度可高达 0.9 GPa,可根据加载的力来选用不同强度的材料。铝合金也可用来制作压机框架,虽然强度比高强度钢低(0.55～0.6 GPa),但是具有密度小、重量轻的优点,而且铝合金的导电、导热性好,耐腐蚀,在中等压力范围内得到广泛的应用。钛合金也可用作高压材料,它的优点是强度与重量比高。某些钛合金的屈服强度超过 1.4 GPa。

框架中用于支撑的方框,工作过程中处于拉伸状态。通过缠绕拉伸强度高的钢或碳纤维使其处于压缩的预应力状态,可以提高其使用压力,并减轻框架的重量,节约材料。这种缠绕式框架的原理和缠绕式圆筒是相同的。

金刚石压机和宝石压机的框架和大体积压机的框架是相似的,只是提供的力要小得多,体积也小得多。金刚石压机的框架可直接用来作为宝石压机的框架,不需要额外的设计。图 4.40 中给出了美国国家标准局的 Piermarini 和 Block 设计的压机。压机的框架使用的材料是 4340 钢或 Vascomax 300 钢,主体是一个长 15 cm、宽 6 cm、厚约 2 cm 的钢板。压砧底面处开有光阑,用于光学测试。外力通过螺栓压缩碟形弹簧,经过杠杆放大两倍后加载在压砧上。一个压砧放置在半球形的摇床上,另一个压砧安装在平板摇床上。摇床的材料为 RC 55～60 硬化钢。利用这种设计可产生高达 40 GPa 的压力。

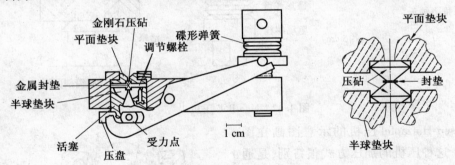

图 4.40　美国国家标准局压机[17]

另一种设计是 Bassett 压机,如图 4.41 所示。压机由不锈钢制成,金刚石安装在摇床和固定金属板上,可通过它们调节砧面平行和中轴线准直。活塞侧面开有凹槽,以防止活塞的转动。利用 0.3 mm 直径的压砧,可达到 40 GPa 的压力。力的加载是通过螺纹转动实现的。这种压机结构简单,广泛地用在高压下的 X-射线衍射实验中。

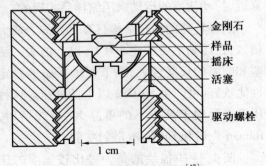

图 4.41　Bassett 型压机[17]

1978 年,毛河光和 Bell 设计了一种压机,称为 Mao-Bell 压机,如图 4.42 所示。这种压机的结构和美国国家标准局压机类似,通过压缩碟形弹簧实现加压过程,但 Mao-Bell 压机具有长的活塞-圆筒行程(6~7 cm),这保证了调节好的金刚石压砧在加压过程中保持准直性。半球形摇床和金刚石垫块由 RC 60 硬化钢或 WC 制成。长的活塞行程和高强度的垫块使其能达到很高的压力,毛河光和 Bell 利用 1/3 克拉的金刚石,以硬化不锈钢作为密封材料,达到了 170 GPa 的高压。

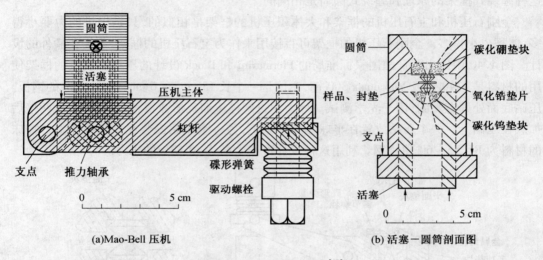

(a)Mao-Bell 压机　　　　　　　(b) 活塞-圆筒剖面图

图 4.42　Mao-Bell 压机[17]

Syassen-Holzapfel 压机的示意图画在图 4.43 中。这种压机的加压方式很特别,是通过特制的扳手转动底部的螺栓,使两个杠杆靠近,拉动活塞的运动来压缩样品实现的。

这种特殊的杠杆结构具有很大的力放大倍数,在压砧上可产生 500 kg 以上的力。活塞和圆筒的长度较大,调节好的压砧的稳定性比较好,可产生 50 GPa 以上的高压。这种压机主要用于高压下的单晶 X-射线衍射、Raman 光谱和 Brillouin 散射实验。

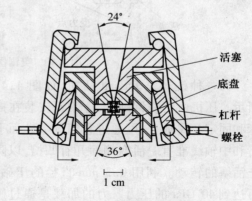

图 4.43　Syassen-Holzapfel 压机[17]

图 4.44 中描绘的是一种比较紧凑的压机,称为 Merrill-Bassett 压机。压机的厚度较小,光经过金刚石后可有大角度的观测范围。

但小的厚度降低了它的极限压力,仅为 10 GPa。金刚石压砧安装在 Be 垫块上,由于 Be 的原子序数小,对 X-射线的吸收弱,因此可用于高压下的结构研究,如单晶衍射。

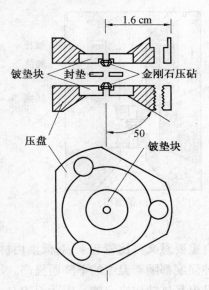

图 4.44　Merrill-Bassett 压机[17]

　　以上各种压机是早期的设计,根据不同需要,人们设计了许多新型压机。目前较常用的是对称压机,图 4.45 中给出了其示意图。样品处于压机的中央,两面的光阑对称分布。这种设计可用于激光加热实验,由于两面输入的激光功率相等,降低了样品腔的温度梯度。压机通过螺栓来加压,四个螺栓中有两个是右旋螺栓,另外两个是左旋螺栓,加压时反向对称转动。采用小的砧面,这种压机可产生 100 GPa 以上的压力。目前这种压机广泛地用于高压下的结构测试,如 X-射线衍射,光学测试,如 Raman、Brillouin 等实验。

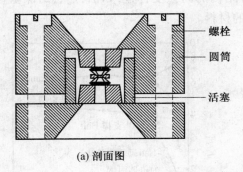

(a) 剖面图

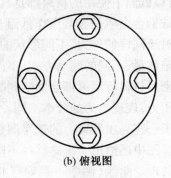

(b) 俯视图

图 4.45　对称压机

　　全景式压机也是目前常用的高压设备,如图 4.46 所示。这种压机的侧面由两个扇形柱体构成,使得压机侧面具有很大的光散射角度。使用对 X-射线的吸收很弱的 Be 作密封材料,这种压机可方便地用于侧向 X-射线衍射实验。

　　有时,压机要用于高温和低温环境,对制作压机的材料有特殊的要求。用于高温的材料除具有高的强度以外,还要考虑其抗蠕变性、抗氧化性和耐腐蚀性。超合金是一类能够用于高温的材料,成分是镍、钴或铁基合金,具有奥氏体结构。在 700 ~ 1 100 ℃ 的高温下,这类材料能保持良好的机械强度、抗蠕变和耐氧化特性,可用来制作高温高压设备。

　　低温下,热运动被压制,物质本身的特性显现出来,产生诸如超导、磁性转变等现象。研究这些性质在高压下的变化规律,促使人们将高压和低温结合,这对于基础研究来说具

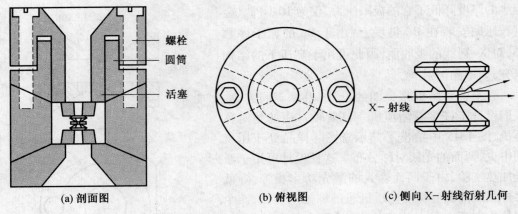

(a) 剖面图　　　　　　(b) 俯视图　　　(c) 侧向 X-射线衍射几何

图4.46　全景式压机

有重要意义。比较起来,对低温用材料的要求要温和得多。大多数金属的屈服强度和拉伸强度都随着温度的下降而提高。但是许多金属在低温下发生由延性到脆性的转变,这是由晶体结构决定的。因为具有体心立方和六方密堆结构的金属低温下会发生这种转变,所以低温下使用的材料都是具有面心立方结构的高强度合金,如铝、铜、钛、镍基合金等。铍铜合金就是经常用作低温金刚石压机的材料。

对于同样的外力,不同形状的压砧、不同的压砧数量、不同的驱动方式、不同的传压介质和密封材料等因素都会影响到高压装置产生的压力,表现为力的效率不同。图4.47中画出了一些高压装置力的效率倒数和压力的关系。图中还给出了压砧材料不同屈服强度对应的理论曲线(图中一系列弯曲的虚线)。其中六面体装置(Kobe cube)和四面体装置(Hall tetrahedral)没有使用密封材料,靠加压过程中挤出的传压介质来密封。因此,在1.5 GPa以下,由于密封没有形成,力的效率约为1。随着压力的提高,压砧间的传压介质与压砧之间的摩擦力增大,使力的传递效率降低,比值 F_t/F_f 增加,在5 GPa压力时达到1.5~1.7。Hall的Belt装置使用了密封材料,初始比值 $x_1/x_0 = 2$ (见图3.20)。随着压力的提高,密封材料逐渐被挤出,x_1/x_0 增大。

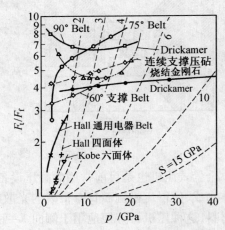

图4.47　几种高压装置中力的效率倒数与砧面压力的关系[5]

p_0—砧面压力;F_f—作用在砧面上的力;

F_t—作用在砧座上总的力

在 6 GPa 时，F_t/F_f 增加到 2.5 左右。六面体装置、四面体装置和 Belt 装置，都可稳定地工作到 5.5 GPa。但是，每一次工作循环都会造成压砧材料的微小塑性流动，最终导致损坏。

利用 WC 材料做压砧，通用电器的 Belt 装置、Kendall 的连续支撑装置和 Drickamar 装置可产生 20 GPa 的压力。其中通用电器的 Belt 装置的压砧锥角分别为 60°，75° 和 90°。这几个压砧中，60° 锥角时可成功地达到 15 GPa，75° 时达到 18 GPa，而 90° 时达到 20 GPa。Kendall 装置在内部加压的同时，在圆筒的外部也施加力，以保护圆筒，产生的压力高达 20 GPa，比值 F_t/F_f 为 4 左右。Drickamar 装置中压砧的锥角为 144°，15 GPa 压力以上力的传递效率急剧下降。如果换成烧结金刚石作压砧，最高压力可达到 50 GPa，而力的传递效率几乎不变，比值 F_t/F_f 仍然在 4 左右，随着压力增加缓慢增大。

显然，压砧材料硬度越高，力的效率就越高。应用烧结金刚石为压砧，可产生高的压力。图 4.48 中示出是八面体装置的加压特性，横轴为加载的力，纵轴为砧面产生的压力，图中数字代表压力产生的年代。使用的压砧为边长 14 mm 的烧结金刚石立方块，目前已经达到 90 GPa 以上的高压。

图 4.49 给出了金刚石压机中斜角压砧砧面压力与加载在压砧底面上力的典型关系。曲线分为三个部分："A" 为初始加载曲线，具有抛物线形状，对应于金属密封材料的塑性流动；在 "B" 部分，密封材料变化微小，斜角金刚石的砧面逐渐变平，砧面压力随着外力的增加而迅速增大，两者关系几乎为线性；在 "C" 部分，砧面已完全变平，并逐渐产生凹陷，这时砧面压力随着外力线性增加，但比 "B" 阶段缓慢。最后，砧面在边缘处发生接触，继续加压将造成压砧的损坏。

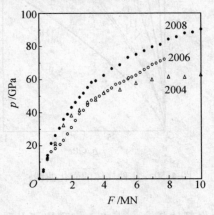

图 4.48 八面体装置的砧面压力与加载力之间的关系[6]

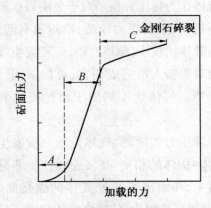

图 4.49 金刚石压机的加压行为[5] 压砧为斜角压砧

4.9 传压介质[1,2,4,17~25]

利用压砧直接挤压被研究的材料可以产生高压,但这个压力是不均匀的,体现在两个方面。第一,压砧中心的压力高,边缘压力低,整个样品处于很大的压力梯度下;第二,压力不是各向同性的,非静水压成分比较大,特别是对于大块样品,由于直接与压砧砧面接触,造成样品受压不对称,甚至碎裂。研究材料在高压下的性质,应尽可能地使之处于静水压条件下,这样得到的结果反映的是材料本征的性质,可重复性高。为了使材料各向同性受压,可将其置于传压介质内,压砧通过传压介质将力作用于样品上。

如果传压介质是气体或液体,样品感受到的是真正的静水压,但在足够高的压力下,所有的物质都会变成固态。气体和液态传压介质主要用于金刚石压机中,也可密封在聚四氟乙烯容器内用于大体积装置。固态传压介质一般是软固体,多用于大体积装置中。

4.9.1 气态传压介质

使用气体传压介质可以在较大的空间产生较低的压力,主要应用在化工领域。为了防止与容器的化学反应,通常用惰性气体,常用的是 Ar 和 He,有时也用 N_2。用气体作传压价质时能得到各向同性压力,而且非常稳定。但是由于气体黏性很低,很难密封;另外,气体的压缩率非常大,储存能量高,有爆炸的危险。因此,前面提到的大体积高压装置,都不用气体作为传压介质。对于金刚石压机和宝石压机,产生的压力较高,密封没有问题;其高压腔体比较小,储能有限,即使发生爆炸也不会对实验人员造成伤害,可以采用气体传压介质。气体也不局限于惰性气体和氮气。

随着压力的增加,气体传压介质发生气体-液体-固体的相变,高压腔内产生非静水压。图 4.50 给出了几种气体的固化曲线。

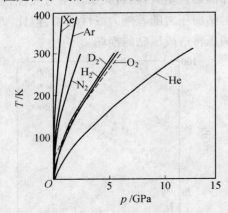

图 4.50 几种气体的固化曲线[19]

但是,即使气体固化,传压介质的静水压条件压力也都比较高。表 4.1 中列出了几种常见气体和液体传压介质在室温下的固化压力和保持静水压条件的最高压力。

表 4.1　一些气态传压介质及其相关的压力范围[17]

传压介质	室温固化压力/GPa	静水压条件的压力/GPa	介质的加注方式
He	11.8	>60	低温或高压
Ne	4.7	16	低温或高压
Ar	1.2	9	低温或高压
Xe	—	30	低于 165 K
H_2	5.7	>60	低温或高压
D_2	5.3±0.2	—	低温或高压
N_2	2.4	13	低温
O_2	5.9		低温

　　可以看出,He 的固化压力最高,为 11.8 GPa。He 和 H_2 传压介质保持静水压条件的压力最高,在 60 GPa 以上,而 Ar 介质稍差,可到 9 GPa。当气体固化后,剪切模量不再是零,介质中的应力分布也不再是各向同性,差应力不为零,压力越高,静水压条件越差。图 4.51 中给出了单轴力作用下 Ar 的差应力与压力之间的关系。图中 $\tau = \sigma_1 - \sigma_3$ 表示差应力,其中 σ_1 和 σ_3 分别代表平行和垂直于外力方向的主应力。

　　在低压区,Ar 呈气态或液态,差应力为零。当压力超过 9 GPa 时,Ar 发生固化,介质中出现差应力。随着压力的增加,差应力也逐渐增大,当应力为 55 GPa 时,差应力高达 2.7 GPa。

　　将气体传压介质加注到高压腔体内,是一个技术问题。一种简单的方法是将气体液化后加注。由于液氮较容易获得,N_2 的加注很容易实现。Ar 是半导体研究中较常用的传压介质,它的加注需要用液氮冷却。由于 Ar 的液化温度高于液氮,液氮可将 Ar 气液化,然后加注到高压腔内。其他液化温度低的气体,可采用液氦冷却至液化,实现加注。这种液态加注方法的优点是设备简单,气体浪费少,但对于液化温度低的气体来说,需要液氦冷却,成本较高。

　　另一种气体加注方法是将气体压缩至高压,充入高压腔体内。具体做法是,将装入样品的金刚石压机放进耐压 0.5 GPa 的高压容器内,压砧和密封金属片之间留有一点缝隙。高压泵将内部压力增至 0.2 GPa,利用齿轮传动装置原位将压砧压在金属片上实现密封。对于不同气体,密封压力会略有不同。原则上,利用这种方法可以加注任何种类气体。这种方法可以加注大量传压介质到高压腔,使压力达到更高,或者在同等压力下,样品尺寸可以更大。这是因为高压气体具有比液态更高的密度,例如,在 5 GPa 的压力下,H_2 的密度比液态氢(密度为 0.07 g/cm^3)大 1.5 倍,He 的密度比液氦(密度为 0.125 g/cm^3)高 2.3 倍。图 4.52 列出了几种气体的压缩曲线。

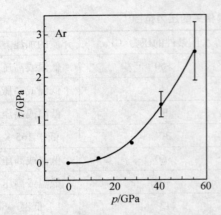

图 4.51 单轴力作用下 Ar 的差应力与压力的
关系[20]

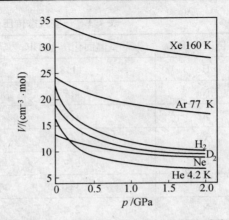

图 4.52 几种气体的体积–压力关系[19]

4.9.2 液态传压介质

室温下直到 1 GPa 的压力范围内使用液体传压介质是非常方便的。当压力再增加时,液体的黏度增加,进而固化,产生非静水压成分。液体的黏度用粘滞系数来描述,如图 4.53 所示,液体内相对运动的两流层间内摩擦力的大小可以表示为

$$\Delta f = \eta \frac{dv}{dz} \Delta S \qquad (4.9.1)$$

式中,ΔS 为两流层间接触面积;dv/dz 为速率梯度,即在垂直于速度方向上,单位距离内流速的改变,它描写了流体由一层过渡到另一层时速度变化的快慢程度;η 为黏滞系数或内摩擦系数。在国际单位制(SI)中,η 的单位是帕·秒(Pa·s)

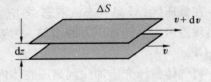

图 4.53 不同流速面间的作用力

$$1 \text{ Pa·s} = 1 \text{ kg·m}^{-1}\text{·s}^{-1}$$

CGS 单位制中 η 的单位是泊(Poise)

$$1 \text{ Poise} = 1 \text{ dyn·s·cm}^{-2} = 1 \text{ g·cm}^{-1}\text{·s}^{-1}$$

高压高温下应用液态传压介质,需要特别注意。随着温度的增加,有些液体,如有机物,出现化学不稳定性,如分解变质等。另一方面,高温下液体传压介质的黏性下降,使静水压性能变好。曾经有人用 Si 油作为传压介质实现了 1 GPa、500 ℃ 的工作条件。

水是 1 GPa 以下最经济的传压介质。甲醇在 3 GPa 以下黏性仍然很低,具有良好的传压性能。异丙醇加压到 3 GPa 时黏性超过 10^5 泊,但仍比固体传压好,例如黏度到 10^6 泊,每厘米有数个大气压的压力梯度时,在 1 s 以内可以达到平衡。异戊烷的凝固点为 2 GPa。

液体内加入一些其他成分后可提高固化压力。1:1 戊烷和异戊烷的混合物凝固点

为 6.5 GPa。4∶1 甲醇和乙醇的混合液在 10.4 GPa 以下仍然为液体,压力继续提高时固化,但仍可近似保持静水压,直至 20 GPa。16∶3∶1 的甲醇、乙醇和水混合液的固化压力为 14.5 GPa,准静水压可保持到 20 GPa。

图 4.54 中给出了几种液体的黏度随着压力的变化曲线。比较起来,4∶1 甲醇和乙醇的混合液的黏度随压力变化平缓,是良好的传压介质。

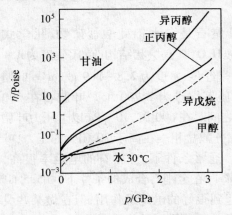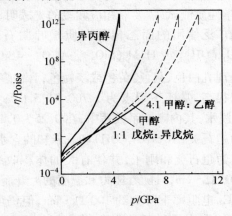

图 4.54　几种液体的黏度-压力曲线(右图中的竖线代表固化点)[19]

图 4.55 列出了一些液体的压缩曲线。室温、1 GPa 压力下大多数液体的体积变化为 14% ~ 28%,5 GPa 压力下为 20% ~ 40%。可以看出,2.5 ~ 5 GPa 压力范围内,液体的压缩率接近于固体。

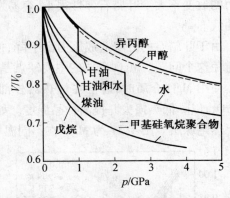

图 4.55　室温下几种液体体积随压力变化曲线[21]

4.9.3　固态传压介质

室温、3 GPa 以上的压力将使大多数液体变为固体,可采用固态物质作为传压介质。用黏性液体作传压介质时,尽管黏度很高,但只要经过充分的时间,就能达到平衡,使压力分布均匀。但是固态传压介质存在剪切强度,静水压条件很难满足。如果用剪切强度很小的固态传压介质,并采用剪切应力很小的压缩方法,如多压砧装置加压,可以产生非常接近静水压的压力。

作为传压介质,应具备以下性质:

(1)内摩擦系数小以保持压力的均匀性;

(2)体压缩率小以有效地增压;

(3)高压高温条件下的化学稳定性和热稳定性,避免损坏样品和压砧并保持压力稳定;

(4)熔点高,且压力上升熔点也上升;

(5)低的电导率,方便加热及电测量;

(6)低的热导率,在实验需要时使样品保持在高的温度。

其中性质(1)中内摩擦系数的定义为材料剪切强度与材料所受压力之比 τ_0/p。某些实验对传压介质还有特殊的要求,例如高压原位 X-射线衍射,需要传压介质对 X-射线透明;光学性质测试,需要对相应频段的光透明。

最广泛使用的固态传压介质是叶腊石,叶腊石是含水铝硅酸盐矿物,化学式为 $Al_2Si_4O_{10}(OH)_2$ 或 $H_2Al_2(SiO_3)_4$、$Al_2O_3 \cdot 4SiO_2 \cdot H_2O$,具有层状结构,莫氏硬度为 1 ~ 3,通常呈现乳白色、灰色、黄色或淡粉色,含铁多时呈红色,密度为 2.8 ~ 2.9 g/cm³。叶腊石的熔点很高,常压下熔点为 1 700 ℃、5 GPa 高压下熔点为 2 700 ℃。叶腊石在 500 ~ 700 ℃脱水,其内摩擦系数适中,在 0.25 ~ 0.47 之间。在 600 ℃、10 GPa 以上压力叶腊石分解为超石英、$Al_5Si_5O_{17}(OH)$ 和一未知的含水铝硅酸盐相。在高于 20 GPa 的压力,叶腊石分解为超石英和刚玉,并伴有大的体积收缩。通常条件下,叶腊石的电阻率很高,为 $10^6 ~ 10^7$ $\Omega \cdot cm$,且随着压力和温度的上升而下降。在金刚石合成的条件下,如5.5 GPa、1 500 ℃,电阻率下降到约 100 $\Omega \cdot cm$,但仍可起到很好的电绝缘作用,但在做某些灵敏的测量时,如热电动势的测量,将会引起较大的误差。叶腊石的热导率很低,且随温度和压力的改变不大。叶腊石弹性很小,容易发生流动,图 4.56 是叶腊石在不同温度下的压缩曲线。

由于叶腊石的分解造成压力的下降,使测得的压力值产生误差,采用 MgO 传压介质可避免这个问题。MgO 介质的主要缺点是热导率比较高,很难将样品加热到 1 000 ℃以上。使用 MgO 介质时,通常在加热器外部加上一层低热导率的隔热层套管,如 ZrO_2 或 $LaCrO_3$,以降低热损失并提高样品温度。如果利用 CaO 掺杂的 ZrO_2 作为传压介质,就不需要热绝缘层。图 4.57 为 MgO 在不同温度下的压缩曲线。

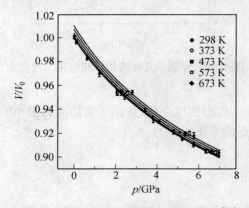

图 4.56　不同温度叶腊石的压缩曲线[22]

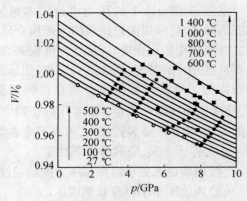

图 4.57　不同温度 MgO 的压缩曲线[23]

常用的固态传压介质还有石墨、滑石、六方氮化硼、铟、碱金属与卤族元素的化合物等,图 4.58 是一些传压介质的压缩曲线。

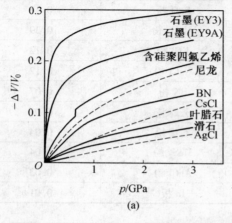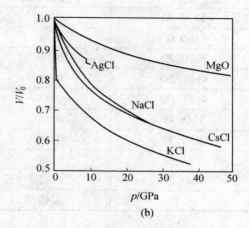

(a)

(b)

图 4.58 一些传压介质的压缩曲线[19,21]

剪切强度是固态传压介质的一项重要参数,它描述了介质产生静水压能力的大小。剪切强度越小,产生静水压的程度就越高。材料的剪切强度并不是常数,一般随着压力的增加而增大,图 4.59 中描述了一些固态传压介质的剪切强度随压力的变化关系。

剪切强度直接和材料的内摩擦系数相关,随着压力的升高,内摩擦系数也同样增加,表 4.2 列出了一些传压介质在 2.5 GPa 下的内摩擦系数。内摩擦系数越小,产生的静水压条件越好,越适合作为传压介质。

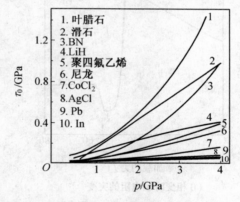

图 4.59 几种固态物质的剪切强度与压力的关系[21]

由于不同固态传压介质内摩擦系数的差别,加压的效率也不一样,即产生同样的压力需要加载的外力随介质而变。Bi 元素在 2.5 GPa 压力处电阻发生突变,如图 4.60(a)所示,可用来检测各种介质对加压效率的影响。以 Bi 的电阻突变点作为参考点,King 利用正四面体高压装置对多种传压介质进行了加压研究,图 4.60(b)是相应的研究结果。利用 AgCl 作为传压介质时,达到 2.5 GPa 需要的力最小,并且其压缩率也最小,反映出 AgCl 具有小的内摩擦系数,适于用作传压介质。不同传压介质之间存在很大的差别,如采用聚四氟乙烯作为传压介质时,达到 2.5 GPa 压力需要的力要比 AgCl 大 15 t 左右。

表 4.2 一些固态材料在 2.5 GPa 的内摩擦系数[21]

材料	内摩擦系数	材料	内摩擦系数
Fe_2O_3 粉	0.71	SnO 粉	0.41
ZnO 粉	0.58	Al_2O_3 粉	0.39
Cr_2O_3 粉	0.50	KCl 粉	0.12
叶腊石粉	0.25	NaCl 粉	0.12
叶腊石块	0.47	BN 粉	0.07
PbO_2 粉	0.46	云母板	0.07
MnO_2 粉	0.46	石墨粉	0.04
TiO_2 粉	0.45	MoS_2 粉	0.04
MoO_3 粉	0.42	AgCl 粉	0.03
BC 粉	0.40	In 板	0.01

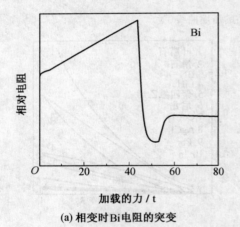

(a) 相变时 Bi 电阻的突变

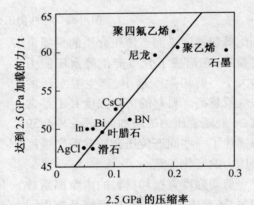

(b) 几种材料达到 2.5 GPa 的压缩率与需要加载的力

图 4.60 不同传压介质中测试 Bi 相变点的结果

从图中可以看出，AgCl 的内摩擦系数较小，压缩率也小，压力产生效率高，是理想的传压介质。但是，AgCl 容易和金属发生反应，且在温度高于 600 ℃时会发生分解，高温应用受到限制，因此 AgCl 主要用作常温传压介质。叶腊石也具有相当好的性质，成为当前广泛应用的传压介质。

使用固态传压介质时需考虑到产生压力的均匀程度，这和介质的内摩擦系数有关，也和压力产生方式有关。多压砧装置在几个方向同时加载力，产生压力的均匀性较好。对顶砧加压装置，如 Bridgman 压机、金刚石压机和宝石压机，鉴于力加载的不均匀性，静水压只有在使用气、液态传压介质时才能达到，在使用固态传压介质时需考虑非静水压的影响。压力越高非静水压成分就越大。有关压力静水压程度的评价将在下一章中讨论。

4.10　密封材料[1,26~30]

4.10.1　使用密封材料的必要性

早期的高压设备,在加压过程中样品的挤出是限制压力提高的一个主要因素,如果在样品的外部放一层密封材料,情况会有很大改善。同时,密封材料可以对高压腔体进行密封,它与压砧之间的摩擦力使样品处于相对均匀的压力作用下。例如,如果将样品直接放在金刚石压机的压砧之间加压,如图4.61(a)所示,压砧间的平均压力为1 GPa。由于样品边缘处的压力为零,压砧之间的压力梯度非常大,样品感受到的压力就不是静水压。图4.61(b)画出了样品中用等压力线表示的压力分布,其中数字代表压力值。可以看出,压力从中心附近的2 GPa逐渐降低到边缘附近的0.4 GPa,砧面间存在很大的压力梯度。

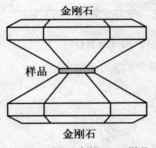
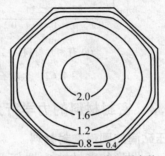

(a) 金刚石压砧中的 NaCl 样品,
平均压力为 1 GPa

(b) 样品中的等压力线,图中的
数字代表压力数值,单位为 GPa[26]

图 4.61　金刚石压砧中 NaCl 样品的压力分布

在压砧的边缘填入密封材料,使样品处于压砧和密封材料形成的高压腔中,则样品内的压力梯度会显著降低,静水压条件也会更好。利用金刚石压机对 NaCl 加压,使用密封材料和不用密封材料时高压腔体内的压力分布差别很大,如图4.62所示,其中 r 为径向位置。显然,使用密封材料后静水压条件大大改善,特别在相对较低的压力下,高压腔内的压力梯度很小,几乎可以忽略。在高压力下,由于 NaCl 的内摩擦力,使用密封材料时也会造成一定的压力梯度,但要比没有密封材料时好得多。

对于金刚石压机,金属密封材料(封垫)和压砧的紧密接触保证了液态和气态传压介质的使用。在传压介质固化前,高压腔内的压力是严格的静水压,对于 H_2、He 等介质,固化后仍能保持准静水压到很高的压力。

在高压装置中,密封材料主要起到以下几个作用:

(1)对高压腔体的压力密封;

（2）提供压砧加压时的行程；

（3）对压砧提供侧面支撑，使其能承受更高的压力；

（4）为 X-射线或中子提供探测窗口。

可以说密封材料控制着产生高压的效率和稳定性，是现代高压设备中不可或缺的部分。

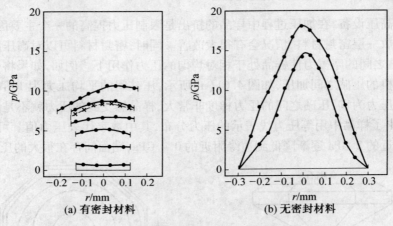

（a）有密封材料　　　　　　（b）无密封材料

图 4.62　金刚石压机内 NaCl 样品中的压力分布

4.10.2　密封材料的力学行为

1. 平压砧间的圆形密封材料

考虑一个圆形的密封材料，处于两个平压砧之间，如图 4.63（a）所示。相对于密封材料来说，压砧可认为是刚性的。当作用在压砧上的力足够大时，密封材料将会发生塑性流动。由于体系是轴对称的，这里采用柱坐标系，压砧和密封材料的中心作为 z 轴。

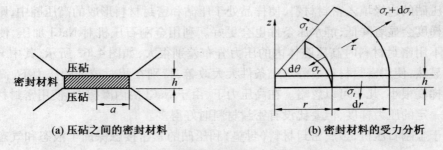

（a）压砧之间的密封材料　　　　　　　（b）密封材料的受力分析

图 4.63　平面压砧间的密封材料及受力[1]

选择半径 r 处的一个扇形体积元，如图 4.63（b）所示，其径向宽度为 dr，张角为 $d\theta$，z 方向厚度即为密封材料的厚度 h。根据体系的对称性，可知这个体积元所受的应力，见图 4.63（b）。图中 τ 代表压砧和密封材料之间的相互作用力。在稳定状态，这个体积元所

受合外力为零,径向力的平衡方程为

$$\sigma_r hr d\theta + 2\sigma_t h dr \sin(d\theta/2) = (\sigma_r + d\sigma_r)h(r+dr)d\theta + 2\tau r dr d\theta \tag{4.10.1}$$

整理得

$$h\frac{rd\sigma_r}{dr} + h(\sigma_r - \sigma_t) + 2\tau r = 0 \tag{4.10.2}$$

如果作用力 τ 小于材料的剪切强度 τ_0,那么上式中的 τ 可由摩擦力 $\mu\sigma_z$ 代替,其中 μ 为压砧和密封材料间的摩擦系数。上式变为

$$h\frac{rd\sigma_r}{dr} + h(\sigma_r - \sigma_t) + 2\mu\sigma_z r = 0 \tag{4.10.3}$$

当压力增加时,密封材料和压砧之间存在滑动,因此上式给出滑动条件。如果 σ_z 足够大,以致于 $\mu\sigma_z$ 超过了材料的剪切强度,则当两个压砧同时挤压中间的密封材料时,内部物质向外挤出,而与砧面接触的地方无法向外运动,造成材料的屈服而发生塑性变形,这时密封材料好像焊在压砧上一样。压砧和密封材料间的作用力就是材料的剪切强度 τ_0,平衡方程给出粘附条件

$$h\frac{rd\sigma_r}{dr} + h(\sigma_r - \sigma_t) + 2\tau_0 r = 0 \tag{4.10.4}$$

根据最大剪应变能理论,$\tau_0 = Y_0/\sqrt{3}$,其中 Y_0 为各向同性屈服强度。根据最大剪应力理论,剪切强度 $\tau_0 = Y_0/2$,为简单起见,这里采用后者。当 $r=0$ 时,由于对称性,$\sigma_r = \sigma_t$,式(4.10.4)的第二项为零。实际上,除了 $r=a$ 附近,其他位置这个条件也近似成立,即

$$h\frac{d\sigma_r}{dr} + Y_0 = 0 \tag{4.10.5}$$

例如,在 $r=a$ 处,式(4.10.4)的第三项为 $Y_0 a$,而第二项至多为 $Y_0 h$,当 $h \ll a$ 时,式(4.10.5)仍然成立。粘附条件和滑动条件之间的界限为

$$2\mu\sigma_z = Y_0 \tag{4.10.6}$$

由于外力施加在 z 轴方向,因此 $\sigma_z > \sigma_r$。由屈服条件,处于粘附条件的密封材料中存在如下关系

$$\sigma_z = \sigma_r + Y_0 \tag{4.10.7}$$

上式没有考虑 $r=a$ 附近的情况,在那里 $\sigma_z - \sigma_r < Y_0$,可能不满足粘附条件。

假定粘附条件在整个密封材料中都成立,由式(4.10.5)可求出径向应力的分布

$$\sigma_r = -Y_0 r/h + C \tag{4.10.8}$$

式中 C 为积分常数。利用边界条件 $r=a$ 处 $\sigma_r = 0$,可知

$$\sigma_r = \frac{Y_0 a}{h}\left(1 - \frac{r}{a}\right) \tag{4.10.9}$$

代入式(4.10.7),得

$$\sigma_z = Y_0\left[\frac{a}{h}\left(1 - \frac{r}{a}\right) + 1\right] \tag{4.10.10}$$

当 $r=0$ 时压力达到最大值

$$\sigma_z^{\max} = Y_0\left(\frac{a}{h}+1\right) \tag{4.10.11}$$

在单轴应力的作用下,屈服在 $\sigma_z(r)=Y_0$ 时发生。塑性流动使密封材料的屈服应力增大了一个 $(a/h+1)$ 因子。

密封材料上平均的正应力为

$$\sigma_z^{av} = \frac{1}{\pi a^2}\int_0^a \sigma_z 2\pi r\mathrm{d}r = Y_0\left(\frac{a}{3h}+1\right) \tag{4.10.12}$$

因此

$$\sigma_z^{\max}/\sigma_z^{av} = \frac{a/h+1}{a/3h+1} = K \tag{4.10.13}$$

K 称为应力集中因子。如果 $a/h=9$,$K=2.5$,$\sigma_z^{\max}=10Y_0$。静水压力为

$$\sigma_m = \frac{1}{3}(\sigma_r+\sigma_t+\sigma_z) = Y_0\left[\frac{a}{h}\left(1-\frac{r}{a}\right)+\frac{1}{3}\right] \tag{4.10.14}$$

可见,要得到高的中心压力,比值 a/h 必须非常大。实际的高压实验中,由于压砧并不是刚性的,所以密封材料的厚度也不均匀,中央的厚度大,边缘较薄。

当摩擦系数 μ 不是很小时,滑动条件可表示为下面的方程

$$h\frac{\mathrm{d}\sigma_r}{\mathrm{d}r}+2\mu\sigma_z = 0 \tag{4.10.15}$$

利用式(4.10.7),可得

$$h\frac{\mathrm{d}\sigma_r}{\mathrm{d}r}+2\mu\sigma_r = -2\mu Y_0 \tag{4.10.16}$$

如果应力 $\sigma_z(r)$ 不足以使整个密封材料都处于粘附状态,那么一定存在一个分界点 $r=b$,$c<r<b$ 的部分处于粘附状态,$b<r<a$ 部分由于 $\sigma_z(r)$ 较小而处于滑动状态,如图 4.64 所示。

假设材料的屈服强度 Y_0 不随压力变化,式(4.10.16)可变形为

$$\frac{\mathrm{d}(\sigma_r+Y_0)}{\mathrm{d}r} = -\frac{2\mu}{h}(\sigma_r+Y_0) \tag{4.10.17}$$

对应的解为

$$\sigma_r = -Y_0+C'\mathrm{e}^{-\frac{2\mu}{h}r} \tag{4.10.18}$$

利用边界条件 $r=a$ 处 $\sigma_r=0$,可得

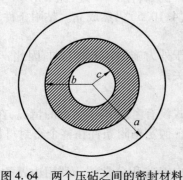

图 4.64　两个压砧之间的密封材料

$$C' = Y_0\mathrm{e}^{\frac{2\mu}{h}a} \tag{4.10.19}$$

$$\sigma_r = Y_0 \left[e^{2\mu(a-r)/h} - 1 \right] \tag{4.10.20}$$

这就是 $b<r<a$ 部分的径向应力分布，由式(4.10.7)可知 z 方向应力 σ_z 为

$$\sigma_z = Y_0 e^{2\mu(a-r)/h} \tag{4.10.21}$$

$c<r<b$ 部分的径向应力由式(4.10.8)给出。$r=b$ 时径向应力 σ_r 连续

$$Y_0 \left[e^{2\mu(a-b)/h} - 1 \right] = -Y_0 b/h + C \tag{4.10.22}$$

得

$$C = Y_0 \left[e^{2\mu(a-b)/h} + b/h - 1 \right] \tag{4.10.23}$$

$$\sigma_r = Y_0 \left[e^{2\mu(a-b)/h} + (b-r)/h - 1 \right] \tag{4.10.24}$$

$$\sigma_z = Y_0 \left[e^{2\mu(a-b)/h} + (b-r)/h \right] \tag{4.10.25}$$

另一方面，在 $r=b$ 时，式(4.10.6)和(4.10.7)同时被满足，所以

$$\sigma_r(b) = Y_0(1/2\mu - 1) \tag{4.10.26}$$

根据式(4.10.20)、(4.10.24)和式(4.10.26)可以计算出 b/a 的数值。

在密封材料的中心附近，还有一小部分不发生流动。这部分的半径为 c，如图 4.64 所示。$r=c$ 为非流动区和粘附区的分界，这一点压砧和密封材料间的作用力 τ 连续，即 $\tau = \tau_0 = Y_0/2$，而在密封材料的中心，压砧和密封材料的作用力 $\tau = 0$。因此在这个区域内，可近似认为 $2\tau = Y_0 r/c$，代入方程(4.10.2)，考虑到 $\sigma_r = \sigma_t$，得

$$\frac{d\sigma_r}{dr} = -\frac{Y_0}{hc} r \tag{4.10.27}$$

积分后得

$$\sigma_r = -\frac{Y_0}{2hc} r^2 + C'' \tag{4.10.28}$$

$r=c$ 时径向应力 σ_r 连续，根据式(4.10.24)有

$$\sigma_r = Y_0 \left[e^{2\mu(a-b)/h} + (b-c)/h - 1 \right] + \frac{Y_0 c}{2h}(1 - r^2/c^2) \tag{4.10.29}$$

其中分界点 c 和压力的大小、材料的性质等因素有关。

金刚石和金属之间的摩擦系数为 $0.1 \sim 0.5$。取 $\mu = 0.125$，则 $\sigma_r(b) = 3Y_0$。仍然取 $a/h = 9$，由式(4.10.20)可计算出 $b/a = 0.38$；取 $c/a = 0.1$，代入式(4.10.29)得 $r=0$ 处，$\sigma_r^{max} = 6.9Y_0$，$\sigma_z^{max} = 7.9Y_0$。图 4.65 为密封材料中的应力分布。

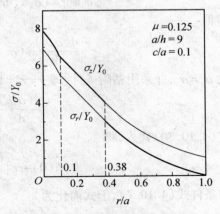

图 4.65 密封材料中的应力分布

2. 非平面压砧间的密封材料

如果砧面不是平面,而是圆锥形或球形,那么方程(4.10.2)就需要做一些改动,为简单起见,考虑锥形砧面,如图4.66(a)所示,砧面之间的密封材料厚度就与到中轴线的距离有关,可以写为

$$h = h(0) + cr \tag{4.10.30}$$

其中 c 为常数,且 $c \ll 1$。

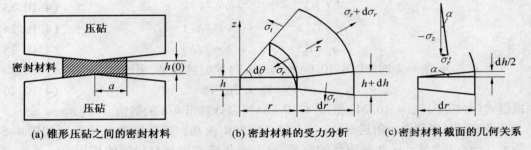

(a) 锥形压砧之间的密封材料　　　(b) 密封材料的受力分析　　　(c) 密封材料截面的几何关系

图 4.66　锥形压砧之间的密封材料及受力

和平面压砧比较起来,锥形砧面使 z 方向的应力 σ_z 在 r 方向会产生分力 σ_r',从图4.66(c)可以看出

$$\sigma_r' = -\sigma_z \tan\alpha = -\sigma_z \mathrm{d}h/(2\mathrm{d}r) \tag{4.10.31}$$

扇形小体积元径向受力平衡给出如下方程

$$(\sigma_r h) r\mathrm{d}\theta + 2\sigma_t h \mathrm{d}r \sin(\mathrm{d}\theta/2) = [(\sigma_r h) + \mathrm{d}(\sigma_r h)](r+\mathrm{d}r)\mathrm{d}\theta + 2\sigma_r'(r\mathrm{d}r\mathrm{d}\theta) + 2\tau r\mathrm{d}r\mathrm{d}\theta$$

代入式(4.10.31),略去二阶无穷小项,得

$$\sigma_t h\mathrm{d}r = (\sigma_r h)\mathrm{d}r + r\mathrm{d}(\sigma_r h) - \sigma_z r\mathrm{d}h + 2\tau r\mathrm{d}r$$

整理得

$$\frac{\mathrm{d}(\sigma_r h)}{\mathrm{d}r} + (\sigma_r - \sigma_t)\frac{h}{r} - \sigma_z\frac{\mathrm{d}h}{\mathrm{d}r} + 2\tau = 0 \tag{4.10.32}$$

假设 $\sigma_r = \sigma_t$,并采用粘附条件,即 $\tau = \tau_0 = Y_0/2$,则上式变为

$$\frac{\mathrm{d}(\sigma_r h)}{\mathrm{d}r} + Y_0 - \sigma_z\frac{\mathrm{d}h}{\mathrm{d}r} = 0 \tag{4.10.33}$$

将式(4.10.30)代入,得

$$[h(0) + cr]\frac{\mathrm{d}\sigma_r}{\mathrm{d}r} + c\sigma_r + Y_0 - c\sigma_z = 0 \tag{4.10.34}$$

利用条件式(4.10.7),上式简化为

$$[h(0) + cr]\frac{\mathrm{d}\sigma_r}{\mathrm{d}r} + (1-c)Y_0 = 0 \tag{4.10.35}$$

对应的解为

$$\sigma_r = -(1/c-1)Y_0\ln\left[h(0)+cr\right]+C' \tag{4.10.36}$$

式中，C' 为积分常数，由边界条件 $\sigma_r(a)=0$ 确定。式（4.10.35）的解为

$$\sigma_r = -(1/c-1)Y_0\ln\frac{\left[h(0)+cr\right]}{\left[h(0)+ca\right]} \tag{4.10.37}$$

进一步可求出应力 σ_z。

　　压砧砧面形状不同给出不同的压力分布，图 4.67 给出了平面、锥形和球形压砧之间密封材料中的压力分布。对于砧面为平面和球面的压砧，计算参数为 $h_0/a=0.02$、$\mu=0.11$、$R/a=10$。图中圆点和圆圈分别代表粘附区和滑动区、粘附区和非滑动区的边界。对锥形压砧，计算参数为 $a=300~\mu m$，$Y_0=2~GPa$，$h(0)=2~\mu m$，整个压砧都处于粘附状态。

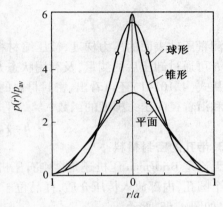

图 4.67　几种压砧中密封材料内的压力分布[1]
其中纵轴压力用压砧平均压力做了约化

　　根据以上对密封材料的力学分析可知，当金刚石压机内密封材料以粘附状态为主时，从式（4.10.25）可得到以下结论：

　　（1）压砧中心最大压力正比于压砧半径 a 与密封材料厚度 h 的比值（$a\approx b$），而与压砧和密封材料间的摩擦系数无关。例如用 600 μm 直径的砧面产生 30 GPa 的中心压力，当密封材料的屈服强度 $Y_0=1.5$ GPa 时，密封材料的厚度 $h\approx15~\mu m$。这个值与实际比较起来要小一倍，主要是由两个原因造成的。第一，密封材料在压砧之间的部分发生塑性流动，可看成是一个自紧圆筒，可承受 3～5 GPa 的压力。外部的密封材料越厚，这个压力就越高。同样压力下，密封材料的初始厚度越大，最终厚度就越大。为了获得大的最终厚度，需要用初始厚度为 0.6～0.8 mm 的密封材料。第二，密封材料的剪切强度随着压力的增加而增大，增大的方式与压力分布类似，同时密封材料的塑性流动造成强度的增加，提高了中心的压力。

　　（2）对于线性的压力分布，即 $p=p_{max}(1-r/a)$，对整个砧面积分可得加载的力为 $F=p_{max}\pi a^2/3$，砧面上的平均压力 $p_{av}=F/\pi a^2=p_{max}/3$，应力集中因子为 3，相当于式（4.10.13）中 a/h 取无穷大。

　　（3）由式（4.10.5）可知屈服强度的大小为

$$Y_0 = h\frac{d\sigma_r}{dr} \tag{4.10.38}$$

密封材料中的压力 $p(r)$ 定义为三个主应力的平均值，即

$$p(r) = \frac{1}{3}(\sigma_r + \sigma_t + \sigma_z) \tag{4.10.39}$$

考虑到 $\sigma_r = \sigma_t$ 和 $\sigma_z - \sigma_r = Y_0$，上式变为

$$p(r) = \sigma_r + \frac{1}{3}Y_0 \tag{4.10.40}$$

这样式(4.10.38)可改写为

$$Y_0 = h\frac{\mathrm{d}p}{\mathrm{d}r} \tag{4.10.41}$$

通过测量压砧表面的压力梯度，被压缩材料的屈服强度就可通过上式来求出，其中材料的厚度 h 可通过卸压后的测量，及利用状态方程校正得到。

从式(4.10.41)还可看出，密封材料的厚度 h 并不依赖于初始厚度，而是材料的屈服强度和沿着径向压力梯度的函数

$$h = Y_0 / (\mathrm{d}p/\mathrm{d}r) \tag{4.10.42}$$

3. 带孔的密封材料

无论是 Bridgman 压机还是金刚石压机，都要对样品进行压缩。通常是在密封材料中开一个圆孔，内部放入传压介质，样品位于传压介质的中心。压砧的中轴线和圆孔的圆心重合，如图 4.68 所示。

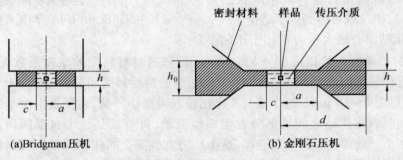

图 4.68　带孔的密封材料

压砧砧面直接和传压介质、密封材料接触，压砧之间可分为两部分，一部分为传压介质，另一部分为密封材料。如果传压介质为液体，由于剪切强度为零，应力是各向同性的，即

$$\sigma_r = \sigma_t = \sigma_z = p \tag{4.10.43}$$

其中 p 为应力的静水压成分，由式(4.10.39)给出。在密封材料中，应力 $\sigma_r = \sigma_t$，根据式(4.10.2)，应力满足方程

$$\frac{\mathrm{d}\sigma_r}{\mathrm{d}r} = -\frac{2\tau}{h} \tag{4.10.44}$$

在密封材料的滑动区，$\tau = \mu\sigma_z$；在粘附区，$2\tau = Y_0$，由于密封材料发生塑性流动，$\sigma_z = \sigma_r + Y_0$。

对金刚石压机,如图4.68(b)所示,密封材料扩展到压砧的侧面,压砧对密封材料形成了支撑,使得 $\sigma_r(a)>0$。如果压砧内外的密封材料厚度相等,即 $h=h_0$,压砧外部 $\sigma_z=0$,$\sigma_r(a)=Y_0$。如果压砧内的密封材料厚度小于外部,即 $h<h_0$,根据大质量支撑原理,$\sigma_r(a)>Y_0$。不妨设

$$\sigma_r(a)=nY_0 \qquad (4.10.45)$$

式中,n 称为大质量支撑系数。对于 Bridgman 压机,如图4.68(a)所示,$n=0$;如果 $h=h_0$,$n=1$;对于 $h<h_0$ 的情况,n 的数值在1以上。利用和前面相同的方法,可解出各个区域的应力分布。

当压砧边缘处的摩擦力小于密封材料的剪切强度,即 $\tau=\mu\sigma_z(a)<Y_0/2$ 时,密封材料中存在滑动区,对应的摩擦系数 $\mu<1/2(n+1)$。设粘附区和滑动区的分界点为 $r=b$,则 z 方向的应力分布为

$$b<r<a$$
$$\sigma_z=(n+1)Y_0\mathrm{e}^{2\mu(a-r)/h} \qquad (4.10.46)$$
$$c<r<b$$
$$\sigma_z=Y_0[(b-r)/h+1/2\mu] \qquad (4.10.47)$$

$r<c$ 时,应力为各向同性。根据径向应力连续的条件可知,$r<c$ 区域的应力均等于 $c<r<b$ 区域的径向应力 σ_r 在 $r=c$ 处的取值,即

$$\sigma_z=Y_0[(b-c)/h+(1/2\mu-1)] \qquad (4.10.48)$$

在 $r=b$ 处应力连续,即式(4.10.46)与(4.10.47)相等可给出 b 的值

$$b=a+(h/2\mu)\ln[2\mu(n+1)] \qquad (4.10.49)$$

当摩擦系数 $\mu>1/2(n+1)$ 时,密封材料中无滑动发生,$c<r<a$ 的应力分布为

$$\sigma_z=Y_0[(a-r)/h+(n+1)] \qquad (4.10.50)$$

$r<c$ 的应力分布为

$$\sigma_z=Y_0[(a-r)/h+n] \qquad (4.10.51)$$

图4.69中给出了密封材料中的压力分布。图中曲线(a)和(b)对应的参数为 $a/h=20$,曲线(c)和(d)对应的参数为 $a/h=5$;曲线(a)和(c)对应的大质量支撑因子 $n=3$,曲线(b)和(d)对应的大质量支撑因子 $n=0$;摩擦系数取 $\mu=0.1$。

圆孔中是液态传压介质,压力为各向同性,具有确定值。压力不太高时,圆孔外一圈的密封材料的压力是线性下降的,而最外部是按照指数规律下降。当压力增加到一定值时,密封材料不存在滑动,整体上压力都是线性下降的。在圆孔附近,传压介质的压力比密封材料低 Y_0,这使得液体被密封在孔里面,产生静水压。

通过式(4.10.51)可给出密封材料厚度 h 作为孔内静水压 p 的函数,p 即为 σ_z,得

$$h=(a-c)Y_0/(p-nY_0) \qquad (4.10.52)$$

图4.70给出了约化厚度 h/a 随着约化压力 p/Y_0 变化的曲线,实线与点划线分别代表

$n=0$ 和 $n=3$ 的情况。

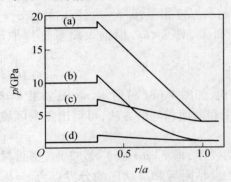 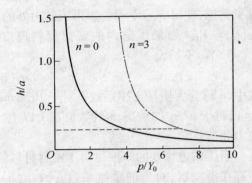

　　图 4.69　密封材料中的压力分布[29]　　　　图 4.70　密封材料的厚度与孔内压力的关系[29]

　　如果密封材料的初始厚度足够大,其厚度随压力的变化将与图中曲线相一致。如果密封材料的状态位于图中曲线的下方,则称为薄密封材料。在薄密封材料的情况下,外力推动压砧前进时,密封材料将向内流动,挤入中间的孔内。因为如果向外流动,密封材料中的应力分布将遵从上述分析推导,符合上图中的曲线,就不是薄密封材料了。薄密封材料的厚度在加压过程中几乎不变,但压力却在增加,直到达到图中的曲线为止,如图 4.70 中的虚线所示。

　　如果孔中的液体不可压缩,或者密封材料没有孔,在压力的作用下密封材料将发生弹性和塑性形变,直至遵从上述曲线,相应地密封材料的厚度降低很小。如果孔中液体是可压缩的,孔内的体积必然要减小对液体加压。如果密封材料足够厚,孔的半径将不变或增大。对于薄密封材料,向内挤入使孔半径减小。密封材料中的某个径向位置相对于压砧是不动的,内部的材料向孔内挤入,外部的材料向边缘挤出。设此处的半径为 r_c,r_c 和压力 p 及密封材料的厚度 h 有关,随着压砧的压缩,r_c 逐渐缩小,直至 $r_c = c$。密封材料中压力最大的地方就是这个不动点,$c < r < r_c$ 和 $r_c < r < a$ 两个区域可按照上面提到的方法处理。如果摩擦系数比较大,压力分布可写成:

　　当 $0 < r < c$ 时

$$\sigma_z = p \tag{4.10.53}$$

　　当 $c < r < r_c$ 时

$$\sigma_z = p + Y_0 [(r-c)/h + 1] \tag{4.10.54}$$

　　当 $r_c < r < a$ 时

$$\sigma_z = Y_0 [(a-r)/h + (n+1)] \tag{4.10.55}$$

密封材料的大质量支撑系数可由压砧之间的厚度 h 和压砧侧面的厚度 h_0 估计出来。如果压砧的砧面直径为 d,底面直径为 D,根据式(3.2.9),砧面压力为

$$p = Y_0 + 2Y_0 \ln(D/d) \tag{4.10.56}$$

对密封材料来说,厚度 h 和 h_0 就相当于砧面直径 d 和底面直径为 D,压砧边缘处密封材料的压力 $\sigma_r(a) = nY_0$ 就相当于砧面压力 p。

从另一个角度看,压砧间的密封材料可以看成是自紧圆筒,内径为 d,外径为 D,根据式(2.5.24),它能承受的内压为

$$p = \frac{2Y_0}{\sqrt{3}}\ln(D/d) \qquad (4.10.57)$$

密封材料的厚度 h 和 h_0 相当于上式中的直径 d 和 D。可见上述两种处理方式得到了类似的结果。因此,如果忽略式(4.10.57)中 $1/\sqrt{3}$ 因子,大质量支撑系数可定义为

$$n = 1 + 2\ln(h_0/h) \qquad (4.10.58)$$

采用金刚石压机的典型数据,$h_0/h \sim 10$,n 取值为 5 左右。对于工作在几十 GPa 高压下的压机来说,密封材料的压缩对中间圆孔形高压腔的支撑是相当可观的。和无支撑的密封材料如 Bridgman 压机来比较,压砧之间的密封材料厚度可更大,从而容纳的样品量也越多。斜角压砧比平面压砧能提供更大的支撑,因而可承受更高的压力。

从实际应用来看,为了达到大质量支撑的效果,密封材料需要在加压前预压。如果使用厚度为 100 μm 的密封材料,通常并不是从厚度为 100 μm 的密封材料板上剪下一块,而是利用厚度为 500 μm 的密封材料预压到 100 μm,然后在中心钻孔。密封材料需要足够大,以对中心材料提供强的支撑。密封材料的厚度不能太小,否则会产生弯曲,影响支撑的效果,而且容易造成爆裂,损坏压砧。预压的程度可通过两方面来控制,第一是根据以往的经验,使预压厚度只比前一次实验中密封材料的最终厚度大一点点;第二是使加载的力与实验中产生最高压力时加载的力相同。有些实验室选择密封材料的尺寸为 $h : c : a : h_0 : d = 1 : 3 : 10 : 10 : 100$,几个参数的含义见图 4.68。也就是说,密封材料的厚度取为孔直径的 1/3,孔的直径取为砧面直径的 1/3 左右,密封材料的初始厚度与砧面直径相同,直径为砧面直径的 10 倍。

加压过程中,可能会产生一个不稳定的状态,压砧前进的同时所需的力却在下降,如果继续,将导致压砧的损坏。图 4.71 给出了密封材料中正应力的径向分布。在图中(a)~(d)过程中,密封材料逐渐变薄,压力逐步升高,孔的直径缓慢缩小。经过(d)状态后,密封材料变薄的同时孔在扩大,如(e)~(g)所示。

图 4.71 中使用的是薄密封材料,随着压砧的挤压,孔在缩小,但压力梯度基本不变。

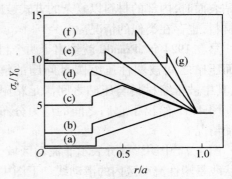

图 4.71　密封材料中正应力的径向分布[29]

根据附着（粘附）条件，径向应力梯度为

$$\frac{\mathrm{d}\sigma_r}{\mathrm{d}r} = -\frac{Y_0}{h}$$

(4.10.59)

因而密封材料的厚度改变不大。压力增大时，密封材料中最高压力的位置 r_c 逐渐向孔的边缘 c 靠近。一旦两者重合，再增大压力就需要更陡的压力分布，导致密封材料的厚度 h 降低，同时孔的直径增加。用以支持圆孔的外部密封材料（范围为 $a \sim c$）变少，增加的压力比预期低，甚至压力要降低。根据数值计算，当孔的尺寸 $r_c = 2a/3$ 时，发生扩孔现象；当 $r_c = 3a/4$ 时，发生压力的下降现象。在实际应用中，为安全起见，孔的大小可取为 $r_c = a/3$。

降压时，Bridgman 压机经常发生爆炸，而金刚石压机却不存在这个问题，而且可升、降压达几个循环。

在降压过程中，密封材料圆孔内的液体体积变大，因此孔要扩大，密封材料将向外流动，这时密封材料中的应力关系为

$$\sigma_t = \sigma_z$$
$$\sigma_r = \sigma_z + Y_0$$

(4.10.60)

由于孔内的压力要高于外部密封材料中的压力，液体会发生泄漏，这就是造成降压的主要原因。

4. 厚密封材料

图 4.63 及相关推导有一个前提，密封材料内的轴向应力在轴向的分布是均匀的，即沿着 z 方向，σ_z 是不变的，小的密封材料厚度可以满足这一点。金刚石压机中，密封材料的直径和厚度比约为 30，上述分析、推导是合理的。

Bridgman 压机中，密封材料的厚度相对较大，不同于金刚石压机。使用的密封材料都很软，如叶腊石的剪切强度为 0.1 GPa，粘附条件很容易被满足。当表层密封材料附着在压砧表面时，内部的材料以复杂的方式被向外挤出。对于杯状压砧和环状压砧之间的密封材料，也存在类似的情况。

早在 1924 年，Prandtl 就给出了两个粗糙平面压砧之间被塑性压缩圆盘问题的解析解，其中被压缩材料与压砧之间满足粘附条件。图 4.72 给出了它们之间的应力分布和流动情况。

图 4.72 中阴影部分表示非流动区域，网格状线是塑性流动区内的滑动线。下图中的箭头表示 z 方向的应力分布。右上角的图给出了两组滑动线 α 和 β，它们包围的体积元

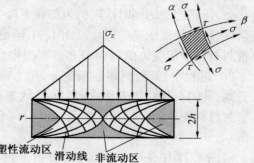

图 4.72 两个刚性压砧间的密封材料[1]

受静水压力 σ 和剪应力 τ 的共同作用。实际上，只有在密封材料与压砧界面上，这个解给出的应力分布才是正确的。

1954 年，Ilyushin 得到了密封材料中心平面应力状态的解

$$\frac{\mathrm{d}\sigma}{\mathrm{d}x} = \pm Y_0 \frac{\mathrm{d}(2\alpha)}{\mathrm{d}y} \qquad (4.10.61)$$

式中，$\sigma = (\sigma_x + Y_0)/2$ 为静水压；α 为主应力与 x 方向的夹角。这个解适合于任何对称形状的压砧，包括环状压砧。图 4.73 给出了"双环状"压砧的压力分布曲线。环形槽内形成了非流动区，槽的边界上摩擦力最大。

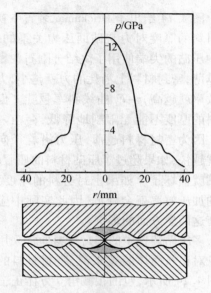

图 4.73　"双环状"压砧间密封材料中心面的压力分布[1]

4.10.3　常用的密封材料

1. 大体积装置

大体积高压设备如 Bridgman 压机、多压砧装置中，传压介质有时也用作密封材料。一般情况下传压介质的体积略大于高压腔体，在加压过程中被挤出而起到密封作用。传压介质用于密封材料时需要具有以下性质：在压缩过程中容易变形，并很好地粘附在压砧表面上，而且高压下不易流动，即在高压下具有很高的剪切强度。

作为传压介质，高压下需具有小的剪切强度。这样，对传压介质和密封材料各提出一部分不同的性能要求，但实际上往往是使用同种材料，为此只能采取折衷的办法，特别需要考虑的是内摩擦系数。

Bundy 认为密封材料的内摩擦系数在 0.30 ~ 0.50 且 5 GPa 时的体压缩率在 15% 为好。Hall 认为内摩擦系数为 0.25 ~ 0.50 的材料适合用于高压密封。表 4.2 中所列材料，内摩擦系数小的只能用于传压介质，大的可用于密封材料，中间可作两用。

最常用的密封材料有叶腊石、石墨、滑石、六方 BN、AgCl、In 等，其中叶腊石使用最多。密封材料的选择和传压介质、压砧材料等因素有关，需要综合考查各种材料力学性能的差别，使压力的产生效率最高，而又不致引起爆炸。例如，如果使用 MgO 作为传压介质，在压砧之间预先放置比 MgO 剪切强度高的叶腊石作为密封材料，可有效地对传压介质内的高压进行密封，提高产生压力的效率。密封材料的尺寸也对装置的性能产生影响，如果密封材料太多，则因摩擦而降低有效加载到样品上的力；如果密封材料太少，则不能有效密封传压介质中的高压，造成爆炸。密封材料的尺寸可以通过数值计算来作为依据，但一般都是通过经验来确定。不同的研究组，甚至是不同的个人都有自己的设计尺寸。

图 4.74 给出了 Drickamar 装置中初始密封材料的厚度对力与砧面压力关系的影响，其中压砧的尖端使用了烧结金刚石。密封材料越薄，密封材料上消耗的力就越小，力的加压效率就越高，p-F_t 曲线斜率越陡。但密封材料的厚度不能无限制地降低，存在一个极限。因为密封材料越薄，压力沿着径向的下降就越快，如果超过了压砧材料的屈服强度，压砧就损坏了。如果密封材料的厚度太大，力的加压效率就会降低，因此实际中应充分权衡这两个方面的影响。

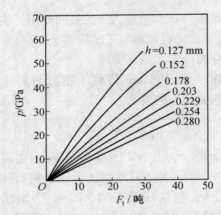

图 4.74　密封材料厚度对砧面压力与加载外力关系的影响[5]

多压砧装置中的密封材料通常采用叶腊石。对正八面体装置来说，密封材料的分布如图 4.14 所示，包围在截角立方体正三角形砧面的周围。密封材料是截面形状为等腰梯形的叶腊石条，见图 4.75。压砧、砧面的尺寸不同，密封材料的尺寸也不一样。一般压砧的尺寸用两个数字和中间的一条斜线"b/a"来表示($b>a$)，其中 b 表示立方块压砧的边长，a 表示砧面正三角形的边长，如图 4.75(a)所示。例如，14/8 代表压砧立方体边长为 14 mm，砧面三角形边长为 8 mm。表 4.3 列出了一些压砧及密封材料的尺寸数值。

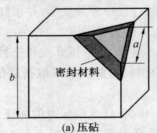

(a) 压砧

(b) 密封材料的尺寸

图 4.75　压砧和密封材料的尺寸

表 4.3　正八面体装置的压砧和密封材料尺寸[30]

压 砧		密封材料	
a/mm	b/mm	w/mm	h/mm
17	25	6.0	3.7
15	25	6.0	4.7
11	18	5.0	3
8	18	5.0	4.7
8	14	5.0	2.5

2. 金刚石压机

对于不同实验要求,金刚石压机采用不同物质来作为密封材料。金刚石压机的密封材料一般是金属,特殊的实验如介电性质测量,需要采用绝缘性能好的材料。T301 钢是最常用的密封材料。在需要大的高压腔体时,需要采用硬度高的金属 Re 来作密封材料。Re 也可用在高温实验中。在做电学测量时,要在金属密封材料表面涂上 Al_2O_3 或 MgO 绝缘层,以方便引入电极。在金属密封材料表面涂上一层金刚石粉,可以增加表面的剪切强度,在保持其他参数不变的情况下,使高压腔的容积增加 $2 \sim 3$ 倍,可容纳更多的样品。对于反应活性高的样品,如过氧化氢,选择密封材料时要避免对样品的影响。如果对样品进行高压原位的结构分析,需要借助于 X-射线衍射和中子衍射。侧向 X-射线衍射需要使用对 X-射线透明、低背底的小原子序数密封材料,如高强度的金属铍,或带有金属铍插层的高强度石墨。如果使用原子序数高的密封材料,需要将其制成金属玻璃。$Ti_{52}Zr_{48}$ 合金对于中子的散射几乎为零,可用作高压中子衍射实验的密封材料。

蓝宝石比较脆,剪切强度比较低,太硬的密封材料将导致蓝宝石压砧的损坏。蓝宝石压砧的尺寸较大,能容纳更多的样品,因此需要厚的密封材料。综合这两方面的要求,蓝宝石压机通常使用复合密封材料,如在铜片中间使用硬钢夹层,使压砧感受到的剪切强度不大,而密封材料厚度又不至于太薄。其他宝石的强度要低于金刚石,密封材料的设计与蓝宝石类似。

参考文献

[1] EREMETS M I. High Pressure Experimental Methods[M]. New York: Oxford University Press, 1996.

[2] 吉林大学固体物理教研室高压合成组. 人造金刚石[M]. 北京: 科学出版社, 1975.

[3] 伊恩 L 斯佩恩, 杰克 波韦. 高压技术(第一卷), 设备设计、材料及其特性[M]. 陈国理, 等译. 北京: 化学工业出版社, 1987.

[4] ITO E. Theory and Practice: Multianvil Cells and High-Pressure Experimental methods. In: PRICE G D, SCHUBERT G ed. Treatises on Geophysics[M]. Vol 2. Amsterdam: Elsevier B. V., 2007: 197-230.

[5] BUNDY F P. Ultra-high pressure apparatus[J]. Physics Reports, 1988(167): 133-176.

[6] ZHAI S M, ITO E. Recent advances of high-pressure generation in a multianvil apparatus using sintered diamond anvils[J]. Geoscience Frontiers, 2011(2): 101-106.

[7] MASAKI K, SAWAMOTO H, OHTANI E, et al. High pressure generation by MASS 31.8-90 type apparatus[J]. Review of Scientific Instruments, 1975(46): 84-88.

[8] DUNSTAN D J, SPAIN I L. The technology of diamond anvil high-pressure cells: I. Principles, design and construction[J]. Journal of Phyics E: Scientific Instrucments, 1989(22): 913-923.

[9] XU J A,MMO H K,BELL P M. High pressure ruby and diamond fluorescence:Observations at 0.21 to 0.55 terapascal[J]. Science,1986(232):1404-1406.

[10] XU J A,YEN J,WANG Y,et al. Ultrahigh pressure in gem anvil cell[J]. High Pressure Research,1996(15):127-134.

[11] XU J A,HUANG E. Graphite-diamond transition in gem anvil cells[J]. Review of Scientific Instruments,1994(65):204-207.

[12] XU J A,YEN J,WANG Y,et al. Raman study on D_2O up to 16.7 GPa in the cubic zirconia anvil cell[J]. Journal of Raman spectroscopy,1996(27):823-827.

[13] XU J A,MAO H K. Moissanite:A new window for high-pressure experiments[J]. Science,2000(290):783-785.

[14] XU J A,MAO H K,HEMLEY R J,et al. The moissanite anvil cell:a new tool for high-pressure research[J]. Journal of Physics:Condensed Matter,2002(14):11543-11548.

[15] XU J A,MAO H K,HEMLEY R J,et al. Large volume high-pressure cell with supported moissanite anvils[J]. Review of Scientific Instruments,2004(75):1034-1038.

[16] XU J A,MAO H K,HEMLEY R J. The gem anvil cell:high-pressure behaviour of diamond and related materials[J]. Journal of Physics:Condensed Matter,2002(14):11549-11552.

[17] JAYARAMAN A. Diamond anvil cell and high-pressure physical investigations[J]. Reviews of Modern Physics,1983(55):65-107.

[18] HOLZAPFEL W B,ISAACS N S. High-pressure Techniques in Chemistry and Physics:A Practical Approach[M]. New York:Oxford University Press,1997.

[19] 箕村茂. 超高圧[M]. 東京:共立出版株式会社,1988.

[20] MAO H K. Theory and Practice:Diamond-Anvil Cells and Probes for High P-T Mineral Physics Studies. In:Price G D,Schubert G ed. Treatises on Geophysics[M]. Vol 2. Amsterdam:Elsevier B. V. ,2007:231-267.

[21] 日本材料学会高圧力部門委員会. 高圧実験技術とその応用[M]. 東京:丸善株式会社,1969.

[22] PAWLEY A R,CLARK S M,CHINNERY N J. Equation of state measurements of chlorite,pyrophyllite,and talc[J]. American Mineralogist,2002(87):1172-1182.

[23] UTSUMI W,WEIDNER D J,LIEBERMANN R C. Volume measurement of MgO at high pressures and high temperatures. In:Manghnani M H,Syono Y,Yagi T ed. Properties of Earth & Planetary Materials at High Pressure & Temperature[M]. Washington DC:American Geophysical Union,1998:327-333.

[24] KING J H. Choice of materials for use in compressible-gasket high-pressure apparatus [J]. Journal of Scientific Instruments,1965(42):374-380.

[25] HALL H T. High Pressure Apparatus. In:Bundy F P,Hibbard W R,Strong H M ed. Progress in very high pressure research[M]. New York:John Wiley & Sons,1961:1-9.

[26] LIPPINCOTT E R,DUECKER H C. Pressure distribution measurements in fixed-anvil high-pressure cells[J]. Science,1964(144):1119-1121.

[27] PIERMARINI G J,BLOCK S,BARNETT J D. Hydrostatic limits in liquids and solids to 100 kbar[J]. Journal of Applied Physics,1973(44):5377-5382.

[28] CHAN K S,HUANG T L,GRZYBOWSKI T A,et al. Pressure concentrations due to plastic deformation of thin films or gaskets between anvils[J]. Journal of Applied Physics, 1982(53):6607-6612.

[29] DUNSTAN D J. Theory of gasket in diamond anvil high-pressure cells[J]. Review of Scientific Instruments,1989(60):3789-3795.

[30] FROST D J,POE B T,Trønnes R G,et al. A new large-volume multianvil system[J]. Physics of the Earth and Planetary Interiors,2004(143-144):507-514.

第5章 压力和温度的测量

研究材料在高压下的性质,应知道压力的数值,这就要对压力进行准确的测量。许多高压实验中还要用到高温,需要同时测量温度和压力。物理量的测量一般有两种方法:即根据该物理量的定义直接测定的方法和使用定标简单、方便的间接测量方法。前者称为一次方法,又称作初级或绝对方法,后者称为二次方法,又称为次级或相对方法。压力和温度的测量也分为一次测量方法和二次测量方法。

5.1 一次测压方法[1,2]

一次压力计通过测量面积和作用于其上的力来计算相应的压力值。常用的一次压力计有水银柱压力计和自由活塞型压力计。

5.1.1 水银柱压力计

一个大气压可以托起760 mm高的水银柱,可以利用与某压力平衡时的水银柱高测量压力。图5.1(a)为单级U型管水银柱压力计,对应压力为

$$p = \rho g h \qquad (5.1.1)$$

式中,ρ为水银的密度;g为重力加速度;h为U型管两侧水银柱的高度差。

此种压力计的缺点是测量压力有限,因为水银柱高太长,对底部形成极大的压力,相应地U型管的耐压也要提高;水银是流体,随着柱高度的增加,水银的密度发生变化;另一方面,环境温度的变化也影响到水银的密度。这些因素都会造成测量的误差,需要进行修正,压力的表达式变为

$$p = \int_0^h \rho(h, T)(g/g_c)\,dh \qquad (5.1.2)$$

这时水银密度ρ是液柱高度差h和温度T的函数,g_c为重力加速度的修正因子,无量纲。水银柱压力计可在压力不高时使用,有人曾经在矿井中测量了4.3×10^7 Pa的压力。单级U型管在压力较高时水银的高度差会很大,如4.3×10^7 Pa的压力需要使用300 m以上的管长,使用起来很不方便。Onnes把几个U型管串联起来,每个管内充以水银,水银之间充以水等轻质液体。图5.1(b)所示为三级水银柱的串联,这时的压力为所有U型管内水银高度差之和乘以水银的密度,减去水柱高度差之和乘以水的密度,再乘以重力加

速度

$$p = \rho_{\text{Hg}}g(h_1 + h_2 + h_3) - \rho_{\text{H}_2\text{O}}g(h_2 + h_3) \tag{5.1.3}$$

式中，ρ_{Hg} 和 $\rho_{\text{H}_2\text{O}}$ 分别为水银和水的密度。Onnes 曾经测到数十大气压的压力。用这种方法测到的最高压力为 0.25 GPa，是 Newitt 等人实现的。

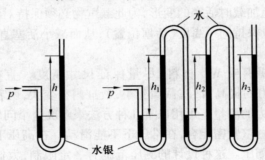

图 5.1　U 型管水银柱压力计

水银柱压力计的优点是测压精度高，压力在 4.0×10^6 Pa 以下，对水银柱的温度进行精确控制时（± 0.5 ℃）精度可达十万分之一。一般水银柱压力计用在 10^6 Pa 以下的压力范围，10^6 Pa 以上的压力测量可用活塞压力计。

5.1.2　活塞压力计

在已知横截面积的活塞上施加外力，以平衡压力对活塞的作用力，可以直接计算出压力的数值。活塞压力计就是根据这一原理制成的，如图 5.2 所示。

图 5.2 示出了最简单的活塞压力计结构。待测压力通过液体引入液缸，作用到活塞上，活塞的顶部加载重物，重物的重量与压力平衡。设重物的重量为 W，活塞的自重为 w，活塞的横截面积为 A，待测压力即流体压

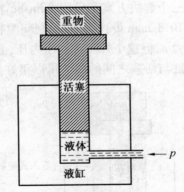

图 5.2　顶部加载的活塞压力计

力为 p，大气压力 p_0。活塞与圆筒紧密配合，根据定义

$$p = (W + w)/A + p_0 \tag{5.1.4}$$

式中忽略了活塞与液缸之间的摩擦力。事实证明，在较低压力下将活塞旋转到某一临界速度以上，在活塞与液缸壁之间形成一薄层油膜，可使摩擦完全消除，且不会形成对活塞轴向的分力。测量时保持活塞的旋转，使误差降低到最小。如果活塞旋转速度不够，油膜就不完整，摩擦增加，测量精度下降并会损坏活塞与液缸之间的配合。

活塞压力计中的流体通常是矿物油,具有一定黏度,高压下易固化,为此测量高压时要换成具有适当黏度的有机溶剂,例如异戊烷、甘油或水等。

加载的重物是一些质量固定的砝码,测量不同的压力范围,需要改变活塞的横截面积即活塞直径,即使用不同的活塞压力计。

测量时应尽量避免加载时活塞的变形,为此载重物必须保持对称性,而且重心尽量放低。压力平衡位置尽量保持同一高度(活塞位置),从而减小活塞直径的加工偏差带来的误差。

活塞和圆筒可用硬钢或 WC 材料,尽量保证尺寸精度。直径误差不应超过 4×10^{-4} mm。随着被测压力的提高,活塞截面变小,液缸内径变大,两者间隙也变大,缸内液体渗漏增加,影响到压力的测量。可用以下几种方法来解决这个问题。

第一,将活塞和液缸壁紧密配合,在常压下不能滑动。在高压下,液缸的膨胀使二者间可以自由移动,实现测压。这种设计的测压范围有一定限制,太低不能正常工作,太高又会引起渗漏。根据需要可以设计不同压力范围的压力计。

第二,采用 Bridgman 的重入式液缸设计。如图5.3(a)所示,外部活塞受到压力的作用后收缩,减少了内部活塞的膨胀和液体的渗漏。但是,这种压力计的活塞有效横截面积需要作修正。

第三个解决方案是采用 Johnson 和 Newhall 设计的控制间隙装置,图5.3(b)为示意图。与 Bridgman 设计类似,控制间隙装置在内层液缸外部施加一定压力 p_o 来平衡内部液体的压力 p,但这个外压独立于内压,具有更好的操作性。在内压和外压的共同作用下,内层液缸与活塞之间的间隙得以很好控制,使之可在较高压力下测量。

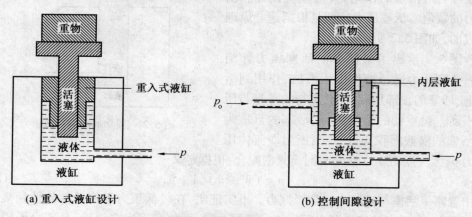

(a) 重入式液缸设计　　　　　　　　　(b) 控制间隙设计

图5.3　改进的活塞压力计

随着测量压力的提高,为平衡内压所需的重物重量就会增大,达到一定限度时再增加重量已不现实。解决的办法就是减小活塞的横截面积,但小的活塞面积造成其机械性能的下降。Michels 设计了差动活塞压力计,如图 5.4 所示。活塞分为两部分,两部分横截面积之差为内部液体作用的有效面积。直径较小的部分在下方吊起重物,与内压相平衡。这种设计的优点是两部分的直径可以非常接近,测量压力很高。高压下这种压力计也同样遇到液缸膨胀引起的液体渗漏现象,应用活塞与液缸紧密配合的方式可有效地解决这个问题。

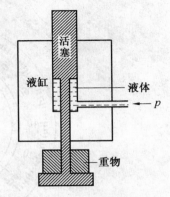

图 5.4　差动活塞压力计

活塞压力计的测量精度也非常高。利用水银柱压力计来校准活塞压力计,在 4×10^6 Pa 范围内两者的差别在十万分之一以内。Dodson 与 Greig 利用两种不同材料制成了相同的压力计,在 1 GPa 时,两者的差别约为 ±0.1 GPa。Kennedy 与 Lamori 将活塞压力计和超高压活塞 – 圆筒装置组合在一起,测出 Cs 元素的相变压力为 4.18 ± 0.10 GPa。

活塞与液缸在温度变化时会发生膨胀或收缩,对活塞压力计的精度产生影响。精确测量要求环境温度的变化不超过 ±0.5 ℃。

除了直接测压,活塞压力计主要用于校正二次压力计。前苏联的 Vereschagin 将活塞压力计和 Bridgman 压机组合在一起,做过直到 10 GPa 的压力校正。

5.2　二次测压方法[1,2]

一次压力计测量压力直观、精度高,但仪器的运输、携带不方便,且不同测量范围需要不同的装置。实际上,压力的测量大多不是通过定义直接进行的,而是通过物质的物理性质随压力的变化进行间接测量的。相应的物理量要求能够精确测量,且随压力变化敏感。进行这种间接测量的压力计称为二次压力计。二次压力计必须用合适的一次压力计来定标。

5.2.1　Bourdon 管压力计

Bourdon 管压力计是应用最广泛的二次压力计,能测量 1 GPa 以下的压力。测量低压的 Bourdon 管一般由黄铜、磷青铜、铝青铜、Ni 等材料制成,在更高的压力下使用不锈钢或 Ni 钢材料。所谓 Bourdon 管是一端开口固定,另一端封闭且可以自由移动的圆弧状中空金属管,截面为圆形或椭圆形。当其内部受压时,弯管的封闭自由端向外伸开,经杠杆系统把位移放大变换后通过齿轮驱动指针在刻度盘上指示压力,如图 5.5 所示。

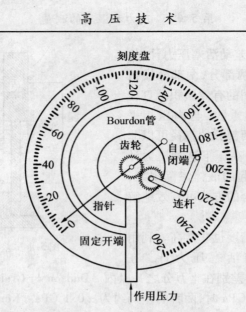

图 5.5　Bourdon 管压力计

Bourdon 管的壁厚应尽量薄,富有弹性,且柔软。但这一要求限制了其最大使用压力。这种压力计在 0.6 ~ 0.7 GPa 时精度最高能达到 0.1%。用于更高压力时由于管壁要加厚,结果失去柔软性、阻力增加,导致测量精度的降低,并出现滞后效应和积累效应。出现积累效应时有必要分别修正升压和降压值。

为安全起见,选择 Bourdon 管压力计时,其最大量程应该是使用中最高压力的 1.5 ~ 2.0 倍。长时间工作在满量程附近,构成 Bourdon 管的材料处于接近弹性限度的应力作用下,产生蠕变,压力计的读数因此发生变化,如图 5.6 所示。满量程工作时,压力计读数随着时间的增加而增大;从满量程降压后读数并不马上恢复到零,而是经过一段时间的恢复缓慢地降为零。

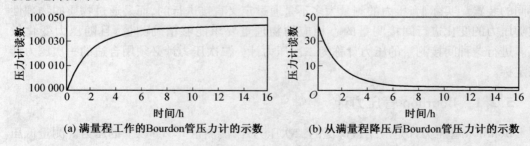

图 5.6　Bourdon 管压力计读数随时间的变化[1]

环境温度会对压力计的精度产生影响,在某些压力计中设计了温度补偿装置,提高了适应性。此外,Bourdon 管处于大气中,大气压力的变化也会影响到精度,需要对大气压进行修正。

当压力过高时，Bourdon 管容易破裂，有可能飞出玻璃碎片或刻度盘，对人员及设备造成伤害，应当注意防护。当高压流体为具有腐蚀性流体时，可使用适当的传压介质隔离开腐蚀性流体，以防有害液体溅出。

5.2.2　应变压力计

纯金属或金属氧化物（半导体）等材料发生应变时电阻发生变化，利用这一性质可制作应变压力计。

在装有高压流体的管外壁缠上适当的测压材料，当管内压力变化时管壁膨胀或收缩，相应地测压材料也发生应变。测出随应变而变化的电阻值，则可换算成压力的变化值。一般测压元件处于电桥电路内，压力由电桥平衡时的输出信号给出。

这种压力计的特点是无须把测压物质放进高压腔体内，应用方便，但精度差一些，常用于低温高压实验和一般高压实验中，如监视高压容器危险点的应变。应变式压力计的测量范围可达 1.5 GPa。

5.2.3　压电压力计

水晶、电石、Rochell 盐等晶体，当沿特定晶轴方向加压发生应变时，在晶体表面上会出现与压力成正比的电荷，称为压电现象。

设 Q 为电量，p 为压力，k 为压电常数，则

$$Q = kp \tag{5.2.1}$$

通过测量晶体表面的电量，就可以确定作用在晶体上的压力。

压电晶体中的电荷可以瞬时出现，并能迅速消失，因此压电压力计适合于测量气体爆炸、内燃机气缸燃料燃烧等在短时间内产生的压力，还能测量压力随时间的变化规律。

压电压力计原理简单，但电子线路复杂，有时还需要用示波器将电流振荡显示出来，其引线需要良好的绝缘，压力读数与空气湿度等因素有关。

压力计的精度与所用的压电晶体密切相关。Rochell 盐对压力的灵敏度比水晶高数百倍，但这种晶体很脆且容易吸水。水晶的压力常数受温度影响较大，超过 400 ℃ 急速减小，因此，实际上只能在 300 ℃ 以下进行测量。

5.2.4　隔板式压力计

如图 5.7 所示，弹性隔板直接接触压源，高压液体使隔板发生弹性应变，通过顶杆推动固定在转轴上的小镜子转动。一束光照射在小镜子上，反射光点的移动放大了隔板的应变。测量被光学放大的隔板应变值，就可以测出高压液体的压力。

较高压力的测量要求隔板具有较高的机械强度，因此隔板式压力计的测量范围取决

于隔板厚度,可由下式求出

$$t^3 = kpr^4/ED \tag{5.2.2}$$

式中,t 为隔板厚度;k 为常数($\sim 1/6$);p 为高压液体与大气的压差;r 为隔板半径;E 为隔板材料的杨氏模量;D 为隔板中心处的应变量。

这种压力计可在较低压力范围内使用,也可测量随时间变化的压力。

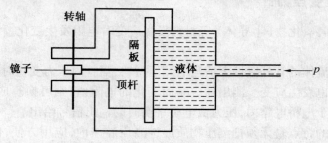

图 5.7 隔板式压力计

5.2.5 电容压力计

和隔板压力计相似,电容压力计也是通过与高压介质接触电极的应变来进行测压的。如图 5.8 所示,可动电极与高压液体接触,发生应变,压缩固定电极与可动电极之间的电介质引起电容的变化。测量体系的电容就能得知压力的变化。

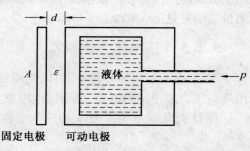

图 5.8 电容压力计

设电极极板面积为 A,极板间距为 d,介质的介电常数为 ε,真空中的介电常数为 ε_0。体系可看成是一个平行板电容器,其电容为

$$C = \frac{\varepsilon_0 \varepsilon A}{d} \tag{5.2.3}$$

两边微分,得

$$dC = \frac{-\varepsilon_0 \varepsilon A}{d^2} da \tag{5.2.4}$$

可见,电容变化与板间距变化成正比,由板间距的变化可测出压力变化。

极板间的电介质是压力敏感物质,如 CaF_2 离子晶体,可感知极板的微小位移。式(5.2.4)给出的线性关系只是一种近似,更精确的关系需要加入非线性项

$$C/C_0 = 1 + k_1 p + k_2 p^2 \tag{5.2.5}$$

式中,C_0 为 1 atm 下的电容;p 为压力;k_1 和 k_2 分别为压力一次项和二次项的系数。

5.2.6　电阻压力计

应用材料机械应变测量压力的压力计,使用起来很不方便。可以利用材料在压力下的电效应测压。这种压力计具有设备紧凑、结构简单的特点,例如,压电压力计就是根据这一原理制成的。电阻在压力下的变化也可用来测压,相应的测压装置就是电阻压力计。由于压力下材料的电阻变化很小,电阻压力计只有在 0.1 GPa 以上的压力才能适用。

用作电阻压力计的材料一般是纯金属或合金。纯金属中电阻压力系数大的有 Pt、In、Pb 等。Drickamer 用 Pt、In 测量过高达 50 GPa 的压力,并利用冲击波法测得的实验值进行修正。纯金属的电阻不仅与压力有关,而且受温度影响很大。金属的电阻随着温度增加而增大,半导体和绝缘体的电阻却正好相反。因此精确的测量要求采取必要的温度控制措施。

有些合金的电阻温度系数较小,例如含 11% Mn、2.5% ~ 3% Ni 的锰铜线的电阻压力系数很高,为 $dR/(Rdp) \sim 2.4 \times 10^{-5} GPa^{-1}$;20 ℃ 时电阻的温度系数为 $dR/(RdT) \sim 5 \times 10^{-6} K^{-1}$,见表 5.1。在实验过程中温度的相对变化要比压力小几个数量级,在精度要求不太高的情况下,温度对锰铜线电阻的影响可忽略。

表 5.1　几种材料电阻的压力系数和温度系数[1]

材料	$(dR/dT)_p /R(K^{-1})$			$(dR/dp)_T /R(GPa^{-1})$
	0 ℃	20 ℃	40 ℃	
锰铜	$-15 \sim 20 \times 10^{-6}$	$\pm 5 \times 10^{-6}$	$10 \sim 16 \times 10^{-6}$	$2.4 \sim 2.5 \times 10^{-5}$
Au + 2.1%Cr	-1.5×10^{-6}	$< 10^{-6}$	1.5×10^{-6}	$0.99 \sim 1.05 \times 10^{-5}$
锌铜	$< 10^{-6}$	$< 10^{-6}$	$< 10^{-6}$	1.6×10^{-5}

锰铜具有面心立方结构,力学性质接近各向同性。锰铜压力计的优点在于电阻随压力的线性变化规律。Bridgman 用 Hg 的凝固点(0.7569 GPa)首次标定了锰铜丝压力计,并外推到该值的 2.5 倍作为测压依据。后来他用自由活塞计直接测压时发现,直到 1.3 GPa 为止,锰铜的电阻随压力呈线性变化。在 1 GPa 时,偏离线性误差仅为 0.7%。在更高的压力,Bi 的相变点(2.54 GPa)定标后发现电阻的线性外推值对实验值的偏离很小,只有 1% ~ 2% 左右。图 5.9 给出了锰铜电阻随压力变化的示意图。

锰铜的压力系数在 $10^{-5} GPa^{-1}$ 数量级,很小的电阻变化反映了很大的压力变化。如电阻为 200 Ω 的锰铜线,电阻变化 0.01 Ω 时,对应的压力变化为 $\Delta p = 0.01/(2.4 \times 10^{-5} \times 200) = 2.1$ GPa。测量 0.01 Ω 的电阻变化需要使用电桥。为达到更高的测量精度,电阻的测量误差应小于 ±0.001 Ω,这时要求锰铜线恒温。图 5.10 中给出了锰铜线的电阻随

温度的变化关系曲线,在温度为 21 ℃ 时电阻存在一个极大值。当锰铜线的温度变化为
1 ℃ 时,电阻变化为 $\Delta R = 5 \times 10^{-6} \times 200 \times 1 = 0.001\ \Omega$。

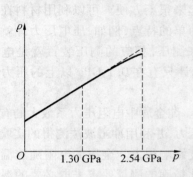

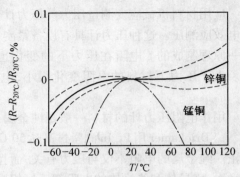

图 5.9　锰铜的电阻随压力的变化　　　　　图 5.10　锌铜和锰铜的电阻随温度的变化[1]

压力较高时,锰铜的电阻稍稍偏离线性关系,在 2.5 GPa 可将压力与电阻的关系写为

$$p = p_0 + \alpha R/R_0 + \beta (R/R_0)^2 + \cdots \tag{5.2.6}$$

式中,p_0 代表常压;R_0 为常压下的电阻值;α 和 β 为常数;可用两个定标点求出。

例如,0 ℃ 时 Hg 的凝固点为 0.756 9 GPa,Bi 的 Ⅰ 相和 Ⅱ 相的转变点为 2.54 GPa。
α 的值为 9.5 ~ 10.5 × 10² GPa,β 的值为 5 ~ 10 GPa,3 GPa 以下这个公式的误差不超过
±0.5%。

锰铜的电阻还受环境因素的影响,氮气气氛下锰铜的电阻缓慢增大;2 GPa 时,在氢
的作用下电阻增加可达 15%。

锰铜压力计中的锰铜丝一般绕成线圈,并需要进行老化处理,以消除金属丝中的应力
和零点漂移。通常的处理方法是在 140 ℃ 将锰铜退火,然后在液氮温度(77 K)淬火,这
个过程需重复多次。另一个方法是在真空中对锰铜进行退火,几十个小时即可使阻值达
到稳定。

锰铜压力计的电阻随成分或应变状态的不同而不同,因此每个线圈都要一一进行压
力定标。锰铜压力计具有很高的精度,而且线性好,并可数字化,测量数据能用电脑来处
理,使用广泛。一般锰铜压力计的测量压力范围为 3 GPa 以下,高精度测量要求温度波动
小于 ±0.1 ℃。

20 世纪 50 年代,Darling 和 Newhall 利用金和铬的合金(Au + 2.1% Cr)作为电阻压力
计的材料。如表 5.1 所示,其电阻的压力系数也比锰铜小,约为 $10^{-5} GPa^{-1}$,但电阻受温度
影响极小。其电阻的温度系数要比锰铜小一个数量级,但随压力增加而增大,不如锰铜稳
定,图 5.11 所示为金铬合金在压力下的电阻与温度的关系。金铬合金的电阻压力计容易
漂移,在压力循环时产生滞后现象。

表 5.1 中还列出了锌铜的电阻压力系数和温度系数。锌铜的电阻压力系数仅为锰铜

的 2/3,但整个温区内其温度系数都在 $10^{-6}\ K^{-1}$ 以下,受温度干扰较小。图 5.10 也画出了锌铜电阻随温度变化的曲线,图中的虚线代表其电阻的分布范围。

InSb 在 300 ~ 400 ℃ 处理后,电阻随压力的变化遵从抛物线规律。在高于 0.6 GPa 的压力作用下,压力系数和压力的关系是线性的。电阻温度系数比锰铜大三个数量级,且随压力增加而下降,但压力系数也要比锰铜大得多。

其他一些材料,如空穴浓度为 $10^8\ cm$ 的合金碲,n 型 GeAs 等的电阻也对压力敏感,可用作电阻压力计的材料。

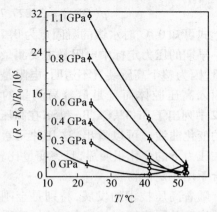

图 5.11　压力下金铬合金的电阻随温度的变化[1]

电阻压力计应在流体传压介质中使用,使用压力可达 6 GPa。在固态传压介质中使用时,由于压力梯度不为零,会出现虚假效应。而且材料的不均匀应变会带来附加电阻,导致测量精度很差。

5.3　超高压力的定标[1~30]

前面介绍过的各种压力计,包括一次压力计和二次压力计,在传压介质为流体时能给出精确的结果。对于应用固态传压介质的较高压力实验,很难使用上述压力计。即使应用液态传压介质,在一定压力下也会发生固化现象,存在同样的问题。这时可利用已知的固体在常温下的相变压力来定标,或者寻找新的压力敏感材料来进行压力测试。

5.3.1　固定点压力定标

压力定标点是某些物质,例如金属的一级相变点。通过测量相变前后的体积、电阻的突变、折射率的变化、光吸收率的变化、磁性的突变或由潜热引起的温度变化等来求出应用的载荷同内部真压力的关系。用于定标的物质,应容易获得高纯度且测压可重复性好。在相变点处要求其热力学量或物理性质变化大而且迅速,相变压力受温度影响小;在高压一侧和低压一侧靠近相变压力得到的结果应尽可能接近,差别很小。

1 GPa 以下定标点很多,如 0 ℃ 时 CO_2 的凝固点为 0.337 GPa,20 ℃ 时 CCl_4 固相 I – II 之间转变点压力为 0.331 GPa,25 ℃ 水的凝固点为 0.968 GPa。最常用的是水银的凝固线,利用电阻测量很容易检测,相变的灵敏度高、重复性好并具有很小的迟滞。由实验确定水银的凝固线方程为

$$p(\text{GPa}) = 3.827\,7\left\{\left[T(\text{K})/234.29\right]^{1.772} - 1\right\} \tag{5.3.1}$$

由上式可知 0 ℃ 时水银的凝固点为 0.756 9 GPa。

　　早期的压力定标中电阻是主要测量的物理量,因为整个高压装置不透明,电阻是最容易引入高压腔体而且是最容易测量的。图 5.12 中列出了 Bi、Tl、Cs、Ba 和 Sn 在高压下电阻的变化曲线。可以看出,这几种元素的电阻在压力下的变化很明显,且突变量比较大,适合于用作定标物质。

　　随着高压技术的发展,特别是金刚石压机的出现及同步辐射技术的应用,使得高压下的原位光学、结晶学测试成为可能,相关方面的测试确定了新的压力定标点。表 5.2 列出了一些 2 GPa 以上常用的压力定标点。

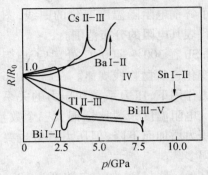

图 5.12　高压下 Bi、Tl、Cs、Sn 和 Ba 的电阻变化曲线[3]

表 5.2　2 GPa 以上的压力定标点[1~6]

材料及相变	温度/℃	压力/GPa	测量手段
Bi Ⅰ – Ⅱ	25	2.55	电阻
SiO₂石英 – 柯石英	1 200	3.2	高压淬火
Tl Ⅱ – Ⅲ	25	3.68	电阻
Cs Ⅱ – Ⅲ	25	4.2	电阻
Fe₂SiO₄橄榄石 – 尖晶石	800 ~ 1 200	4.8 ~ 5.8	原位 X – 射线衍射
Ba Ⅰ – Ⅱ	25	5.5	电阻
CaGeO₃石榴石 – 钙钛矿	900 ~ 1 200	6.2 ~ 5.9	原位 X – 射线衍射
Bi Ⅲ – Ⅴ	25	7.7	电阻
Sn Ⅰ – Ⅱ	25	9.4	电阻
Fe α – ε	25	11.2	电阻
Eu Ⅰ – Ⅱ	25	12.2 ~ 13	电阻
Ba Ⅱ – Ⅲ	25	12.3	电阻
Pb Ⅰ – Ⅱ	25	13.4	电阻
Rb Ⅰ – Ⅱ	25	14.2 ~ 15.3	电阻
FeTiO₃钛铁矿 – 钙钛矿	500 ~ 750	15.1 ~ 16.0	原位 X – 射线衍射

续表 5.2

材料及相变	温度 /℃	压力 /GPa	测量手段
ZnS 金属 – 半导体	25	15.6	电阻
$MgAl_2O_4$ 尖晶石 – 钙钛矿 + 刚玉	1 600	16	高压淬火
GaAs 金属 – 半导体	25	18.3	电阻
$Fe_{20}Co_{80}$ $\alpha - \varepsilon$	25	19	电阻
GaP 金属 – 半导体	25	22	电阻
$Fe_{40}Co_{60}$ $\alpha - \varepsilon$	25	28.5 ~ 29.5	电阻
NaCl B1(NaCl) – B2(CsCl)	25	29 ~ 30	原位 X – 射线衍射
Zr $\omega - \beta$	25	33	电阻
EuO	25	40	电阻
Fe_2O_3	25	54 ±1	电阻、原位 X – 射线衍射

　　高压下的压力定标点一直不断地被修改,许多实验室进行这方面的研究,并召开国际会议,公布大多数人公认的定标点数据。例如,25 ℃ 时 Ba 的 Ⅰ 相和 Ⅱ 相的相变压力就从最初的 7.4 GPa 改为现在公认的 5.5 GPa。表中的数据仍需进一步审查,修改。

　　将一些压力定标物质放入高压腔体,在确定外加载荷即压力的作用下,定标物质的某些物理量发生变化。对这些点的压力与载荷关系进行拟合,就可以得到高压装置的压力 – 载荷定标曲线,这样通过载荷就可以方便地得到高压腔体内的压力。一般大体积高压装置是由液压系统驱动的,相应地载荷也用油压来表示。图 5.13 中给出了正八面体装置的几条压力 – 油压定标曲线,其中 SD 代表烧结金刚石。

　　图 5.13 中 SD 和 WC 下面标注的数据为砧面正三角形的边长,SD 压砧的边长为

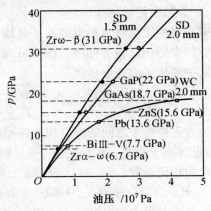

图 5.13　固定点压力定标曲线[6]

14 mm,WC 压砧的边长为 32 mm。对于 WC 压砧,随着油压的增加,压力饱和在 20 GPa 左右。烧结金刚石压砧的定标曲线几乎为线性,可达到更高的压力。对于相同的定标物质,不同曲线上对应的压力是相同的,重现性比较好。

5.3.2 状态方程(EOS) 测压

用理论或半经验的方法求出特定物质的状态方程式,并由此求出其压力 p、体积 V 和温度 T 的关系。只要测出样品的体积和温度,可从状态方程求出压力值,而不需要通过载荷和作用面积来求压力。

根据热力学,晶体的压力 p 与 Helmholtz 自由能 F 的关系为

$$p = -\left(\frac{\partial F}{\partial V}\right)_T \tag{0.1.5}$$

式中 V 为晶体的体积。自由能 F 和内能 E 的关系为

$$F = E - TS = E + T\left(\frac{\partial F}{\partial T}\right)_V \tag{5.3.2}$$

考虑到 0 K 时晶体的内能 E_0 和热运动引起的能量 E,晶体的压力可表示为

$$p = -\frac{\partial E_0}{\partial V} + \gamma\,\frac{E}{V} \tag{5.3.3}$$

式中第一项称为冷压,第二项与热运动有关,称为热压,其中 γ 称为 Grüneisen 常数,表达式如下

$$\gamma = -\frac{\partial \ln \omega}{\partial \ln V} \tag{5.3.4}$$

式中,ω 为晶格振动的频率。

碱金属的卤化物为典型的离子晶体,其晶格能量在理论上有许多计算结果,利用它的状态方程来测压是很方便的。Decker 考虑了高温下晶格振动贡献,得到 NaCl 和 CsCl 等几种离子晶体的内能表达式

$$E(r) = -\frac{\alpha e^2}{r} - \frac{C}{r^6} - \frac{D}{r^8} + Qbe^{-r/\rho} + Q'b_-\,e^{-r\delta/\rho_-} + Q'b_+\,e^{-r\delta/\rho_+} \tag{5.3.5}$$

第一项为正负离子之间的库仑相互作用能,其中 α 为 Madelung 常数,e 为基本电荷电量,r 为最近邻离子距离;第二和第三项分别为偶极 – 偶极和偶极 – 四极范德瓦尔斯作用能,C 和 D 为相应系数;后三项代表电子云重叠引起的排斥能,ρ 和 $\rho_\pm$ 与离子半径有关,而 b 和 $b_\pm$ 与离子的极化率有关,Q 和 Q' 为最近邻和次近邻的离子数,δ 为次近邻与最近邻距离之比。上述方程中含有经验方法决定的参数 b 和 ρ,对初始体弹性模量的实验值敏感。根据式(5.3.3) ~ (5.3.5),可得到上述离子晶体的状态方程。

Decker 计算了一些离子晶体的压力与晶格常数、温度的关系,并以表格的形式发表了 0 ~ 50 GPa、0 ~ 800 ℃ 范围内的数据。应用最多的是 NaCl 的状态方程,称为 NaCl 压标(NaCl scale)。表5.3 为1971 年 Decker 发表的 NaCl 压标的部分数据,CsCl 状态方程的数据见表5.4。表中 r_0 和 V_0 代表常压时的最近邻离子间距和晶胞体积。

表5.3　NaCl 的压力和温度、晶格常数的关系[8]　　　　　　GPa

$\Delta V/V_0$	0 ℃	25 ℃	100 ℃	200 ℃	300 ℃	500 ℃	800 ℃	$\Delta r/r_0$
0.0		0.000	0.213	0.500	0.789	1.372	2.248	0.0
− 0.017 9	0.377	0.447	0.660	0.947	1.237	1.819	2.697	− 0.006
− 0.058 8	1.597	1.667	1.879	2.166	2.456	3.040	3.919	− 0.020
− 0.115 3	3.849	3.918	4.130	4.416	4.707	5.292	6.174	− 0.040
− 0.169 4	6.859	6.928	7.138	7.425	7.715	8.301	9.186	− 0.060
− 0.221 3	10.853	10.921	11.130	11.415	11.706	12.293	13.181	− 0.080
− 0.271 0	16.120	16.187	16.394	16.679	16.970	17.558	18.448	− 0.100
− 0.318 5	23.038	23.105	23.310	23.594	23.884	24.473	25.366	− 0.120
− 0.341 5	27.265	27.331	27.535	27.819	28.108	28.697		− 0.130

表5.4　CsCl 的压力和温度、晶格常数的关系[9]　　　　　　GPa

$\Delta V/V_0$	0 ℃	25 ℃	100 ℃	200 ℃	300 ℃	500 ℃	800 ℃	$\Delta r/r_0$
0.0		0.000	0.175	0.409	0.644	1.115	1.821	0.0
− 0.023 8	0.374	0.432	0.606	0.839	1.073	1.541	2.245	− 0.008
− 0.058 8	1.147	1.204	1.377	1.608	1.840	2.305	3.004	− 0.020
− 0.115 3	2.835	2.891	3.061	3.290	3.519	3.979	4.669	− 0.040
− 0.169 4	5.166	5.221	5.389	5.614	5.040	6.294	6.977	− 0.060
− 0.221 3	8.347	8.401	8.567	8.789	9.012	9.460	10.134	− 0.080
− 0.271 0	12.653	12.707	12.869	13.088	13.308	13.751	14.416	− 0.100
− 0.318 5	18.445	18.498	18.657	18.872	19.089	19.526	20.183	− 0.120
− 0.363 9	26.195	26.247	26.403	26.615	26.829	27.259	27.908	− 0.140
− 0.407 3	36.526	36.577	36.730	36.938	37.149	37.573	38.213	− 0.160

当使用 NaCl 和 CsCl 作为压力标准时,必须用某种方法定出压力下晶体的体积。超高压下测量体积的方法有:

(1) 用 X – 射线或中子衍射精确测量晶格常数及其变化值;

(2) 用活塞 – 圆筒法测量活塞位置,确定体积变化;

(3) 用超声波技术测弹性系数,并由此导出材料的密度变化。

用超声波法可测量到 3 ～ 5 GPa 的压力;用活塞 – 圆筒法可测量到 10 GPa。NaCl 体积变化一般是利用 X – 射线衍射技术得到的。压力不太高时,可使用 WC 压砧来产生高压,进行 NaCl 晶格常数的测量。在更高的压力需使用金刚石压机。NaCl 压标的精确度在 5 GPa 以下为 1%,10 GPa 的压力下为 1.7%,20 GPa 为 2.4%。NaCl 在 29 ~ 30 GPa 时发生相变,转变为 CsCl 结构,因此 NaCl 压标的使用上限为 29 GPa。

　　Decker 的 NaCl 压标的可靠性曾受到质疑。Chhabildas 和 Ruoff 用 1 m 长的 NaCl 单晶作为研究对象,在静水压下超精密地测量其长度变化,直到 0.75 GPa 的压力。由此得出,在 29.5 ℃ 时初始体弹模量 K_0 = 23.77 ± 0.03 GPa,其对压力的一阶微分 K'_0 = 5.71 ± 0.25。该值与超声波法测的数据 K'_0 = 5.35 接近,但与 Decker 的值 K'_0 = 4.93 相差较大。Chhabildas 与 Ruoff 将 Keane 的状态方程与他们的实验数据相结合算出的 NaCl 结构向 CsCl 结构转变的相变压力为 26.2 GPa。他们重新分析了 NaCl 冲击波实验数据,认为 NaCl 的相变压力为 25.7 GPa 以下,比 Decker 给出的相变压力 29.1 GPa 小 10% ~ 12%。Kennedy 等人对 NaCl 的 Grüneisen 常数随压力的变化进行了研究,静水压条件下成功地测到 3.3 GPa 为止,但得到的结果与 Decker 的变化趋势有相当的差异。

　　可见,Decker 的 NaCl 压标有必要做进一步改进。虽然存在一些不足,但 NaCl 压标中的压力、温度及晶格常数等数据是正确的。由于方便,NaCl 压标在发表后的几十年里获得了广泛使用。

　　1999 年,Brown 对 Decker 的 NaCl 压标进行了修正,表 5.5 给出了相应的 $p - V - T$ 关系。根据 Brown 的 NaCl 压标计算出来的压力略低于 Decker 的 NaCl 压标,如 20 GPa、1 100 K 条件下低 0.2 GPa。5 GPa 以下精度在 1% 以内,10 GPa 为 1.5%,25 GPa 为 3%。

表 5.5　Brown 的 NaCl 状态方程[11]　　　　　　　　　　　　　　GPa

$-\Delta V/V_0$	300 K	400 K	500 K	600 K	700 K	800 K	900 K	1 000 K	1 100 K	1 200 K
0.319 7	23.68	23.91	24.15	24.40	24.64	24.89	25.14	25.39	25.64	25.90
0.300 2	20.62	20.85	21.10	21.35	21.60	21.85	22.10	22.36	22.61	22.87
0.251 1	14.31	14.55	14.81	15.07	15.33	15.59	15.85	16.11	16.37	16.63
0.202 2	9.59	9.85	10.11	10.38	10.64	10.91	11.18	11.45	11.72	11.99
0.153 2	6.09	6.35	6.63	6.90	7.17	7.45	7.73	8.01	8.28	8.56
0.104 3	3.49	3.77	4.05	4.33	4.62	4.90	5.19	5.47	5.76	6.04
0.055 4	1.58	1.86	2.15	2.44	2.73	3.02	3.31	3.60	3.89	4.19
0.001 5	0.03	0.32	0.60	0.89	1.19	1.48	1.77	2.06	2.36	2.65

　　NaCl 压标的优点是这种材料的体弹模量比较低,约为 25 GPa,在 1 000 K 的温度下,NaCl 的差应力容易得到释放,因此可进行高精度的测量。例如 0.1% 的体积测量精度对应于 20 GPa 压力下 0.14 GPa 的准确度。但是,NaCl 的熔点低,高温的应用受到限制,因

为熔点附近热运动剧烈,对内能的非谐贡献加大,进而影响到状态方程;而且熔点附近的晶粒生长迅速,使静水压条件恶化。另一方面,在 1 600 ～ 2 000 K,20 ～ 22 GPa 条件下,NaCl 经历了 B1(NaCl) 向 B2(CsCl) 结构的转变,也限制了 NaCl 压标的使用。

鉴于 NaCl 压标的缺点,可以使用 MgO 压标。MgO 的体弹模量约为 164 GPa;具有高的熔点,常压下为 3 100 K;晶粒生长速度低;直到几百 GPa 的高压不存在相变。MgO 的状态方程研究比较多,如 Jamieson 和 Speziale 利用冲击波和静压数据建立的方程,Matsui 和 Hama 基于理论计算的方程,等等。其中 Speziale 和 Matsui 的方程在 5 ～ 35 GPa,直到 2 000 K 符合得比较好,误差小于 0.5 GPa。这两个压标在 25 GPa、2 000 K 处有交叉,在 25 GPa 以下 Speziale 压标给出的压力偏低,25 GPa 以上 Matsui 压标给出的压力偏低。其他压标和这两个压标偏离较多,且较离散。由于 Speziale 和 Matsui 压标的一致性,经常被作为压力定标的标准,表 5.6 列出了 Matsui 利用分子动力学模拟得到的 MgO 的 $p - V - T$ 关系。MgO 压标的缺点是 MgO 的体弹模量比较大,压力精度不如 NaCl 压标。计算压力时需要同时对几条衍射峰进行计算,以提高测压精度。

表 5.6　Matsui 的 MgO 状态方程[15]

p/GPa	300 K(实验值)	300 K	600 K	900 K	1 200 K	1 500 K	2 000 K	2 500 K	3 000 K
0(实验值)		1.000 0	1.011 8	1.024 6	1.038 3	1.053 3	1.081 2	1.113 8	1.152 0
0	1.000 0	1.000 0	1.010 8	1.024	1.038 3	1.054 4	1.083 4	1.116 9	1.155 8
2.0	0.987 7	0.997 9	1.010 3	1.023 5	1.023 5	1.064 7	1.094 5	1.128 5	0.997 9
5.0	0.970 6	0.971 1	0.980 1	0.991 3	1.003 2	1.016 4	1.039 7	1.065 4	1.094 1
10.0	0.945 2	0.945 9	0.953 7	0.963 3	0.973 5	0.984 7	1.004 2	1.025 2	1.048 1
20.0	0.902 9	0.903 8	0.909 6	0.917 1	0.925 1	0.933 7	0.948 4	0.964 1	0.980 5
30.0	0.868 5	0.869 2	0.873 8	0.879 9	0.886 5	0.893 4	0.905 4	0.918 0	0.931 0
50.0	0.815 0	0.814 8	0.817 8	0.822 2	0.827 1	0.832 1	0.840 9	0.850 1	0.859 3
75.0	0.765 2	0.763 6	0.765 6	0.768 9	0.772 5	0.776 2	0.782 8	0.789 6	0.796 4
100.0	0.726 9	0.723 8	0.725 2	0.727 8	0.730 6	0.733 5	0.738 6	0.743 9	0.749 3

表中数据为摩尔体积比 V/V_0,$V_0 = 11.238\ 2\ cm^3/mol$

纯金属也可用作确定压力的标准,如 Au,Pt、W、Mo、Pd、Ag、Al 和 Cu 等,根据静态压缩和动态压缩数据已经建立其相应的状态方程。这些金属都具有立方结构,X - 射线衍射谱比较简单,而且这些金属在百万大气压以上的压力未发现相变,适合用作压力内标。金属中最常用作压标的是 Au 和 Pt,其他金属在高温高压环境下反应活性高,易受到污染。

Au 的体弹模量为 171 GPa,用作压标时会产生一些误差。在高温下应力得到释放,测压精度可提高。因为 Au 的高原子序数,对 X – 射线的衍射较强,在传压介质中掺入少量即可得到理想的衍射谱。关于 Au 压标的研究很多,但每个压标得到的结果各不相同,目前还没有一个公认的 Au 压标。表 5.7 列出了 Shim 等人发表的 Au 的状态方程。

表 5.7　Shim 等人发表的 Au 的 $p - V - T$ 关系[19]　　　　　GPa

$-\Delta V/V_0$	300 K	500 K	1 000 K	1 500 K	2 000 K	2 500 K	3 000 K
0.00	0.00	1.42	4.99	8.56	12.14	15.72	19.30
0.04	7.55	8.96	12.53	16.11	19.68	23.26	26.84
0.10	22.91	24.32	27.88	31.45	35.03	38.61	42.19
0.14	36.77	38.17	41.73	45.30	48.88	52.45	56.03
0.20	65.29	66.68	70.22	73.79	77.37	80.94	84.52
0.24	91.42	92.80	96.33	99.90	103.47	107.05	110.62
0.30	146.38	147.73	151.25	154.81	158.38	161.95	165.53
0.34	198.07	199.40	202.90	206.46	210.02	213.59	217.17

利用物质状态方程来确定压力,依赖于使用的压标。压标不同,计算出来的压力可以相差很大,图 5.14 给出了相同条件下几种压标之间的对比。从图中可以看出,不同压标给出的压力差最大可达 4 GPa。费英伟等人对 Shim 的 Au 压标做了修改,使其与 Speziale 等的 MgO 压标相吻合。实际应用中,推荐使用 MgO 压标,因为 MgO 是宽带隙的离子晶体,热压中自由电子的贡献很小,更容易处理,争议较少。

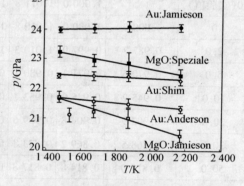

图 5.14　不同压标计算出压力的比较[21]

为建立一个可靠的压标,需要同时测量高压高温条件下的体积和弹性性质。查长生提出利用高压下的 Brillouin 散射来得到声速,结合 X – 射线衍射技术得到密度来直接求得压力,并成功地测量了直到 55 GPa 压力 MgO 的弹性数据。

5.3.3　红宝石压标(Ruby scale)

红宝石压标是一种重要的压标,应用非常广泛,是美国国家标准局(National Bureau of Standards,NBS)在 1972 年开发的利用光学手段迅速测量超高压的方法。这种方法的依据是红宝石 R_1 荧光线波长随压力的变化关系。

红宝石的主要成分为 Cr 掺杂的 Al$_2$O$_3$,在 Al$_2$O$_3$ 晶场和自旋－轨道耦合的作用下,Cr^{3+} 离子的能级发生分裂,其能级图如图 5.15 所示,图中能级的能量用波数(cm^{-1}) 表示。在能量足够高的入射光照射下,电子首先跃迁到 U 带和 Y 带,然后通过无辐射跃迁弛豫到 ^{2}T$_1$ 和 ^{2}E 亚稳态能级,最后跃迁回基态发出 R 荧光线。R$_1$ 和 R$_2$ 线是由 ^{2}E 能级跃迁产生的,在光谱上非常靠近,对应的波长在常压、25 ℃ 分别为 694.2 nm 和 692.8 nm。这两条能级对应的荧光线在压力作用下会发生红移,压力不太高时红移量与压力成正比,可用来测量压力。图 5.16 给出了红宝石

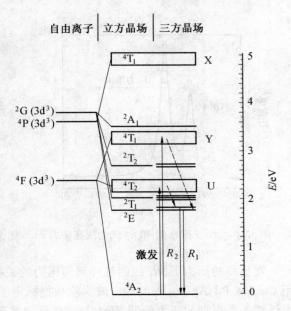

图 5.15　红宝石的电子能级结构[25]

的 R$_1$ 和 R$_2$ 荧光线及其在压力下的移动。图中实线为一个大气压下的荧光光谱,虚线为高压下的谱线。压力越高,谱线的红移量越大。

目前还不能通过第一性原理准确给出红宝石荧光线在压力下的移动规律,红宝石压标必须通过其他压标来进行校准。1.2 GPa 以下,红宝石荧光线压力下的移动可用锰铜电阻压力计来校正。1.5 GPa 以下红移随压力变化的外推曲线和 Decker 的 NaCl 压标的差别在 3% 以内,直到 29.1 GPa。

美国国家标准局的 Piermarini 等人将红宝石与 NaCl 粉末混合物封入甲醇－乙醇(体积比为 4∶1)的混合液中,并用金刚石压机加压。测量红宝石的 R$_1$ 荧光线波长,同时用 X－射线衍射法测量 NaCl 的晶格常数。利用 Decker 的 NaCl 压标来确定压力,得到 R$_1$ 荧光线红移量 Δλ 与压力的关系,如图 5.17 所示。直到 19.5 GPa,Δλ 几乎正比于压力 p

$$p = (2.746 \pm 0.014)\Delta\lambda \qquad\qquad (5.3.6)$$

如果 Δλ 的单位为 nm,p 的单位为 GPa, 对应的系数为 dp/dλ = 2.746 GPa/nm 或 dλ/dp = 0.364 nm/GPa。

可见,红宝石压标和 NaCl 压标是等同的,但是 NaCl 压标不能用在 30 GPa 以上的压力区,而红宝石压标却可以使用到上百 GPa 的高压。

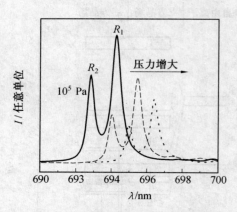 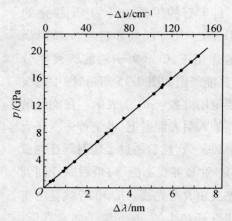

图 5.16　红宝石的 R_1 和 R_2 荧光线在压力下　　图 5.17　红宝石的 R_1 线红移与压力的关系[24]
　　　　　　的移动　　　　　　　　　　　　　　　　　　　基于 Decker 的 NaCl 压标

　　在更高的压力下,R_1 线的红移量与压力的关系略微偏离线性。毛河光和 Bell 等人利用 Cu、Mo、Pd、Ag、Au 等的冲击波实验数据标定了红宝石压标,直到 180 GPa。他们发现由线性关系得到的压力偏低,压力与红移量的关系为

$$p = \frac{A}{B}\left[\left(1 + \frac{\Delta\lambda}{\lambda_0}\right)^B - 1\right] \tag{5.3.7}$$

式中,$A = 1\,904$ GPa;λ_0 为常压下红宝石 R_1 线的波长,为 694.24 nm。

　　对于非静水压条件,$B = 5$,对于静水压条件,$B = 7.665$。图 5.18 中画出了静水压、非静水压条件及线性的压力和红移量之间的关系。把上述已知参数代入,可得非静水压条件下的定压方程为

$$p = 380.8\left[(\Delta\lambda/694.24 + 1)^5 - 1\right] \tag{5.3.8}$$

静水压条件下的定压方程为

$$p = 248.4\left[(\Delta\lambda/694.24 + 1)^{7.665} - 1\right] \tag{5.3.9}$$

两式中的压力单位是 GPa,波长红移量单位是 nm。

　　2000 年,查长生等人利用高压下 MgO 的结构和弹性数据,对红宝石压标进行了修正,得到静水压条件下 $B = 7.715$,对应测压公式为

$$p = 246.8\left[(\Delta\lambda/694.24 + 1)^{7.715} - 1\right] \tag{5.3.10}$$

图 5.19 中比较了几个红宝石测压公式的结果,其中纵轴为红宝石 R_1 荧光线的相对位移。

　　Dewaele 等人利用金刚石压机和同步辐射相结合的技术测量了 Al、Cu、Ta、W、Pt 和 Au 六种元素的状态方程,并对红宝石压标进行了校正,得到了 $B = 9.5$ 的结果。

　　红宝石的荧光线可通过绿色或蓝色的激光来进行激发,利用光栅光谱仪来探测。一般产生高压的腔体比较小,激光在照射红宝石片之前需进行聚焦,可以通过显微镜光学系统来实现。图 5.20 画出了一个简单的红宝石测压系统光路图。

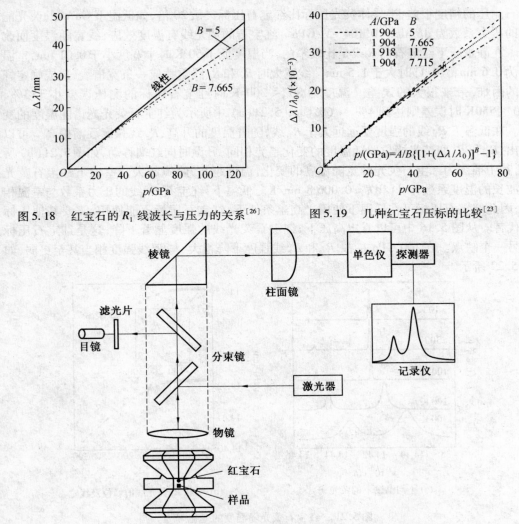

图 5.18　红宝石的 R_1 线波长与压力的关系[26]　　图 5.19　几种红宝石压标的比较[23]

$$p/(\text{GPa})=A/B\{[1+(\Delta\lambda/\lambda_0)]^B-1\}$$

图 5.20　激光红宝石测压系统

红宝石压标的优点是测压速度快。金刚石压机中,低压下只须几十毫秒即可得到高质量的荧光光谱,高压下测量时间增加到几分钟。通过 R_1 线峰位可以很快算出压力,而对于 X – 射线衍射来说,从测量到解谱、定压,需要几个小时的时间。红宝石压标的另一个优点是已利用冲击波数据校正到很高压力,高压下精度比较高。

红宝石压标的缺点是高压腔必须有光学透明的窗口,对于金刚石压机来说,压砧即可作为窗口,但对于大体积设备,压砧多为 WC 等材料,红宝石压标很不方便。红宝石的测压荧光线为双线,非静水压条件下产生重叠,不如单线测压准确。在 1 GPa 压力以下,红宝石测压的精度很差,半导体荧光压标比红宝石压标灵敏20倍,如低温下 GaAs 的荧光能量的压力系数为 $dE/dp = 0.104$ eV/GPa。红宝石的荧光线有温度效应,线宽随温度而改变。在静水压下红宝石的 R 线是比较窄的,当温度低于 50 K 时半宽度小于 0.01 nm,室温时为 0.6 nm,370 ℃ 时大于 1.5 nm。线宽大时 R_1 和 R_2 线重叠成一条宽谱线,造成确定峰位的困难,带来很大的误差。温度为 80 ~ 300 K 时红宝石压标的测压误差小于 3%,320 ~550K 时误差则达到4% ~ 6%。图 5.21(a) 中所示为红宝石荧光光谱随温度的变化。在低温下 R_1 线的强度要远远大于 R_2 线,随着温度的升高,R_2 线强度逐渐提高。可以看出,R_1 和 R_2 两荧光峰位置随温度的变化趋势相同,升温时向红端移动,如图 5.21(b) 所示,其中插图为红宝石荧光峰宽随温度的变化,温度越高,峰宽越大。室温下红宝石荧光线波长的温度系数为 $d\lambda/dT = 0.006\ 8$ nm/K。低温下,红宝石 R_1 线的压力系数与室温相同,因此红宝石压标可在低温下使用。高温条件下,红宝石压标不能使用,需要其他压标来代替。从图 5.16 中可以看出高压下,红宝石荧光线的强度显著下降,这是红宝石压标的另一个缺点。在 100 GPa 左右,R_1 和 R_2 线强度下降很大,与 R_3' 线强度相当甚至更弱,如图 5.22 所示。

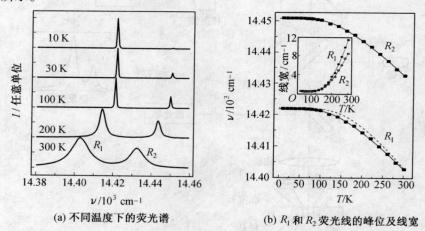

(a) 不同温度下的荧光谱　　　　　　(b) R_1 和 R_2 荧光线的峰位及线宽

图 5.21　红宝石荧光随温度的变化[25]

在准静水压条件下,红宝石荧光线 R_1 和 R_2 双峰可明显区分,红宝石压标的精度约为 0.03 GPa,如果利用软件对峰位进行拟合,精度可提高至 0.01 GPa。低温下红宝石荧光线变窄,压标的精度高于室温,可达 0.005 GPa。理论上,红宝石压标的最高精度为 R 线自然线宽的 $\sqrt{2}$ 倍。

在非静水压条件下,红宝石的 R_1 和 R_2 峰变宽,甚至不能分辨,使用固态传压介质或液态传压介质固化后会存在这个问题。这时红宝石内不同位置的应力不同,造成测量的误差。图 5.23 所示为处于 CCl_4 传压介质中的红宝石的荧光线。在常压和 2.2 GPa 压力下,CCl_4 为液体,红宝石感受到的是静水压,R_1 和 R_2 线峰宽很小,测压精度较高。当压力升高到 4 GPa 时，CCl_4 已固化，传压介质内产生非静水压成分，荧光峰变宽，测压精度下降。当压力继续升高时，非静水压严重，导致 R_1 和 R_2 线重叠，不可分辨。

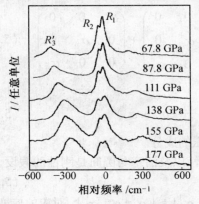

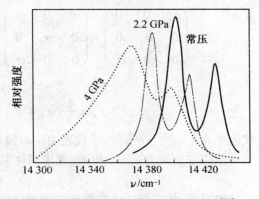

图 5.22　高压下介质 H_2 中红宝石的荧光光谱[28]　　图 5.23　CCl_4 介质中红宝石的荧光光谱[29]

红宝石内存在应力时，也会造成荧光线的移动，有时移动非常大，可达 0.2 GPa。红宝石的不同位置的应力可能不一样，导致在不同点测压得到的结果不同。为了避免这种情况的发生，在使用红宝石之前，应进行退火，消除内部的应力。

5.4　非静水压的测量[31~34]

当传压介质为固体或液态、气态传压介质发生固化时，高压装置产生的压力就不再是静水压了。介质中各个方向应力差别导致的非静水压成分随着压力的增加而增大，有时可以高达几个甚至十几个 GPa，本节介绍非静水压的测量方法。

5.4.1　对顶压砧中应力分布的各向异性

这里以两面加压装置为例，来分析处于其间的固态传压介质的应力。为简单起见，选择图 5.24 所示的压砧系统。固态传压介质处于两个活塞之间，传压介质的厚度远远小于活塞半径。传压介质一般为比较软的材料，屈服强度较小，如 NaCl 在 常 压 下 的 屈 服 强 度 为 0.1 GPa。相对而言，构成活塞和圆筒的材料比较硬。因此，在以下分析中将活塞与圆筒看成是刚性的。

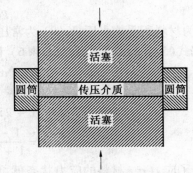

图 5.24　处于活塞 – 圆筒装置中的固态传压介质

选取柱坐标系,主应力分别是 σ_r、σ_t 和 σ_z,由于对称性的要求,$\sigma_r = \sigma_t$。应力张量可写为

$$\begin{pmatrix} \sigma_r & 0 & 0 \\ 0 & \sigma_t & 0 \\ 0 & 0 & \sigma_z \end{pmatrix} = \begin{pmatrix} \sigma_r & 0 & 0 \\ 0 & \sigma_r & 0 \\ 0 & 0 & \sigma_z \end{pmatrix} = \begin{pmatrix} \sigma_r^d & 0 & 0 \\ 0 & \sigma_r^d & 0 \\ 0 & 0 & \sigma_z^d \end{pmatrix} + \begin{pmatrix} \sigma_n & 0 & 0 \\ 0 & \sigma_n & 0 \\ 0 & 0 & \sigma_n \end{pmatrix} \tag{5.4.1}$$

式中

$$\sigma_n = \frac{1}{3}(\sigma_r + \sigma_t + \sigma_z) = \frac{1}{3}(2\sigma_r + \sigma_z) \tag{5.4.2}$$

代表平均正应力。σ_r^d 和 σ_z^d 代表主应力偏离静水压的成分。

主应变分别为 ε_r、ε_t 和 ε_z,考虑到体系的对称性以及活塞与圆筒是刚性的假设,可知

$$\varepsilon_t = \varepsilon_r = 0 \tag{5.4.3}$$

一般情况下,传压介质中非静水压程度比较小,即 $|\sigma_r^d| \approx |\sigma_z^d| \ll |\sigma_n|$,对应的应变关系为 $|\varepsilon_z^e| - |\varepsilon_r^e| \ll |\varepsilon_n|$,其中 ε_n 为各向同性弹性应变,ε_z^e 和 ε_r^e 对应弹性应变。

根据最大剪应力理论,传压介质的屈服条件为

$$\sigma_r - \sigma_z = Y_0 \tag{5.4.4}$$

式中,Y_0 为各向同性屈服强度。

实际上,Y_0 在压力下并不是一个常数,而是随着压力的增加而增大。已有的实验结果表明,材料的弹性模量近似与压力成正比。例如,体弹模量 K 随压力的变化可表示为

$$K(p) = K_0[1 + (K_0'/K_0)p] \tag{5.4.5}$$

式中,K_0 为常压下的体弹模量;K_0' 为体弹模量对压力 p 的一阶导数。对于多晶材料,比值 K_0'/K_0 近似与 E_0'/E_0 相等,其中 E_0 和 E_0' 分别为材料的杨氏模量及其随压力的变化率,因此 Y_0 随压力的变化规律可由下式表示

$$Y_0(p) = Y_0(0)[1 + (E_0'/E_0)p_0] \tag{5.4.6}$$

$$p_0 = -\sigma_n \tag{5.4.7}$$

式中,p_0 为材料所受静水压;$Y_0(0)$ 为常压下的屈服强度。

根据式(5.4.2)、(5.4.4)、(5.4.6) 和(5.4.7) 可得

$$\sigma_r = \alpha Y_0(0) + \beta \sigma_z \tag{5.4.8}$$

其中

$$\alpha = [1 + 2Y_0(0)E_0'/3E_0] - 1 \tag{5.4.9}$$

$$\beta = \frac{1 - Y_0(0)E_0'/3E_0}{1 + 2Y_0(0)E_0'/3E_0} \tag{5.4.10}$$

只要知道了应力 σ_z,材料的应力状态就可由式(5.4.8)求出,并由此可计算出相应的应变。

图 5.25 所示为负应变椭球。由于非
静水压的成分很小,所以负应变椭球可近
似看成是一个球,且

$$-\varepsilon_r^e = -\varepsilon_t^e \approx -\varepsilon_z^e \approx -\varepsilon_n^e$$

从图中可以看出, $-\varepsilon_z^e = -\varepsilon_n^e - \Delta\varepsilon_z^e$,
其他应变也存在类似的关系,所以

$$(-\Delta\varepsilon_z^e) - (-\Delta\varepsilon_r^e) = -\varepsilon_z^e + \varepsilon_r^e$$

$$(5.4.11)$$

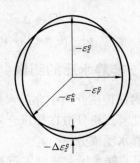

图 5.25　负应变椭球的二维平面表示[31]

利用式(2.1.10)～(2.1.12),并注
意到 $\sigma_r^d = \sigma_t^d$,可得

$$-\varepsilon_z^e + \varepsilon_r^e = -(\sigma_z^d - 2\nu\sigma_r^d)/E + [(1-\nu)\sigma_r^d - \nu\sigma_z^d]/E \qquad (5.4.12)$$

将式(5.4.1)代入,考虑到 $\sigma_r = \sigma_t$,得

$$-\varepsilon_z^e + \varepsilon_r^e = -(\sigma_z - 2\nu\sigma_r)/E + [(1-\nu)\sigma_r - \nu\sigma_z]/E$$

$$-\varepsilon_z^e + \varepsilon_r^e = (1+\nu)(\sigma_r - \sigma_z)/E \qquad (5.4.13)$$

由式(1.2.26)知,材料体应变约为某一方向上应变的 3 倍。将式(5.4.13)乘以 $3K$,
并把 r、z 方向上的压力 p_r、p_z 分别看成是静水压,即可得到材料在两个方向上所受的外压
力之差 $p_z - p_r$ 为

$$p_z - p_r = 3K(1+\nu)(\sigma_r - \sigma_z)/E \qquad (5.4.14)$$

根据式(1.1.13),上式变为

$$p_z - p_r = \frac{(1+\nu)}{(1-2\nu)}Y_0(p_0) \qquad (5.4.15)$$

式中的 Possion 比 ν 和屈服强度 Y_0 均为压力 p_0 下的值。

代入式(5.4.6),可得

$$p_z - p_r = (1+\nu)Y_0(0)(1 + E'_0 p_0/E_0)(1-2\nu) - 1 \qquad (5.4.16)$$

利用

$$p_0 = \frac{1}{3}(p_r + p_t + p_z) = \frac{1}{3}(2p_r + p_z) \qquad (5.4.17)$$

可得

$$p_0 - p_r = \frac{1}{3}(p_z - p_r) \qquad (5.4.18)$$

压力偏离静水压的程度为

$$\frac{(p_0 - p_r)}{p_0} = \frac{(1+\nu)}{3(1-2\nu)}Y_0(0)(1/p_0 + E'_0/E_0) \qquad (5.4.19)$$

如果所选 z' 方向与 z 方向成 θ 角,则式(5.4.11)和式(5.4.15)可写为

$$\Delta\varepsilon_z^{e\prime} - \Delta\varepsilon_r^e = (\Delta\varepsilon_z^e - \Delta\varepsilon_r^e)(1 + \cos 2\theta)/2 \qquad (5.4.20)$$

$$p_z' - p_r = (1 + \nu)Y_0(p_0)(1 + \cos 2\theta)/2(1 - 2\nu) \qquad (5.4.21)$$

5.4.2　非静水压的测量

实验上测量传压介质中非静水压的方法很多,主要有以下几种:

(1)将红宝石粉分散在传压介质中,测量不同位置的压力,由此得到压力梯度和介质中应力的非静水压成分;

(2)利用非静水压造成红宝石 R_1 荧光线的展宽规律,通过测量 R_1 荧光线的半峰宽度来估计非静水压的程度;

(3)根据上一节中的讨论,通过测量立方晶体在外力加载方向及垂直方向上的晶格常数导出差应力的大小;

(4)利用差应力对红宝石 R_1 和 R_2 荧光线劈裂程度的影响规律来确定传压介质中非静水压的程度;

(5)利用平行和垂直于压力加载方向的平面锰铜线圈间电阻的偏离程度来估计非静水压的大小。

图 5.26 为金刚石压机内密封材料圆孔内传压介质的压力分布。相应的压力是通过第(1)种方法得到的。比较起来,甲醇和乙醇按 4:1 体积比的混合液的静水压极限最高,约为 10 GPa,其次是水,然后是 AgCl,NaCl 最差。对两种液态传压介质来说,固化之前都呈现出静水压,固化后由于剪应力的存在出现非静水压成分,且随着压力的提高而增大。通过测得的压力可以方便地求出传压介质内的压力梯度。

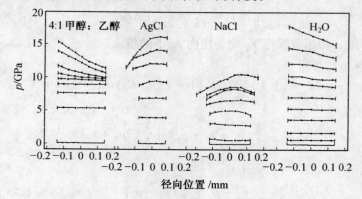

图 5.26　几种传压介质内的压力分布[33]

图 5.27 给出了几种传压介质中红宝石 R_1 荧光线线宽随压力的变化规律,图中线宽的变化已经转化为压力。

在压力比较小时,传压介质保持为液态,介质内的压力为静水压,红宝石 R_1 荧光线的线宽很窄,且随着压力的增加略微变窄。这种线宽的变化来源于压力下红宝石 Debye 温度的升高。当压力增加到一定值时,R_1 线的线宽骤然增加,如图中 P_1、P_2、P_3 和 P_4 所示,分别对应于几种传压介质的玻璃化转变压力,可由高压和低压下数据点拟合线的交点来确定。传压介质的固化在其内部产生剪应力,介质内存在压力梯度,造成谱线的加宽。较高压力下,红宝石所在区域的压力差可达 1 GPa 以上。

Ruoff 利用 X – 射线衍射方法测量过 NaCl 在压力下的晶格常数。当压力为 10 GPa 时,通过测量平行与垂直力的加载方向的晶格常数,由式 (5.4.16) 估算出两个方向上的压力差可达 1.2 GPa,径向的压力 p_r 与外压 p_0 之差约为 – 0.4 GPa。

图 5.28 为 CsI 介质中的红宝石在常压和 65 GPa 压力下的荧光光谱。由于剪应力的存在,高压下 R_1 和 R_2 荧光线的间距增加,两个峰的位置差 $\lambda(R_1) - \lambda(R_2)$ 反映了介质内差应力的大小。

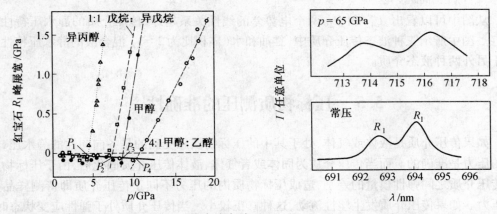

图 5.27　几种传压介质内红宝石 R_1 线半峰宽随　　图 5.28　压力下 CsI 中红宝石 R_1 和 R_2 荧光线的
　　　　　压力的变化[33]　　　　　　　　　　　　　　　　　　间距变化[34]

图 5.29 所示为 CsI 介质中的红宝石两个荧光峰的间距 $\lambda(R_1) - \lambda(R_2)$ 随压力的变化。随着压力的增大,两峰的间距增加,反映了介质中的非静水压成分变大。从图中数据可拟合出峰间距与压力之间的关系为

$$p = 50[\lambda(R_1) - \lambda(R_2) - 1.4] \tag{5.4.22}$$

如果高压腔体没有光学窗口,可利用两个锰铜线圈来测量其内部的非静水压程度。图 5.30 所示为压力下聚四氟乙烯容器内两个相互垂直的锰铜线圈电压之间的关系,插图为两个线圈的放置方式。其中一个线圈平行于压力加载方向,另一个垂直于压力加载方向。图中 U_{12} 和 U_{23} 分别代表插图中相应点之间的电势差,反映了所在位置的压力。在静水压条件下,两个线圈的电阻相等,测量到的电压信号也相同,图中表现为一条直线。如果存在非静水压成分,两个方向的压力就会不同,两个线圈产生的信号将偏离直线。

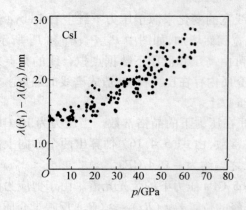

图 5.29　压力下 CsI 中红宝石 R_1 和 R_2 荧光线的间距变化[34]

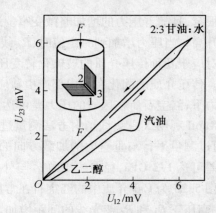

图 5.30　垂直放置的两个锰铜线圈的电压关系[28]

从图中可以看出，U_{12} 和 U_{23} 两个电势差的线性关系越好，传压介质的静水压特性就越好。图中所示三种液态传压介质中，甘油和水（体积比为 2∶3）混合液的静水压特性要好于另外两种液态介质。

5.5　　压标物质测压的准确性[35]

如果传压介质是液体或气体，处于其中的压标物质感受到的是各向同性的静水压，测得的压力是准确的。而当传压介质为固体或者气体、液体传压介质固化后，由于压标物质与传压介质之间弹性模量的差别，造成压标物质内的压力不同于传压介质即待测样品处的压力。如果传压介质发生塑性流动，这种修正较小。当传压介质处于弹性应变状态时，需要引入一个修正系数。

考虑一个球形的压标物质，置于无限大的固态传压介质中。介质在无穷远处被压力 p_0 均匀压缩。将坐标原点选为球心，根据对称性可知压标物质内的压力为静水压，压力为 p_1。设常压下球体的半径为 R，体积为 $V = 4\pi R^3/3$，那么在压力 p_1 的作用下，体积会发生变化，由下式给出

$$K_1 = -\frac{\Delta p}{\varepsilon_V} \qquad (1.1.11)$$

式中，K_1 为压标物质的体弹模量；Δp 为压力 p_1 与常压（10^5 Pa）的差；ε_V 为体应变。

近似认为常压为零，则 $\Delta p \approx p_1$。根据球体的体积公式可得压标物质的体应变为 $\varepsilon_{V1} = \Delta V/V = 3\Delta R/R$，代入上式可得

$$\Delta R = -p_1 \frac{R}{3K_1} \qquad (5.5.1)$$

式中负号代表压力增大时压标物质的体积减小。

由于是均匀受压,传压介质中各个方向上的应变都相同,设为 a。根据式(1.2.26)可知对应的体应变为 $\varepsilon_V = 3a$。介质中位矢 r 处位移为 u,沿 x、y 和 z 方向的位移分别为 u_x、u_y 和 u_z。根据式(3.1.12)可得 r 处体应变为

$$\varepsilon_V = \frac{\partial u_x}{\partial x} + \frac{\partial u_y}{\partial y} + \frac{\partial u_z}{\partial z} = \nabla \cdot u \tag{5.5.2}$$

根据以上分析

$$\nabla \cdot u = 3a \tag{5.5.3}$$

式(5.5.3)的解为

$$u(r) = ar + \frac{br}{r^3} \tag{5.5.4}$$

式中 b 为一待定常量,其分量式为

$$u_x = ax + \frac{bx}{r^3}$$
$$u_y = ay + \frac{by}{r^3} \tag{5.5.5}$$
$$u_z = az + \frac{bz}{r^3}$$

代入式(3.1.12)可得应变为

$$\varepsilon_x = \frac{\partial u_x}{\partial x} = a + \frac{b}{r^3} - \frac{3bx^2}{r^5} \qquad \varepsilon_{xy} = \frac{\partial u_y}{\partial x} + \frac{\partial u_x}{\partial y} = -\frac{6bxy}{r^5}$$
$$\varepsilon_y = \frac{\partial u_y}{\partial y} = a + \frac{b}{r^3} - \frac{3by^2}{r^5} \qquad \varepsilon_{yz} = \frac{\partial u_z}{\partial y} + \frac{\partial u_y}{\partial z} = -\frac{6byz}{r^5} \tag{5.5.6}$$
$$\varepsilon_z = \frac{\partial u_z}{\partial z} = a + \frac{b}{r^3} - \frac{3bz^2}{r^5} \qquad \varepsilon_{zx} = \frac{\partial u_x}{\partial z} + \frac{\partial u_z}{\partial x} = -\frac{6bxz}{r^5}$$

将上述结果代入式(3.1.5)～(3.1.7),考虑到体应变 $\theta = \varepsilon_x + \varepsilon_y + \varepsilon_z = \varepsilon_V = 3a$,得

$$\sigma_x = 3\lambda a + 2\mu\left(a + \frac{b}{r^3} - \frac{3bx^2}{r^5}\right) \tag{5.5.7}$$

由式(1.1.13)、(1.2.65)和(1.2.66)可得体弹模量

$$K = (3\lambda + 2\mu)/3 \tag{5.5.8}$$

再利用式(1.2.68),将式(5.5.7)整理为

$$\sigma_x = 3Ka - \frac{6Gb}{r^3}\left(n_x^2 - \frac{1}{3}\right) \tag{5.5.9}$$

式中,K 为传压介质的体弹模量;G 为剪切弹性模量;$n_x = x/r$。

同理可得

$$\sigma_y = 3Ka - \frac{6Gb}{r^3}\left(n_y^2 - \frac{1}{3}\right) \tag{5.5.10}$$

$$\sigma_z = 3Ka - \frac{6Gb}{r^3}\left(n_z^2 - \frac{1}{3}\right) \tag{5.5.11}$$

式中，$n_y = y/r$、$n_z = z/r$。

把式(5.5.6)表示的剪应变代入式(3.1.8)~(3.1.10)，得

$$T_{xy} = -\frac{6Gbxy}{r^5} = -\frac{6Gb}{r^3}n_x n_y \tag{5.5.12}$$

$$T_{yz} = -\frac{6Gbyz}{r^5} = -\frac{6Gb}{r^3}n_y n_z \tag{5.5.13}$$

$$T_{zx} = -\frac{6Gbzx}{r^5} = -\frac{6Gb}{r^3}n_z n_x \tag{5.5.14}$$

如果将式(5.5.9)~(5.5.14)中的应力统一记成$\sigma_{ik}(i,k = x,y,z;i$ 和 k 相等时表示正应力，不等时表示剪应力)，则可以统一写成

$$\sigma_{ik} = -p_0\delta_{ik} + \tau(n_i n_k - \delta_{ik}/3) \tag{5.5.15}$$

式中，δ_{ik} 为 Kronecker 符号；p_0 为传压介质中的各向同性压力即静水压；τ 为剪切应力。

$$p_0 = -3Ka \quad \tau = -\frac{6Gb}{r^3} \tag{5.5.16}$$

式中，a 和 b 由 p_0 和 p_1 来决定。

在传压介质与压标物质的边界上，位移与应力连续。位移连续的条件为 $u(R) = \Delta R$，由式(5.5.1)和(5.5.4)得

$$-p_1 \frac{R}{3K_1} = aR + \frac{b}{R^2} \tag{5.5.17}$$

图5.31画出了压标与传压介质界面上的应力分布示意图，图中仅画出了 Oxy 平面上的应力。由力的平衡条件式(1.2.34)可知，下述关系成立

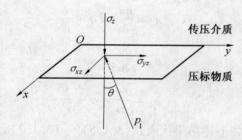

图5.31　压标物质与传压介质界面上的应力分布

$$\begin{aligned}
-p_{1x} &= -p_1 n_x = \sigma_x n_x + \sigma_{xy}n_y + \sigma_{xz}n_z \\
-p_{1y} &= -p_1 n_y = \sigma_{yx}n_x + \sigma_y n_y + \sigma_{yz}n_z \\
-p_{1z} &= -p_1 n_z = \sigma_{zx}n_x + \sigma_{zy}n_y + \sigma_z n_z
\end{aligned} \tag{5.5.18}$$

根据式(5.5.18)中 z 方向的方程，将式(5.5.15)和(5.5.16)代入，得

$$-p_1 \cdot \frac{z}{R} = \left[-p_0 - \frac{6Gb}{R^3}\left(\frac{x^2}{R^2} - \frac{1}{3}\right)\right] \cdot \frac{x}{R} - \frac{6Gb}{R^3}\frac{xy}{R^2} \cdot \frac{y}{R} - \frac{6Gb}{R^3}\frac{xz}{R^2} \cdot \frac{z}{R} \tag{5.5.19}$$

考虑到 $R^2 = x^2 + y^2 + z^2$，得

$$p_0 - p_1 = -\frac{4Gb}{R^3} \tag{5.5.20}$$

代入式 (5.5.17)，利用式 (5.5.16) 可得

$$-p_1 \frac{R}{3K_1} = -\frac{p_0}{3K}R + \frac{p_1 - p_0}{4G}R \tag{5.5.21}$$

等式两边同时乘以 K，整理得

$$p_1\left(\frac{K}{4G} + \frac{K}{3K_1}\right) = p_0\left(\frac{K}{4G} + \frac{1}{3}\right) \tag{5.5.22}$$

利用剪切模量和体弹模量的关系

$$3(1 - 2\nu)K = 2(1 + \nu)G \tag{5.5.23}$$

式 (5.5.22) 化为

$$\frac{p_1}{3}\left(\frac{1 + \nu}{2(1 - 2\nu)} + \frac{K}{K_1}\right) = \frac{p_0}{3}\left(\frac{1 + \nu}{2(1 - 2\nu)} + 1\right) \tag{5.5.24}$$

其中 ν 为传压介质的 Possion 比。传压介质与压标物质内的压力关系为

$$\kappa = \frac{p_0}{p_1} = \frac{1 + \nu + 2(1 - 2\nu)(K/K_1)}{3(1 - \nu)} \tag{5.5.25}$$

传压介质与压标物质中的压力之比 κ 与体弹模量之比 K/K_1 有关，图 5.32 示出了 κ 与 K/K_1 的函数关系，其中曲线旁的数值为 Possion 比。可见，只有当 $K = K_1$ 或 $\nu = 1/2$ 时，传压介质与压标物质内的压力才相等。

当 $K_1 \gg K$ 时

$$\kappa = \frac{p_0}{p_1} = \frac{1 + \nu}{3(1 - \nu)} \tag{5.5.26}$$

压标物质感受到的压力与传压介质中的实际压力相差可以很大，如图 5.32 所示。在固态传压介质中使用红宝石 ($K_1 = 230$ GPa) 作为压标物质时，就属于这种情形，测得的压力需要乘以一个系数。

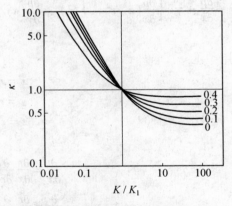

图 5.32　κ 与 K/K_1 的函数关系

一般情况下，各向同性压缩是难以实现的，例如两面加压的高压设备中就存在相当的剪切应力，这相当于在被均匀压缩的固态传压介质中引入剪切成分。仍然考虑无限大介质，处于非均匀压缩状态。当传压介质中的剪应力超过剪切模量时，介质发生塑性流动。设球形压标物质外部塑性区的半径为 R_s，此区域的应力张量由式 (5.5.15) 描述，其中剪

应力 τ 用压力下的剪切强度 $\tau^*(p)$ 来代替。$\tau^*(p)$ 与压力 p,更确切地说是与应力张量的迹有关。假设 $\tau^*(p)$ 与 p 具有线性关系

$$\tau^*(p) = \tau_0^* + \gamma^* p \qquad (5.5.27)$$

式中,τ_0^* 为常压下传压介质的剪切模量;γ^* 为系数。以压标物质的球心作为坐标原点,那么压力 p 具有球对称性,是到球心距离 r 的函数,即 $p = p(r)$。利用式(5.5.15)可得

$$\sigma_x = -p + (\tau_0^* + \gamma^* p)(x^2/r^2 - 1/3) \qquad (5.5.28)$$

$$\sigma_{xy} = (\tau_0^* + \gamma^* p)(xy/r^2) \qquad (5.5.29)$$

$$\sigma_{xz} = (\tau_0^* + \gamma^* p)(xz/r^2) \qquad (5.5.30)$$

对以上三式微分

$$\frac{\partial \sigma_x}{\partial x} = -p + \gamma^* \frac{\partial p}{\partial x}(x^2/r^2 - 1/3) + (\tau_0^* + \gamma^* p)(2x/r^2 - 2x^3/r^4) \qquad (5.5.31)$$

$$\frac{\partial \sigma_{xy}}{\partial y} = \gamma^* \frac{\partial p}{\partial y}(xy/r^2) + (\tau_0^* + \gamma^* p)(x/r^2 - 2xy^2/r^2) \qquad (5.5.32)$$

$$\frac{\partial \sigma_{xz}}{\partial y} = \gamma^* \frac{\partial p}{\partial z}(xz/r^2) + (\tau_0^* + \gamma^* p)(x/r^2 - 2xz^2/r^2) \qquad (5.5.33)$$

代入力的平衡方程式(3.1.1),并利用 $r^2 = x^2 + y^2 + z^2$,得

$$-\frac{\partial p}{\partial x} + \gamma^* \left[\frac{\partial p}{\partial x}(x^2/r^2 - 1/3) + \frac{\partial p}{\partial y}(xy/r^2) + \frac{\partial p}{\partial z}(xz/r^2)\right] + (\tau_0^* + \gamma^* p)(2x/r^2) = 0$$

$$(5.5.34)$$

利用

$$x = r\sin\theta\cos\varphi$$
$$y = r\sin\theta\sin\varphi \qquad (5.5.35)$$
$$z = r\cos\theta$$

和

$$\frac{\partial}{\partial x} = \frac{\partial r}{\partial x}\frac{\partial}{\partial r} = \frac{1}{\sin\theta\cos\varphi}\frac{\partial}{\partial r}$$

$$\frac{\partial}{\partial y} = \frac{\partial r}{\partial y}\frac{\partial}{\partial r} = \frac{1}{\sin\theta\sin\varphi}\frac{\partial}{\partial r} \qquad (5.5.36)$$

$$\frac{\partial}{\partial z} = \frac{\partial r}{\partial z}\frac{\partial}{\partial r} = \frac{1}{\cos\theta}\frac{\partial}{\partial r}$$

将直角坐标转换成球坐标,式(5.5.34)变为

$$\frac{\mathrm{d}p}{\mathrm{d}r} - \gamma^*\left[3\sin^2\theta\cos^2\varphi - 1/3\right]\frac{\mathrm{d}p}{\mathrm{d}r} + 2(\tau_0^* + \gamma^* p)(\sin^2\theta\cos^2\varphi/r) = 0$$

$$(5.5.37)$$

同理,利用式(3.1.2)和式(3.1.3)可得

$$\frac{\mathrm{d}p}{\mathrm{d}r} - \gamma^* [3\sin^2\theta \sin^2\varphi - 1/3] \frac{\mathrm{d}p}{\mathrm{d}r} + 2(\tau_0^* + \gamma^* p)(\sin^2\theta \sin^2\varphi/r) = 0 \quad (5.5.38)$$

$$\frac{\mathrm{d}p}{\mathrm{d}r} - \gamma^* [3\cos^2\theta - 1/3] \frac{\mathrm{d}p}{\mathrm{d}r} + 2(\tau_0^* + \gamma^* p)(\cos^2\theta/r) = 0 \quad (5.5.39)$$

三式相加,消去 θ 和 φ,可得

$$\frac{\mathrm{d}p}{\mathrm{d}r} = \frac{2(\tau_0^* + \gamma^* p)}{r(3 - 2\gamma^*)} \quad (5.5.40)$$

此方程的解为

$$p(r) = -\frac{\tau_0^*}{\gamma^*} + C\left(\frac{r}{R}\right)^{2\gamma^*/(3-2\gamma^*)} \quad (5.5.41)$$

其中 C 为积分常数,由压标物质与传压介质边界($r = R$)处的连续条件决定。

根据式(5.5.15),利用 $n_x^2 + n_y^2 + n_z^2 = 1$,可得

$$\sum_k \sigma_{ik} n_k = (-p + 2\tau/3) n_i \quad (5.5.42)$$

利用式(5.5.18),得

$$\{-p(r) + 2[\tau_0^* + \gamma^* p(r)]\}/3 = -p_1 \quad (5.5.43)$$

根据式(5.5.41),在 $r = R$ 处

$$p(r) = -\frac{\tau_0^*}{\gamma^*} + C \quad (5.5.44)$$

代入式(5.5.43),得

$$\frac{\tau_0^*}{\gamma^*} - C + \frac{2}{3}C\gamma^* = -p_1 \quad (5.5.45)$$

解出积分常数

$$C = \frac{p_1 + \tau_0^*/\gamma^*}{1 - 2\gamma^*/3} \quad (5.5.46)$$

代入式(5.5.41),得介质中的压力为

$$p(r) = -\frac{\tau_0^*}{\gamma^*} + \frac{p_1 + \tau_0^*/\gamma^*}{1 - 2\gamma^*/3}\left(\frac{r}{R}\right)^{2\gamma^*/(3-2\gamma^*)} \quad (5.5.47)$$

传压介质中塑性流动区域半径 R_s 由该处的剪切应力等于剪切强度的条件来决定

$$\tau^*(p) = \tau_0^* + \gamma^* p_0 = -\frac{6Gb}{R_s^3} \quad (5.5.48)$$

在 $r = R_s$ 处,剪切应力 τ 和压力 p 连续

$$p_0 = -\frac{\tau_0^*}{\gamma^*} + C\left(\frac{R_s}{R}\right)^{2\gamma^*/(3-2\gamma^*)} \quad (5.5.49)$$

综合式(5.5.46)、(5.5.48)和(5.5.49)有

$$\frac{b}{R_s^3} = -\frac{\tau_0^* + \gamma^* p_1}{6G(1 - 2\gamma^*/3)}\left(\frac{R_s}{R}\right)^{2\gamma^*/(3-2\gamma^*)} \tag{5.5.50}$$

介质在塑性区的体积变化与压标物质的半径变化 ΔR 和塑性边界处的位移 $u(R_s)$ 有关,即

$$\Delta V = 4\pi R_s^2 u(R_s) - 4\pi R^2 \Delta R \tag{5.5.51}$$

另一方面,δV 与介质中的压力分布有关,即

$$\delta V = -\frac{4\pi}{K}\int_R^{R_s} p(r) r^2 \mathrm{d}r = -\frac{4\pi}{3K}R^3\left[\frac{\tau_0^*}{\gamma^*}(q - 1) - \frac{C(3 - 2\gamma^*)}{3}(z^{3/(3-2\gamma^*)} - 1)\right] \tag{5.5.52}$$

式中,$q = (R_s/R)^3$。从式(5.5.4)、(5.5.49)~(5.5.51)和(5.5.52)可解出 q 的值

$$q = \left[\frac{(1 - 2\nu)(K/K_1 - 1)(1 - 2\gamma^*/3)}{(1 - \nu)(\gamma^* + \tau_0^*/p_1)}\right]^{1-2\gamma^*/3} \tag{5.5.53}$$

$q > 1$ 对应于传压介质的塑性流动。对大多数材料来说,$|\gamma^*| < 3/2$。式(5.5.53)方括号内应为正值。

$q > 1$ 时传压介质中存在塑性流动的条件是

$$p_1 > \frac{-\tau_0^*(1 - \nu)}{(1 - \nu)\gamma^* + (1 - 2\nu)(1 - K/K_1)(1 - 2\gamma^*/3)} \tag{5.5.54}$$

根据式(5.5.46)和(5.5.49)可得

$$\kappa = \frac{p_0}{p_1} = \frac{-\tau_0^*}{\gamma^* p_1} + \frac{1 - \tau_0^*/(\gamma^* p_1)}{1 - 2\gamma^*/3}q^{2\gamma^*/(3-2\gamma^*)} \tag{5.5.55}$$

$q < 1$ 时可根据式(5.5.25)计算比值 p_0/p_1。

随着外压力的增加,压标物质外的塑性流动区域也增大。令式(5.5.53)中的 $p_1 \to \infty$,可得 R_s 的上限为

$$R_s = R\left[\frac{(1 - 2\nu)(K/K_1 - 1)(1 - 2\gamma^*/3)}{(1 - \nu)\gamma^*}\right]^{(3-2\gamma^*)/9} \tag{5.5.56}$$

如果 $\gamma^* = 0$,那么在压力增加时传压介质不发生硬化,由式(5.5.40)可知介质内的压力服从对数分布。根据式(5.5.53)~(5.5.55)得出

$$q = \frac{(1 - 2\nu)(K/K_1 - 1)}{(1 - \nu)\tau_0^*}p_1 \tag{5.5.57}$$

$$\kappa = \frac{p_0}{p_1} = 1 + \frac{2\tau_0^*}{3p_1}(\ln q + 1) \tag{5.5.58}$$

这种情况下,塑性边界的半径 $R_s \to \infty$。

图 5.33 中给出了 $\gamma^* = 0$、$K_1 \gg K$ 条件下 κ 与 p_1/τ_0 的关系,曲线旁的数据为 Possion

比。和介质弹性形变的情况比较起来,塑性流动减小了压标物质与传压介质之间压力的差别,但即使 p_1 超出了弹性限度 10 倍,两者仍有不同。

压力下传压介质的硬化系数 γ^* 对 κ 的值也有影响,图 5.34 为 $\nu = 0.3$、$K_1 \gg K$ 条件下 κ 与 p_1/τ_0 的关系,曲线旁的数据为 γ^* 的值。显然介质硬化系数越高,压标物质与传压介质之间压力的差别就越大。由于介质的硬化效应,即使在 $p_1 \to \infty$ 的条件下全部介质都发生塑性流动,κ 仍然不是 1。

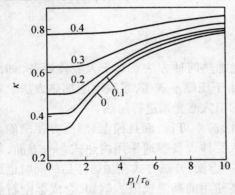
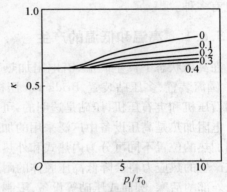

图 5.33　$\gamma^* = 0, K_1 \gg K$ 时 κ 与 p_1/τ_0 的函数 　图 5.34　$\nu = 0.3$、$K_1 \gg K$ 时 κ 与 p_1/τ_0 的
　　　　　关系　　　　　　　　　　　　　　　　　　关系

从以上分析可以看出,系数 κ 可能偏离 1 很大,因此在使用压标物质测压时需考虑相关的问题。另一方面,通过研究不同压标物质的体弹模量,可得到传压介质 Possion 比和弹性极限的一些信息。

在有些实验中,传压介质是一层薄膜,压缩时缺少剪切成分。换句话说,介质处于单轴压缩状态,这时 $\varepsilon_z \neq 0$。由于高压腔体的限制,$\varepsilon_x = \varepsilon_y = 0$,根据式(2.1.4)~(2.1.6)可得

$$\sigma_z = \frac{E(1 - \nu)}{(1 + \nu)(1 - 2\nu)}\varepsilon_z \tag{5.5.59}$$

$$\sigma_x = \sigma_y = \frac{E\nu}{(1 + \nu)(1 - 2\nu)}\varepsilon_z = \frac{\nu}{1 - \nu}\sigma_z \tag{5.5.60}$$

传压介质中的静水压为

$$p_0 = -\frac{1}{3}(\sigma_x + \sigma_y + \sigma_z) = \frac{1 + \nu}{3(1 - \nu)}\sigma_z \tag{5.5.61}$$

仍然考虑 $K_1 \gg K$ 的情况,由式(5.5.26)可知,压标物质测得的压力就是介质中 z 方向的应力

$$p_1 = \sigma_z \tag{5.5.62}$$

5.6　　温度的测量[36~43]

研究材料的物理性质时,往往需要在施加高压的同时进行变温测量。例如,研究物质的状态方程时,压力、体积和温度这三个主要的热力学变量要分别改变。这时,需要对温度进行准确的测量。不同类型的高压设备,产生高温或低温的方法不一样,测量温度的方法也有多种。

5.6.1　　高温和低温的产生

在高压状态下产生高温,有电阻加热和激光加热两种方法。对于大腔体设备,如活塞 – 圆筒装置、多压砧装置、Bridgman 压机等,由于压砧不透明,采取电阻加热方法。对金刚石压机和宝石压机,压砧是透明的,可从外部引入激光来进行加热。

电阻加热是高压设备中广泛采用的加热方式,简单可行,而且控温、测温方便准确。按照加热的位置不同可分为内热式和外热式。大腔体设备普遍采用内热式。一方面,外热式产生的热应力将会降低高压腔体的耐压;另一方面,外热方式在加热样品的同时也加热了外部的活塞、圆筒或压砧等设备,限制了设备使用的高温极限。例如,合成金刚石的温度需要达到 1 400 ℃ 左右,WC 及金刚石压砧不能承受这样高的温度。如果压砧等外部设备同时被加热,需要的电功率也是相当可观的,甚至无法达到预定的温度。

采用内热方式时,如果被加热样品是导电的,可使电流直接通过样品产生高温。这种方法非常简单,但要求样品在加热过程中电导率不发生变化。显然,这种方法只能用于少数的高压实验。更普遍的方法是制作一个高温电炉将样品置于其中,电炉通常是特制的螺线管、加热管等。加热管一般是由石墨、$LaCrO_3$、TiC 和金刚石的复合体、高熔点的金属如 Pt、Ta、Mo 和 Re 等材料制成。使用最多的加热材料是石墨,可适用于高达 2 500 K 和 11 GPa 左右的温度压力条件,但在更高的压力下,部分石墨转化为金刚石,导电性大大下降,不能继续使用。实际能达到的最高温度与加热材料、样品的形状和尺寸以及样品在高压组件内的安装等因素有关,材料 Pt、Ta、Re 和 $LaCrO_3$ 所能达到的典型温度分别为 1 900、2 000、2 700 和 2 900 K。使用金属材料加热时要小心,样品中残留的少量水中的氢进入金属内部会大幅度降低其熔点,如 Ta 的熔点为 3 293 K,但加热温度只能达到 2 000 K。石墨作为加热管时,会产生还原气氛,而 $LaCrO_3$ 在高温下是典型的氧化剂。为了使样品被均匀加热,同时保持样品与加热管之间的电绝缘,加热管内需加一层耐高温的电绝缘氧化物,如 Al_2O_3、ZrO_2、叶腊石等。叶腊石容易使样品污染,在使用前需进行焙烧。

活塞、圆筒以及压砧都是热的良导体,如果使用 MgO 作为传压介质,则需要在加热管外部放置一层热绝缘层,如 ZrO_2 或 $LaCrO_3$,才能将样品加热到高温,使用金属加热管时更加需要注意。

　　一般加热管的电阻很小,散热快,为达到高温所需的电流是非常大的,典型的值为几千安培,而电压相对较低,只有几伏。当高压腔体使用 WC 材料时,电流是通过对向的压砧或活塞加载到加热管上的。如图 5.35 为四面体装置中加热电流引入的两种方式。图 5.35(a) 中加热管沿顶点和相对的面方向放置,而图 5.35(b) 中的加热管放置在一对边之间。比较起来,后一种方式可达到更高的温度并容纳更长的样品,但是组装起来也更复杂。对于正六面体装置和正八面体装置,加热管一般放置在正多面体传压介质相对的两个面之间,如图 5.36 所示。显然,正六面体和正八面体装置中加热管的放置方式要比正四面体装置简单。

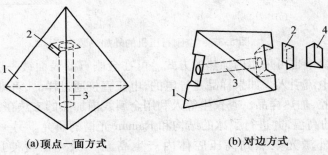

(a) 顶点—面方式　　　　　　　(b) 对边方式

图 5.35　四面体装置加热管的放置[36]

1— 四面体传压介质;2— 导电金属片;3— 加热管;4— 传压介质堵头

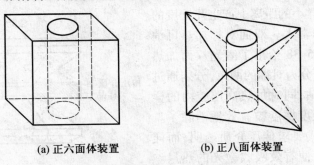

(a) 正六面体装置　　　　　　(b) 正八面体装置

图 5.36　加热管在传压介质中的放置

　　金刚石压机、宝石压机的高压腔体比较小,采取外加热方式时通常把样品连同金属密封材料一起置于电阻高温炉内,图 5.37 给出了两种电阻外加热方式的示意图。为了达到小的温度梯度,在外加热方式中,将金刚石、金属密封材料和金刚石压机的部分组件都置于电炉的内部,但这限制了加热的最高温度。当加热到 1 500 K 时,这些金属材料将发生软化,而且金刚石在高温下会发生氧化,使高压不能保持。一般采用惰性气体和还原性气体的混合物如 Ar 和 5% H_2 的混合气体吹扫高压腔体的方法来解决此类问题。金刚石的热导率非常高,高压样品处的温度起伏可控制在 1 K 以下。Carnegie 研究院的费英伟等人利用 5.37(a) 的外加热装置实现了高达 1 100 K 和 100 GPa 的温度压力条件。

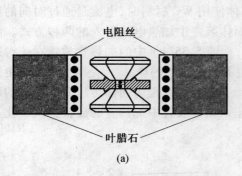

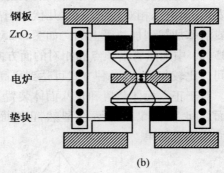

图 5.37 金刚石压机的外加热装置[37]

金刚石压机中也可采用内加热的方式。可在金刚石的表面镀一层导电薄膜,或由金属密封材料将电流引入。如果样品是导电的,电流直接通过样品,否则将金属细导线或金属箔引入样品腔,加热样品。查长生等人利用金属线内加热的方法在 10 GPa 的压力下达到了 3 000 K 的高温,并进行了冰的结构和 Raman 光谱的研究。另一种内加热的方式是利用高功率红外激光聚焦到高压腔体内产生高温。激光器可使用多模钇铝石榴石(YAG) 或钇锂氟化物(YLF) 激光器,功率为 20 ~ 100 W,产生的光点内存在光强分布非常均匀的区域,对应的温度变化在 1% 以内。高压腔体的尺寸约为几十 μm,对样品进行

单面加热将在这样小的距离上产生几千度的温差,温度梯度非常大。双面对称加热可消除这个问题。图 5.38 给出了激光双面加热的示意图,激光被分为对称的两束,分别通过两侧的金刚石压砧,同时加热高压腔内的样品,因此轴向的温度梯度被有效地消除了。这种激光加热形式要求传压介质透明,而样品是不透明的,以便有效吸收激光的热量。对于透明的样品,无法利用激光直接进行加热。如果样品是固态,可在内混合一些化学

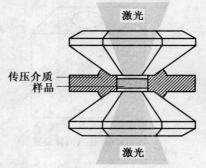

图 5.38 金刚石压机激光加热系统示意图

惰性、吸收激光的物质。如果是流体样品,需要在高压腔内对称地放置两片高熔点的金属箔片,如 Pt、Re 或者 W,厚度约为 5 ~ 15 μm。金属箔片中心钻一个 10 ~ 20 μm 的小孔,吸收激光的热量后就变成一个内加热的高温炉,可有效地加热内部的透明物质。利用这种方法可将 CO_2 在 65 GPa 的压力下加热到 1 600 K。实际上,激光加热可以达到非常高的温度,超过 5 000 K。随着大功率、高稳定性激光器的发展,激光加热技术也将得到发展,在性能、精确度方面会进一步提高。

　　某些情况下,如测量物质的磁性、超导电性等,要求同时产生高压和低温条件。低温实验不会出现高温实验中材料强度方面的问题,但用于低温实验的设备也需要特殊设计。低温的产生一般是通过把整个高压设备放入液氮或液氦杜瓦瓶中,这就要求设备的体积,即热容尽量小,以增加降温的速率和达到低的温度。从这一点上来看,大体积设备不适合用在低温实验中,可使用金刚石压机和特殊设计的小体积高压装置。如果测量磁性的话,高压装置还需要使用非磁性材料。为了避免变动压力带来的升降温过程,可使用特制的长臂扳手实现原位变压。目前在百 GPa 的压力下达到 4.2 K 的低温已不困难。高压下产生的低温纪录为 27 mK,是 Eremets 等人在 2000 年实现的。

5.6.2　温度的测量

　　在常压状态下进行温度测量有很多种方法,如使用液体温度计、双金属片温度计、热敏电阻温度计、热电偶温度计等。但在高压环境下,受到高压腔体内压力和体积的限制,温度计必须具有高的强度且足够小。热敏电阻可方便地放在高压腔体内,但由于压力梯度的作用,测温误差较大,使用较少。高压下最常用的温度测量方法是热电偶测温,其优点是体积小、强度高、可靠性好。某些热电偶的热电动势在压力下的校正比较小。此外,由于热电偶测温基于电信号,信息引出和测量都比较方便,而且容易数字化处理。图5.39为热电偶的典型结构和连接示意图。热电偶由两种材料构成,连接的地方焊在一起。由于两种材料 Fermi 能的差别,当焊点与测量端存在温差时,就会在回路中检测到电压信号。

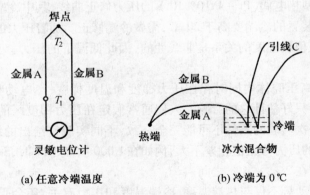

(a) 任意冷端温度　　　　　　　　　　(b) 冷端为 0 ℃

图 5.39　热电偶测温示意图

图 5.39(a) 所示电路中电位计两端的电压为

$$U = \oint S \mathrm{d}T \tag{5.6.1}$$

其中 S 为回路中金属线的塞贝克(Seebeck)系数,T 为绝对温度,积分沿整个回路进行。构成热电偶的两种材料具有不同的 Seebeck 系数,式(5.6.1)可改写为

$$U = \int_{T_1}^{T_2} S_A \mathrm{d}T + \int_{T_1}^{T_2} S_B \mathrm{d}T = \int_{T_1}^{T_2} (S_A - S_B) \mathrm{d}T \tag{5.6.2}$$

可见,热电偶能产生的热电动势和两种材料 Seebeck 系数之差成正比。如果连接电位计的两条引线使用同种材料,且保证两个连接点的温度相同,那么引线对电偶的热电动势就不会产生影响。

由式(5.6.2)可知,在温度 T_1 已知的情况下,热电偶即可用来测量温度 T_2。如图 5.39(b)所示,热电偶的焊点接触待测物质,而另外一端放在温度已知的物质中,例如冰水混合物,根据事先测出的校准数据即可根据热电动势得到待测温度。

产生热电动势的前提是存在温差,即热电偶上要存在温度梯度。将式(5.6.1)中的积分换成对电路回路的积分

$$U = \oint S \frac{\mathrm{d}T}{\mathrm{d}x} \mathrm{d}x \tag{5.6.3}$$

其中 x 为热电偶回路的空间坐标。材料的 Seebeck 系数是压力和温度的函数,在压力作用下需要做修正。但是如果温度梯度产生于常压区域,那么由式(5.6.3)给出的热电动势就和常压下一致,不需要做修正。例如,外加热的金刚石压机,热电偶置于高压腔体的外部,测得的温度和常压相同。对于大腔体装置,多采用内加热方式,热电偶放置在高压腔体的内部,同时受到高温高压的作用。压力从腔体中央的最大值逐渐下降到密封材料处的常压。温度梯度一部分分布于高压区域,另一部分分布在常压区域,测得的温度需要做压力校正。

图 5.40 为 S 型热电偶(Pt – Pt10% Rh)的压力修正曲线,其中冷端的温度为 20 ℃。一般情况下,高压装置的冷端要高于 20 ℃,需做冷端修正。随着压力的升高,热电动势的修正值变大。校正值和温度的关系是非线性的,因此低温下的压力修正值不能简单地外推到高温区。

一般情况下,高压腔体内同时存在压力梯度和温度梯度,热电动势的高压修正很复杂,测量也很困难,只好估计它的影响。人们通常假定在压力梯度区的温度是均匀的,以此来进行修正。每次实验的条件不可能完全一致,不同实验室给出的结果也不尽相同。总的看来,热电偶的压力修正值相差不大,例如在 1 000 ℃、5 GPa 时,S 型热电偶的各种测量结果之间的差别在 2% ~ 4% 之间。

热电偶的热电动势不仅与热端温度、冷端温度和压力有关,还会受到非均匀应变、电旁路、化学污染、热端位移等因素的影响。在高压腔体内,压力并不是均匀分布的,热电偶因此发生塑性形变,引起热电动势的变化,但对 S 型和 K 型(Ni10% Cr – NiAlSi)热电偶的影响不大,约占总压力修正值的百分之几。

高温高压下材料的电阻会发生变化,需要选择合适的传压介质,以避免电旁路。叶腊石的电阻在高温下急剧下降,绝缘性能变坏。而 MgO、六方 BN 和 Al_2O_3 等材料在高温高

压下的电阻仍然远远高于热电偶的电阻,电旁路可以忽略。例如,在 3 GPa 的压力下,300 ℃ 时 Al_2O_3 的电阻为 10^7 Ω 数量级(高压腔体的尺寸范围),当温度升高到 2 000 ℃ 时,电阻下降到 $0.1 \sim 1$ kΩ,远高于热电偶典型的电阻(0.1 Ω)。高温下使用叶腊石作为传压介质时,需要使用如上材料制成的高电阻绝缘管。

如果热电偶在高温下被污染,其热电动势将会发生漂移。S 型热电偶的抗污能力较强,1 400 ℃ 在六方 BN 和 NaCl 传压介质中放置几个小时仍然保持稳定的热电动势,1 700 ℃ 在 Al_2O_3 中放置 1 个小时几乎无化学污染。抗污染能力更强的是 B 型双铂铑热电偶(Pt30% Rh – Pt6% Rh),其热电动势的压力修正值很小,基本上不必进行修正。图 5.41 为 S 型和 B 型热电偶的温度与加热功率关系曲线,由图可见,未经修正的 B 型热电偶的温度 – 功率曲线与修正过的 S 型热电偶曲线几乎一致。温度为 2 100 ℃ 时,C 型热电偶(W5% Re – W26% Re)在 Al_2O_3 中放置 30 min,化学污染可忽略不计。

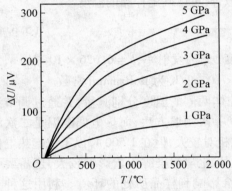

图 5.40 冷端为 20 ℃ 时 S 型热电偶电动势的压力校正曲线[36]

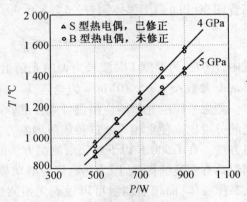

图 5.41 S 型和 B 型热电偶的温度 – 加热功率曲线

高压腔体内存在温度梯度,有时会非常大,因此热电偶的焊点即热端应尽量接近样品。高压作用下,由于传压介质的流动,热端可能会发生移动,给测温带来相当大的误差。例如,经过 15 GPa 的压力作用,正八面体装置中 C 型热电偶的热端位移可达 500 μm,测温误差达 200 ℃。传压介质的流动还会使热电偶线受到拉伸和剪切力,发生塑性变形,也会对测温产生影响。

用热电偶测温时从高压室引出测量线时需要注意,有些热电偶线的强度很低,如 Pt,加压时容易切断,造成断路。切断主要出现在密封材料区,特别是密封区与高压室交界处。使用并列的导电加强丝可提高成功率。如果热电偶线在某处切断,由于加强丝的存在仍可接通电路。由于这一小段加强丝上的压力和温度基本相同,不会引入太多的附加电动势。

值得注意的是,使用不同类型热电偶时,测温的结果会有差别。在 5 GPa 的压力下,温度从室温升高到 1 500 ℃ , C 型和 S 型热电偶示出的温度差从 + 5 ℃ 降低到 - 15 ℃ ; 而在 15 GPa 的压力下, 从室温到 1 800 ℃ , 这个温度差从 + 25 ℃ 降低到 - 35 ℃ 。

　　测温时还需要考虑热电偶本身的导热问题, 这可能使高压腔体散失太多热量, 导致升温速率过慢以及压砧过热。一般采用直径尽量小的热电偶丝来减小导热效应。

　　工业生产中, 如人工合成金刚石, 不可能每次都加上热电偶。为此需要对加热功率和高压室温度之间的关系进行定标, 做出如图 5.41 所示的曲线。然后通过设定加热功率来大致控制高压下的温度。如果使用的是标准组件, 整个电回路中电阻和散热情况基本恒定, 那么电功率和温度关系的重复性较好, 而且是接近线性的。

　　在高压低温条件下进行温度测量, 需要使用 T 型热电偶 (Cu - Cu43% Ni) 。

　　金刚石压机的高压腔体非常小, 约为 10^2 μm 数量级, 在内加热工作方式下, 无法将热电偶引入其中, 可利用黑体辐射定律来进行测温。通过测量高压腔体内样品的热辐射谱, 与普朗克 (Planck) 黑体辐射公式 (5.6.4) 进行拟合, 可以确定样品的温度。

$$I_\lambda(T) = \varepsilon_\lambda \frac{2\pi hc^2}{\lambda^5} \frac{1}{e^{hc/k_B T} - 1} \qquad (5.6.4)$$

式中, $I_\lambda(T)$ 为温度 T 时波长为 λ 的光谱出射强度; ε_λ 为发射率; $h = 6.626 \times 10^{-34}$ J · s , 为 Planck 常数; $c = 3 \times 10^8$ m/s 为光速; $k_B = 1.38 \times 10^{-23}$ J/K 为 Boltzmann 常数。

　　测温系统的光谱响应由钨灯来校准。高压腔体两侧的温度分别测量, 并通过调节激光的分束比来使之相等。这种辐射测温方法属于一次测温方法, 而热电偶测温是二次测温方法。在 1 500 K 以下热辐射测温方法的误差相对较大, 但在 1 500 K 以上比起热电偶测温具有明显的优势, 因为热电偶的电动势受应力、化学污染等因素影响较大, 还需要引入高压腔体, 而辐射测温可以做到无损测量, 不会影响到样品所处的环境。利用这种方法, 测得 15 μm 直径、10 μm 厚的高压样品上的温度为 3 000 ± 20 K。因为所研究样品不是绝对黑体, 所以辐射测温方法的误差主要来源于发射率 ε_λ , 它依赖于样品, 与压力、光谱波长的关系也没有系统的研究结果。对于透明样品, 发射率非常低, 这个问题尤为严重。

　　另一个光学测温方法是利用光的非弹性散射, 即 Raman 散射。如图 5.42 所示, 频率为 ν_0 的入射光与物质相互作用, 将物质激发至虚能级, 如果回到初始能级, 将发射与入射光频率 ν_0 相同的光, 这是 Rayleigh 散射; 如果初始时刻物质处于基态, 与入射光作用后回到激发态, 发出频率为 $\nu_0 - \Delta\nu$ 的光, 称为 Stokes 散射; 其中 $\Delta\nu$ 为以频率表示的基态和激发态的能级差。如果初始时刻物质处于激发态, 而与入射光作用后回到基态, 将发出频率为 $\nu_0 + \Delta\nu$ 的光, 对应于反 Stokes 散射; 散射光中同时存在这三个频率成分, 以 Rayleigh 散射的强度最高。由于处于激发态的分子数要小于处于基态的分子数, 因此 Stokes 散射的强度高于反 Stokes 散射, 如图 5.43 所示。

图 5.42　Raman 散射过程示意图

Stokes 散射和反 Stokes 散射的强度分别正比于基态和激发态的布居数,因此它们之间的强度比与温度有关,根据 Boltzmann 分布可得

$$I_A/I_S = (\nu_A/\nu_S)^4 e^{-\Delta\nu/k_B T} \qquad (5.6.5)$$

式中,I_A 和 I_S 分别为反 Stokes 和 Stokes 散射峰的强度;ν_A 和 ν_S 分别为反 Stokes 和 Stokes 散射峰的频率;$\Delta\nu$ 为 Raman 位移。

通过测量 Stokes 和反 Stokes 散射峰的强度和频率,即可得到样品的绝对温度 T。这种测温方法的优点是与激发光的频率无关,

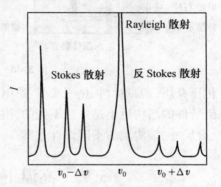

图 5.43　典型的 Raman 光谱

适用范围广泛。例如,Lin 等人对金刚石压机内的 ^{57}Fe 样品进行激光加热,通过测量 ^{57}Fe 的核共振非弹性 γ - 射线散射的 Stokes 和反 Stokes 峰,在 73 GPa 的压力下完成了直到 1 700 K 的温度测定。

5.6.3　高压组装件

进行高压实验时,如果同时产生高温,那么需要将产生高压与产生高温的部分有效地组装在一块。高压组装件一般包括传压介质、密封材料,加热管,热电偶等组件。图 5.44 中画出了 Belt 装置的一种组装方法。叶腊石碗用作密封材料,起到压力密封和对压砧进行侧向保护的作用;钢柱塞可以传递压力和传导电流;电流流过石墨管产生高温;为避免污染,样品被包在铂片中;热电偶从传压

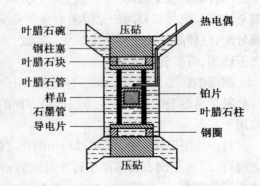

图 5.44　Belt 装置的高压组装件[36]

介质中导出。

图 5.45 为正六面体装置和正八面体装置的高压组装件。结构与 Belt 装置类似,但未画出密封材料。如果高压组装件中使用 MgO 作为传压介质,必须要考虑到其导热性,需要使用 ZrO$_2$ 等热导率低的隔热层,如图 5.45(b) 所示。

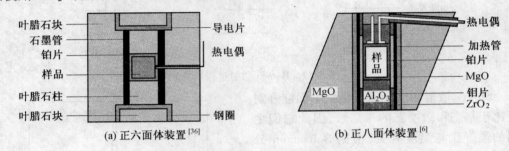

叶腊石块　　导电片
石墨管
铂片　　　　热电偶
样品
叶腊石柱
叶腊石块　　钢圈

(a) 正六面体装置[36]

热电偶
加热管
铂片
MgO
钼片
ZrO$_2$

样品　MgO　Al$_2$O$_3$

(b) 正八面体装置[6]

图 5.45　两种高压组装件

传压介质、密封材料、热绝缘层、热电偶等组件有很多种,可根据实验的需要来选择。高压组装件的结构也不是一成不变的,由于所研究问题的不同,要达到压力温度条件的差别,会有尺寸、结构上的不同设计方案。

5.7　高温下压力的测量[22,36,37]

前面提到的压力定标方法,大多是在室温下进行的。处于高压状态的压机,加热到高温,热应力将会对腔内压力产生影响。例如内加热方式使高压腔内部的热膨胀大于外部,造成压力的升高。高温下材料的屈服强度降低,对传压介质和密封材料影响较大。高压下这两种材料发生流动,并达到平衡。升高温度会促进其流动性,使压力降低。此外,高温下压砧与密封材料间的摩擦阻力会发生变化,引起外加载荷在密封材料和样品之间重新分配,使样品处的压力发生改变。因此,常温下压机的压力 – 载荷定标曲线,在高温下已不适用,需要重新定标。

物质的状态方程中包含三个变量,即压力 p、体积 V 和温度 T,因此利用已知状态方程的材料在高温下的体积变化来测压是方便的。NaCl 压标、MgO 压标、Au 压标等都可直接应用于高温。

对于相图已知的物质,可以利用两相之间的相界来定标高温下的压力,如利用石墨 – 金刚石、石英 – 柯石英多晶型转变对应的 $p – T$ 关系,也可采用金属熔点随压力变化的方法来测量压力,研究较充分的是 Au、Ag 和 Cu 的熔化曲线,温度、压力分别达到 1 000 ℃ 和 5 GPa。

Au、Ag 和 Cu 的熔点与压力之间的关系可表示为如下多项式

$$T_m = T_0 + b_1 p + b_2 p^2 + b_3 p^3 + \cdots \tag{5.7.1}$$

式中，T_m 为熔点；b_1、b_2、b_3 和 T_0 均为常数；p 的单位为 GPa；T_m 单位为 ℃。

表 5.8 列出了 Au、Ag 和 Cu 的相关参数。

表 5.8　Au、Ag 和 Cu 的拟合参数[36]

元素	$T_0/℃$	b_1	b_2	b_3
Au	1 062.10	54.356	1.075 3	− 0.249 27
Ag	958.97	58.568	− 1.105 6	
Cu	1 082.81	34.179	9.346 2	− 0.168 12

　　不同类型热电偶在高压下的热电动势修正值不同，它们的差值与压力有关，利用这一点可同时测出压力和温度。这种测量方法要求使用的热电偶在高温高压环境下稳定、两个电偶热电动势的差值足够大，而且两个焊点要尽量接近。有人使用 Fe − Pt10% Rh 和 Pt − Pt10% Rh 两种热电偶组合测

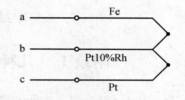

图 5.46　双热电偶法测温测压的连线

量过直到 1 400 ℃、5.5 GPa 附近金刚石合成区的压力和温度。如图 5.46 所示，a、b 或 b、c 之间的给出温度信号，a 和 c 之间给出压力信号。但是应用这种方法的研究比较少，因为这种方法的操作难度大，而且测量精度不高。

　　如果高压腔存在透明窗口，光学方法可方便迅速地测定压力。常温下，红宝石压标可用于金刚石压机、宝石压机压力的测定。但高温下红宝石荧光峰变得不易分辨，而且红宝石荧光还有温度效应，测压误差很大，所以红宝石压标只适用于 400 ℃ 以下的测压。高温下测压，要求压标物质具有足够高的荧光强度，荧光峰为单线且具有大的压力系数和小的荧光背底。和 3d 电子比起来，4f 电子处于内壳层，受晶体场的影响小，跃迁引起的荧光峰比 3d 电子荧光峰更窄。因此，高温下可选用含有 4f 电子的稀土离子荧光峰来进行测压，如含 Sm 和含 Eu 的钇铝石榴石（Sm:YAG 和 Eu:YAG）等。图 5.47 给出了红宝石与 Eu:YAG 的对比，随着温度的升高，红宝石的荧光峰发生红移，而 Eu:YAG 蓝移，且均呈线性。Eu:YAG 的温度系数要比红宝石小得多，在常压时约为 − 5.4 × 10^{−4} nm/℃。随着压力的增加，两者的荧光峰均按照线性向红端移动，但 Eu:YAG 的压力系数小于红宝石，室温约为 0.197 nm/GPa。然而，Eu:YAG 在 700 ℃ 以上或 7 GPa 以上荧光峰宽化严重，测压误差较大，因此这种材料只能用于 700 ℃ 和 7 GPa 以下温度压力范围的测压。

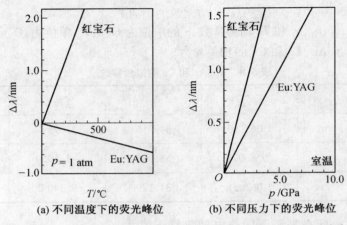

(a) 不同温度下的荧光峰位　　　　　(b) 不同压力下的荧光峰位

图 5.47　红宝石与 Eu:YAG 的荧光峰在温度和压力下的移动[37]

附录 1　　几种常用压力定标物质的使用[44]

　　金属 Bi 比较脆,熔点较低,为 271.3 ℃,而且容易被氧化。使用 Bi 作为压力定标物质时,将其放在玻璃试管中加热熔化,拉成细丝,在加热的同时剥离玻璃。制成的 Bi 丝直径为 0.1 ~ 0.2 mm、长为 4 ~ 6 mm,电阻约为 0.2 ~ 0.4 Ω。Bi 丝应尽快使用,不用时可放在硅油中保存。

　　金属 Tl 非常柔软,熔点为 300 ℃ 左右,容易氧化。使用时用刀片削掉氧化层,然后在平滑的金属表面上展成薄片,再切成细条。条的厚度为 0.05 ~ 0.02 mm,长为 4 ~ 6 mm,宽为 0.1 ~ 0.2 mm,电阻约为 0.2 ~ 0.4 Ω。由于 Tl 比 Bi 氧化更快,以上操作全部在硅油中进行,制作好的 Tl 金属条应马上用掉,不用的保存在硅油中。另外,Tl 及其化合物有毒,使用时应多加注意。

　　碱金属 Cs 的熔点更低,只有 28 ℃,平时在煤油中保存。加热熔化后吸入玻璃管中,两边插入导线,冷却后去掉玻璃即可。Cs 的氧化速度比 Tl 和 Bi 还快,应尽快使用。Cs 的化学活性非常高,可与水发生剧烈反应,并发生爆炸,生成的氢氧化物具有强碱性,可对人造成伤害! 使用、保存时应远离水源。

　　金属 Ba 也是非常活泼的元素,容易氧化,平时放在矿物油中存放。与 Tl 一样,加工过程也需在油中,用刀片切成类似尺寸的细条。金属 Ba 的毒性很低,但 Ba 的可溶性盐毒性很大。Ba 氧化后生成 BaO,与胃酸反应后形成的 $BaCl_2$ 有毒,使用时要注意防护。

　　图 5.48 给出了压标物质的安装及测压方法。压力定标物质放在高压腔体内,利用紫铜线或 Au 线连接到外部,接头处使用 In 片以减小接触电阻。一般电流通过相对的两个压砧导入高压腔内。

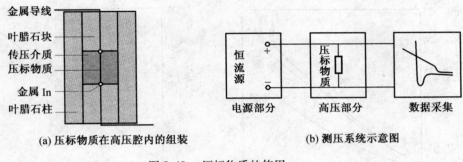

(a) 压标物质在高压腔内的组装　　　(b) 测压系统示意图

图 5.48　压标物质的使用

附录 2　热电偶简介[45]

　　B、C、E、J、K、N、R、S 及 T 型热电偶是经常使用的热电偶,不同型号热电偶的组成材料不同,适用温度范围也不一样。表 5.9 列出了以上热电偶的相关资料。

表 5.9　各种热电偶的材料和性能

型号	组成材料	适用温度/℃	特　　　性
B	Pt30% Rh(+)—Pt6% Rh(-)	200 ~ 1 700	非还原气氛使用,高温性能好于 S 型热电偶
C	W5% Re(+)—W26% Re(-)	0 ~ 2 800	惰性气体或还原气氛使用,加热后变脆
E	Ni10% Cr(+)—Cu43% Ni(-)	0 ~ 870	非还原气氛使用,热电势高
J	Fe(+)—Cu43% Ni(-)	- 190 ~ 760	灵敏度高,稳定性好
K	Ni10% Cr(+)—NiMnAlSi(-)	0 ~ 1 260	非还原气氛使用,热电动势大,稳定性好,抗氧化性能强
N	Ni14.2% Cr1.4% Si(+)—Ni4.4% SiO.1% Mg(-)	0 ~ 1 260	非还原气氛使用,综合性能优于 K 型热电偶
R	Pt13% Rh(+)—Pt(-)	0 ~ 1 500	非还原气氛使用,性能与 S 型热电偶相似
S	Pt10% Rh(+)—Pt(-)	0 ~ 1 500	非还原气氛使用,测温准确
T	Cu(+)—Cu43% Ni(-)	- 200 ~ 350	不能用于高温,线性好,测温准确,稳定性高

　　图 5.49 ~ 5.53 给出了表 5.9 中所列各种热电偶常压下的热电动势随温度的变化关系。

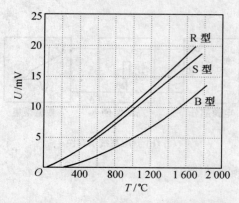

图 5.49 Pt 及 Pt-Rh 合金组成热电偶的热电动
势随温度的变化

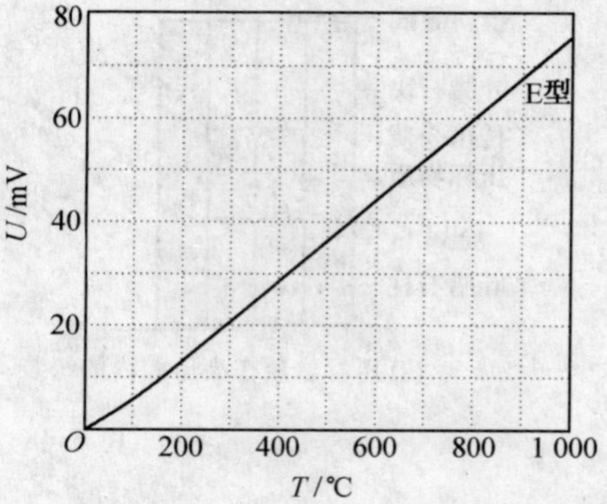

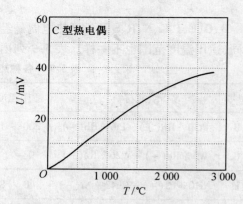

图 5.50 E 型热电偶的热电动势随温度的变化

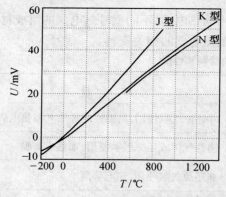

图 5.51 J 型、K 型和 N 型热电偶的热电动势与
温度的关系

图 5.52 C 型热电偶热电动势与温度的关系

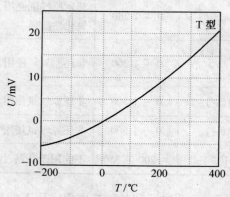

图 5.53 T 型热电偶热电动势随温度的变化

　　为了测温准确,热电偶不能受到污染,且不能存在应力,因此在使用之前需要对热电偶进行清洗和退火处理。这里以 S 型热电偶为例来说明处理的方法。

　　首先需要对热电偶表面进行清洁,即化学处理。先用酸洗,再用四硼酸钠清洗,最后利用清水将热电偶线清洗干净。其次,需要去除热电偶线中的应力,即热处理。在 1 250 ~ 1 450 ℃ 的环境中加热 1 h,然后在 1 100 ± 20 ℃ 环境中加热 1 ~ 2 h 即可。

　　热电偶一般采用火花放电的方法进行焊接,焊好的热电偶要求焊点呈球状,有金属光泽,无污染和裂纹夹杂,直径为电偶线直径的 2 倍左右;热电偶的两条线接合牢固。

　　使用时热电偶线需穿在多孔陶瓷管中,陶瓷管起到电绝缘和机械保护作用,如图 5.54(a) 所示。使用四孔陶瓷管时,可将两个电偶线交叉连接,省去了焊接的步骤,见图 5.54(b)。

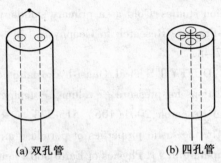

(a) 双孔管　　　　　　　　(b) 四孔管

图 5.54　热电偶与多孔陶瓷管的装配

参考文献

[1] 伊恩 L 斯佩恩,杰克 波韦. 高压技术(第一卷),设备设计、材料及其特性[M]. 陈国理,等译. 北京:化学工业出版社,1987.

[2] 齐克利斯 Д C. 高压和超高压物理-化学研究技术[M]. 北京:科学出版社,1983.

[3] 吉林大学固体物理教研室高压合成组. 人造金刚石[M]. 北京:科学出版社,1975.

[4] 箕村茂. 超高圧[M]. 東京:共立出版株式会社,1988.

[5] BEAN V E. Fixed points for pressure metrology. In:Peggs G N ed. High pressure measurement techniques[M]. London and New York:Applied science publishers,1983.

[6] ITO E. Theory and Practice:Multianvil Cells and High-Pressure Experimental methods. In: PRICE G D,SCHUBERT G ed. Treatises on Geophysics[M]. Vol 2. Amsterdam:Elsevier B. V. ,2007:197-230.

[7] MENONI C S,SPAIN I L. Ultra-high pressure measurement. In:PEGGS G N ed. High pressure measurement techniques [M]. London and New York:Applied science publishers,1983.

[8] DECKER D L. Equation of state of NaCl and its use as a pressure gauge in high-pressure research[J]. Journal of Applied Physics,1965(36):157-161.

[9] DECKER D L. High-pressure equation of state for NaCl,KCl and CsCl[J]. Journal of Applied Physics,1971(42):3239-3244.

[10] CHHABILDAS L C,RUOFF A L. Isothermal equation of state for sodium chloride by the length-change-measurement technique[J]. Journal of Applied Physics,1976(47):4182-4187.

[11] BROWN J M. The NaCl pressure standard[J]. Journal of Applied Physics,1971(86):5801-5808.

[12] JAMIESON J C,FRITZ J N,MANGHNANI M H. Pressure measurement at high temperature in X-ray diffraction studies:Gold as a primary standard. In:AKIMOTO S,MANGHNANI M H ed. High-Pressure Research in Geophysics[M]. Tokyo:Center for Academic Publications,1982:27-48.

[13] SPEZIALE S,ZHA C,DUFFY T S,et al. Quasi-hydrostatic compression of magnesium oxide to 52 GPa:Implications for pressure – volume – temperature equation of state[J]. Journal of Geophysical Research,2001(106):515-528.

[14] HAMA J,SUITO K. Thermoelastic properties of periclase and magesiowüstite under high pressure and high temperature[J]. Physics of Earth and Plantary Intereriors,1999(114):165-679.

[15] MATSUI M,PARKER S C,LESLIE M. The MD simulation of the equation of state of MgO:Applications as a pressure standard at high temperature and high pressure[J]. American Mineralogist,2000(85):312-316.

[16] DUBROVINSKY L S,SAXENA S K. Thermal expansion of periclase(MgO)and tungsten (W)to melting temperatures[J]. Physics and Chemistry of Minerals,1997(24):547-550.

[17] DUFFY T S,HEMLEY R J,MAO H K. Equation of state and shear strength at multimegabar pressures:Magnesium oxide to 227 GPa[J]. Physical Review Letters,1995(74):1371-1374.

[18] AUDERSON O L,ISAAK D G,YAMAMOTO S. Anharmonicity and the equation of state for gold[J]. Journal of Applied Physics,1989(65):1534-1543.

[19] SHIM S H,DUFFY T S,TAKEMURA K. Equation of state of gold and its application to the phase boundary near 660km depth in Earth's mantle[J]. Earth and Planetary Science Letters,2002(203):729-739.

[20] TSUCHIYA T. First-principles prediction of the P – V – T equation of state of gold and

the 660-km discontinuity in Earth's mantle[J]. Journal of Geophysical Research, 2003(108):2462-2469.

[21] FEI Y, LI J, HIROSE K, MINARIK W, et al. A critical evaluation of pressure scales at high temperatures by in-situ diffraction measurements[J]. Physics of Earth and Planetary Interiors, 2004(143-144):515-526.

[22] MAO H K. Theory and Practice: Diamond-Anvil Cells and Probes for High P-T Mineral Physics Studies. In: PRICE G D, SCHUBERT G ed. Treatises on Geophysics[M]. Vol 2. Amsterdam: Elsevier B. V. , 2007:231-267.

[23] ZHA C S, MAO H K, HEMLEY R J. Elasticity of MgO and a primary pressure scale to 55 GPa[J]. Proceedings of National Academy of Sciences, 2000(97):13495-13499.

[24] PIERMARINI G J, BLOCK S, BARNETT J D, et al. Calibration of the pressure dependence of the R_1 ruby fluorescence line to 195 kbar[J]. Journal of Applied Physics, 1975 (46):2774-2780.

[25] SYASSEN K. Ruby under pressure[J]. High Pressure Research, 2008(28):75-126.

[26] MAO H K, BELL P M, SHANER J W, et al. Specific volume measurements of Cu, Mo, Pd and Ag and calibration of the ruby R_1 fluorescence pressure gauge form 0. 06 to 1 Mbar [J]. Journal of Applied Physics, 1978(49):3276-3283.

[27] DEWAELE A, LOUBEYRE P, MEZOUAR M. Equations of state of six metals above 94 GPa[J]. Physical Review B, 2004(70):094112.

[28] EREMETS M I. High Pressure Experimental Methods[M]. New York: Oxford University Press, 1996.

[29] 王华馥, 吴自勤. 固体物理实验方法[M]. 北京: 高等教育出版社, 1990.

[30] JAYARAMAN A. Diamond anvil cell and high-pressure physical investigations[J]. Reviews of Modern Physics, 1983(55):65-107.

[31] RUOFF A L. Stress anisotropy in opposed anvil high-pressure cells[J]. Journal of Applied Physics, 1975(46):1389-1392.

[32] CHAN K S, HUANG T L, GRZYBOWSKI T A, et al. Pressure concentrations due to plastic deformation of thin films or gaskets between anvils[J]. Journal of Applied Physics, 1982(53):6607-6612.

[33] PIERMARINI G J, BLOCK S, BARNETT J D. Hydrostatic limits in liquids and solids to 100 kbar[J]. Journal of Applied Physics, 1973(44):5377-5382.

[34] ASAUMI K, RUOFF A L. Nature of the state of stress produced by xenon and some alkali iodides[J]. Physical Review B, 1986(33):5633-5636.

[35] AVILOV V V, ARKHIPOV R G. Pressure indicator in elastic and plastic media[J]. Solid

State Communications,1983(48):933-935.

[36] 吉林大学固体物理教研室高压合成组.人造金刚石[M].北京:科学出版社,1975.

[37] ARASHI H,ISHIGAME M. Diamond anvil pressure cell and pressure sensor for high-temperature use[J]. Japanese Journal of Applied Physics,1982(21):1647-1649.

[38] FEI Y,MAO H K. in-situ determination of the NiAs phase of FeO at high pressure and high temperature[J]. Science,1994(266):1678-1680.

[39] ZHA C S,BASSETT W A. Internal resistive heating in diamond anvil cell forin-situ diffraction and Raman spectroscopy of ice Ⅷ[J]. Journal of Chemical Physics,2003(124):024502.

[40] EREMETS M I,GREGORYANZ E,STRUZHKIN V V,et al. Electrical Conductivity of Xenon at Megabar Pressures[J]. Physical Review Letters,2000(85):2797-2800.

[41] EREMETS M I,STRUZHKIN V V,HEMLEY R J,et al. Superconductivity in boron[J]. Science,2001(293):272-274.

[42] LI J,HADIDIACOS C,MAO H K,et al. Behavior of thermocouples under high pressure in a multi-anvil apparatus[J]. High Pressure Research,2003(23):389-401.

[43] LIN J F,STURHAHN W,ZHAO J Y,et al. Absolute temperature measurement in a laser-heated diamond anvil cell[J]. Geophysical Research Letters,2004(31):L14611.

[44] 今野熙. 改良 Girdle 型超高圧装置の圧力あちの温度の測量[J]. 応用物理,1965(34):896-903.

[45] P・A・金齐.热电偶测温[M].陈道龙,译.陈丽姝,校.北京:原子能出版社,1980.

第6章 动态高压

前面几章中涉及到的高压是稳定的,持续的时间较长,为静态高压。静态高压是利用相应的高压装置,通过机械压缩的方法实现的。有些情况下高压是由爆炸、撞击、强光照射等快速过程产生的,持续的时间很短,称为动态高压。动态高压与静态高压有着本质的不同,研究方法也不一样。

6.1 动态高压的产生原理[1~6]

6.1.1 冲击波

当介质的某处受到扰动时,由于相邻质点间的相互作用,这种扰动就会传播到远处,形成波动。例如,在平静的水面扔入一颗石子,就会激起水波;空气中某一点的振动会形成声波。波的传播过程中介质内的质点作简谐振动,与周围的质点间有相对运动,造成局部密度的改变。介质中各点的振动状态具有周期性,因此密度呈周期性分布,且随着时间作周期性改变。由于介质中各点密度的不同,在某一瞬间波传播路径上各点的压力也是周期性分布的。

图6.1画出了空气中沿 x 轴传播的声波在某一时刻的波形。因为空气是流体,剪切模量为零,所以只能传播声波这样的纵波。如果能对空气中质点进行拍照的话,我们看到的就是图6.1上部疏密相间的分布。换句话说,声波是一种疏密波,空气密度大的地方压力高,密度小的地方压力低。波峰处的压力 p_1 最大,波谷处压力 p_2 最小。这种压力差的存在促使声波在空气中传播。

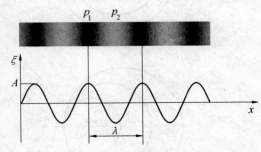

图6.1 空气中声波的传播

描述波有四个特征参数,即频率 ν、波长 λ、振幅 A 和波速 u。波的频率 ν 和每个质点的振动频率相等,描述的是波的时间周期性;波长 λ 描述的是波的空间周期性,相距 λ 的空间两个质点的振动状态完全一样;振幅 A 代表质点振动偏离平衡位置的最大距离;波速 u 描述的是周期性的扰动在介质中传播的快慢程度,和介质的性质有关。例如,空气中声

波的速度为

$$u = \sqrt{\frac{\gamma p}{\rho}} = \sqrt{\frac{\gamma RT}{\mu}} \tag{6.1.1}$$

式中,γ 为空气定压热容和定容热容的比值;p、ρ、R、T 和 μ 分别为空气的压力、密度、普适气体常数、绝对温度和摩尔质量。取 $T = 273$ K,$p = 10^5$ Pa,可得空气中的声速为331 m/s。显然给定了环境条件,空气中的声速为恒量,与声波的频率、波长等无关。

利用波的四个参数,波可以表示为如下的方程

$$\xi(x,t) = A\cos 2\pi\nu\left(t - \frac{x}{u}\right) \tag{6.1.2}$$

式中,ξ 代表 t 时刻 x 位置的质点偏离平衡位置的距离。如果空间某一点的振动状态已知,其他点的振动状态也就确定了。

静止的波源发出的波前在空间是周期性分布的。图 6.2(a) 给出静止点波源在空间形成的波前分布,波前为一些等距的同心球面;当点波源发生运动时,波前的球对称分布就会被破坏。当波源的运动速度 v 小于波速 u 时,在迎着波源和背着波源的运动方向上,波前的间距分别变小和变大,对应波频率的增加和减小,如图 6.2(b) 所示,这就是多普勒效应;当 v 和 u 相等时,波源与发出的波前同步,波源的前方没有波动,所有波前在波源处聚集,如图 6.2(c) 所示;当 v 大于 u 时,波源把自己发出的波前抛在后面,图 6.2(d) 画出

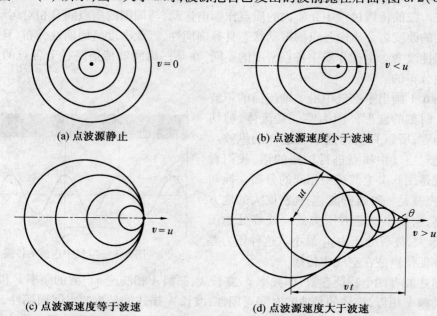

(a) 点波源静止　　　　　　　　　　(b) 点波源速度小于波速

(c) 点波源速度等于波速　　　　　(d) 点波源速度大于波速

图 6.2　　点波源在空间形成的波前分布

了波源发出的几个球面波前,波前的半径为 vt,其中 t 为波源发出该波前后经过的时间。所有波前都聚集在一个"V"字形的包络线上,在三维空间中对应着一个圆锥面,波源位于这个圆锥的顶点上,整个锥面以波速 u 向外扩展。这个圆锥叫做马赫锥,其锥半角满足如下关系

$$\sin\theta = u/v \qquad\qquad (6.1.3)$$

对于空气中的声波来说,波源运动速度与波速(声速)的比值 v/u 称为马赫数。

当 v 小于 u 时,观测者在波源运动方向上感受到的仍然是周期性的波动,但如果 v 大于 u,波前的包络前进方向上,没有周期性的波动,而是一次性的压缩和膨胀,圆锥包络线到达的地方压力骤然升高,经过以后又会降低,这时我们称波源运动产生了一个冲击波,又称激波。

爆炸、撞击等过程中,介质中产生的扰动强烈,质点的运动速度很高,振幅很大,产生的压力很高。如果扰动的传播速度高于波速,介质中就会形成冲击波。水波的传播速度较小,船的速度很容易超过它,船在行进过程中对两侧的水造成了大幅度的扰动,扰动以冲击波的形式传播出去,就是船两侧出现的"V"字形的舷波。超音速飞行器在空气中也会产生冲击波,先使周围的空气受到压缩,气压骤然升高,然后膨胀,气压降低到常压以下,对应于一个声音的突变,称为声爆。子弹出膛、猛甩鞭子时,子弹和鞭稍的速度都会超过声速,也会产生声爆现象。

介质受到扰动时,扰动的位置可以看成是波源。当扰动较小时,介质中质点的振幅比较小,扰动在介质中以波的形式传播,波形不随时间改变。如果扰动比较强烈,其波形随着时间会发生演变。考虑空气中高速运动的正方形金属板,板的前方空气受到强烈的压缩,密度、压力都很高,而板的后方空气发生膨胀,密度、压力都较低。图 6.3 中画出了板前后压力的空间分布。这两种扰动在空气中传播过程中,压力的空间分布随时间的演变是不同的。对于板的后方区域,产生的是膨胀波,波头的压力高于波尾,从式(6.1.1)可知,波头的传播速度高于波尾。随着时间的推移,波头和波尾的距离越来越大,空间的压力差越来越小,压力逐渐趋于均匀,如图 6.4(a)所示。可见,膨胀波在产生一段时间后就会消失。板前方产生的是大幅度的压缩波,其波头压力低,波尾压力高,波尾的速度高于波头。压缩波产生后,波头和波尾的距离逐渐缩小,直至两者同步运动。这时的压缩波具有很陡的波阵面,形成了冲击波,如图 6.4(b)所示。

在冲击波波阵面的前后,空气的压力、温度和密度发生了不连续的跃变。压力差 Δp 越大,冲击波造成的扰动就越强,传播速度也越快。通常称 Δp 为冲击波的强度。显然,冲击波不具有周期性,是一次性的压缩波。冲击波所到之处空气被大幅度压缩,气体质点高速运动,因此冲击波的传播速度大于未扰动空气中的声速。冲击波在空气中传播时,能量不断损耗,强度 Δp 逐渐减弱,当压力起伏 Δp 很小的时候,就演变成了普通的声波。

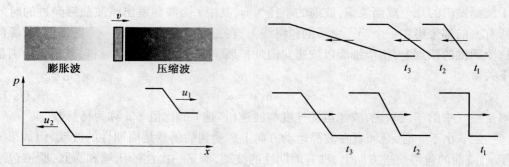

图 6.3　膨胀波和压缩波的形成和空间压力分布　　图 6.4　冲击波的演变,图中时间 $t_1 < t_2 < t_3$

以上讨论虽然是对空气进行的,但对于其他介质,也同样成立。

利用冲击波也可产生高压,为动态高压。冲击波的性质决定了动态高压具有压力高（10^3 GPa）、持续时间短（$1 \sim 10 \ \mu s$）等特点。由于作用时间短,动态高压往往伴随着高温。此外,动态高压的测压精度很高,在 710 GPa 时误差小于 3%,可用来对静态高压测量作定标。

6.1.2　冲击波的基本方程

对于固体材料,冲击压力远远大于其屈服强度,可按流体来处理。例如,以 5 000 m/s 速度运动的小钢片,撞击静止的钨靶可产生 300 GPa 以上的压力。另一方面,固体材料中的热力学平衡可在 10^{-7} s 完成,而冲击波的速度 u_s 约为 10^3 m/s,冲击波通过材料 10^{-1} mm 后即稳定,达到了热力学平衡,因此可近似认为材料中每点的热力学参量具有确定值。

考虑图 6.5(a) 的情形,高速运动的物体 A 撞在静止的物体 B 上。在撞击的瞬间,物体 B 与 A 接触的表层质点开始运动,压力升高,并推动相邻的部分,依次带动其他部分运动,伴随着压力的升高。换句话说,撞击在物体 B 中激发起冲击波,如图 6.5(b) 所示。从图中可以看出,冲击波的速度 u_s 即为扰动的传播速度,永远大于被撞击质点的速度 u_p。经过时间 t 后,冲击波在物体 B 中传播的距离 $u_s t$ 要大于被撞质点的位移 $u_p t$。图 6.5(c) 画出了物体 B 中的压力分布,冲击波波阵面前后的压力分别为 p_0 和 p_H,在波阵面处发生不连续跃变,冲击波的强度为 $\Delta p = p_H - p_0$。

将波阵面前方未受扰动部分的热力学量用下脚标"0"来描述,后方用下角标"H"来描述,如图 6.6 所示。图中 E、T、u、ρ 和 V 分别代表单位质量的内能（比内能）、绝对温度、质点速度、密度和单位质量的体积（比体积）。考虑到冲击波的传播过程是绝热的,不损失热能,且物体 B 不发生化学成分的改变,冲击波传播过程中应满足质量、动量和能量守恒定律。

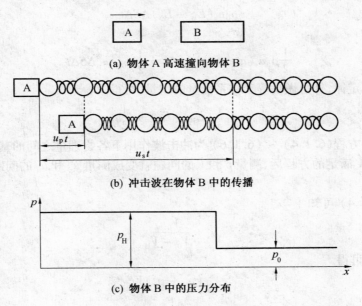

(a) 物体 A 高速撞向物体 B

(b) 冲击波在物体 B 中的传播

(c) 物体 B 中的压力分布

图 6.5　冲击过程

设物体 B 静止,那么波阵面前方的质点速度应为零,即 $u_0 = 0$,波阵面后方的质点速度 $u_H = u_p$。选择波阵面前后一小段柱体材料作为研究对象,柱体的底面积为 ΔS。在 Δt 时间内,波阵面前方流入柱体的质量为 $\rho_0 \Delta S(u_s - u_0)\Delta t = \rho_0 u_s \Delta S \Delta t$,波阵面后方流出柱体的质量为 $\rho_H \Delta S(u_s - u_H)\Delta t = \rho_H(u_s - u_p)\Delta S \Delta t$。质量守恒定律要求这两部分质量相等,即

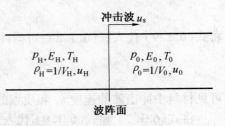

图 6.6　冲击波波阵面前后的热力学量

$$\frac{u_s - u_p}{u_s} = \frac{\rho_0}{\rho_H} = \frac{V_H}{V_0} \tag{6.1.4}$$

柱体前后的压力分别为 p_0 和 p_H,其差值在 Δt 时间内对柱体内质量的冲量为 $(p_0 - p_H)\Delta S \Delta t$。质量 $\rho_0 u_s \Delta S \Delta t$ 从柱体前方流入,从后方流出,速度改变量为 $\Delta u = (u_H - u_0) = u_p$,动量改变量为 $\rho_0 u_s u_p \Delta S \Delta t$。由动量定理,力的冲量等于动量的改变量,即

$$p_H - p_0 = \rho_0 u_s u_p = \frac{u_s u_p}{V_0} \tag{6.1.5}$$

柱体前方压力 p_0 在 Δt 时间内对其所做的功为 $p_0 \Delta S u_0 \Delta t = 0$,后方 p_H 做功为 $p_H \Delta S u_H \Delta t = p_H u_p \Delta S \Delta t$。质量流 $\rho_0 u_s \Delta S \Delta t$ 通过波阵面后内能改变量为

$$\rho_0 u_s (E_H - E_0) \Delta S \Delta t$$

动能改变量为

$$\frac{1}{2} \rho_0 u_s (u_H^2 - u_0^2) \Delta S \Delta t = \frac{1}{2} \rho_0 u_s u_p^2 \Delta S \Delta t$$

根据能量守恒定律,外力做功等于体系能量的增量,可得

$$p_H u_p = \rho_0 u_s (E_H - E_0) + \frac{1}{2} \rho_0 u_s u_p^2 \tag{6.1.6}$$

以上三个方程(6.1.4)~(6.1.6)为冲击波作用下各物理量之间的基本关系式。求出 p、u_p、u_s 和 V 满足的方程后,测量 p 和 V 的问题就变成测量 u_p 和 u_s 的问题,使实验方便可行。

由式(6.1.4)可知

$$u_s = \frac{V_0 u_p}{V_0 - V_H} \tag{6.1.7}$$

由式(6.1.5)可得

$$u_s = \frac{(p_H - p_0) V_0}{u_p} \tag{6.1.8}$$

消去 u_s,得波阵面后方材料中质点的速度为

$$u_p = \sqrt{(p_H - p_0)(V_0 - V_H)} \tag{6.1.9}$$

将式(6.1.9)代入式(6.1.8),可得冲击波速度为

$$u_s = V_0 \sqrt{\frac{p_H - p_0}{V_0 - V_H}} \tag{6.1.10}$$

可见材料中冲击波的速度 u_s 和质点的速度 u_p 都与冲击波强度 Δp 有关。

将式(6.1.7)和式(6.1.9)代入式(6.1.6),得

$$E_H - E_0 = \frac{1}{2}(p_0 + p_H)(V_0 - V_H) \tag{6.1.11}$$

称式(6.1.11)为 Rankine-Hugoniot 方程,简称 R – H 方程,又叫冲击绝热方程。

以上方程实际上只给出了三个约束条件,即质量、动量和能量守恒条件。材料的静态性质 p_0、E_0、T_0、ρ_0、V_0 和 u_0 是已知的,而对于给定的材料和撞击过程,冲击波速度 u_s 和质点运动速度 u_p 是可测的,因此以上方程中有四个未知数,p_H、E_H、T_H 和 V_H,还需要有一个约束条件才能完全确定处于冲击压缩状态材料的性质。通常可利用材料的状态方程 $p = p(V,T)$ 或 $E = E(p,V)$ 与上述方程联立,即可解得上述四个参量。

6.1.3　Hugoniot 曲线

在冲击压缩之前,被撞击材料处于静止状态,$u_0 = 0$,压力 $p_0 = 10^5$ Pa,为环境压力。材料处于冲击压缩状态时的压力 p_H 很高,可在几十 GPa 以上,即 $p_H \gg p_0$,可忽略 p_0,方程

(6.1.5) 变为

$$p_H = \rho_0 u_s u_p = \frac{u_s}{V_0} u_p \qquad (6.1.12)$$

上式与欧姆定律相类似，p_H 相当于电压，u_p 相当于电流强度，而 $\rho_0 u_s$ 或 u_s/V_0 相当于电阻，因此称其为冲击阻抗。它与电阻一样也是物质的固有属性。

方程(6.1.9) ~ (6.1.11) 可简化为

$$u_p^2 = p_H(V_0 - V_H) \qquad (6.1.13)$$

$$u_s^2 = \frac{p_H V_0^2}{V_0 - V_H} \qquad (6.1.14)$$

$$E_H - E_0 = \frac{1}{2} p_H(V_0 - V_H) \qquad (6.1.15)$$

对于给定的材料和撞击过程，u_s 和 u_p 是常数，可以通过实验测出，进一步可求出 p_H。图 6.7 为 u_s 和 u_p 的关系曲线，两者呈线性关系，可用如下方程简单地给出

$$u_s = c_0 + b u_p \qquad (6.1.16)$$

式中，b 为比例常数；c_0 表示常压下的体积声速，c_0 可由超声方法测得，其具体形式为

$$c_0 = \sqrt{K_0 V_0} \qquad (6.1.17)$$

其中 K_0 为常压下材料的体弹模量，b、c_0 和具体材料有关。

实际上，冲击波产生的压力非常高，材料处于大幅压缩状态，微观粒子间的排斥势占优势。由于绝大多数固体和液体材料的排斥势都是相似的，因此 u_s 和 u_p 在相当宽的压力范围内满足上述线性关系，但多孔材料可能偏离线性关系。压缩过程中材料发生相变时也会偏离线性关系。

如果知道了材料的初始密度 ρ_0 或比体积 V_0，加上测得的 u_s 和 u_p，就可用图解法求出压缩状态的 p_H 和 V_H。当 u_p 为常数时，以 p_H 和 V_H 为变量作图，式(6.1.13) 在 $p - V$ 平面上是一条双曲线；当 u_s 为常数时式(6.1.14) 在 $p - V$ 平面上是一条直线。利用两条线的交点即可读出相应的 p_H 和 V_H，如图 6.8 所示。将 p_H 和 V_H 代入式(6.1.15)，即可求得相应的内能 E_H。

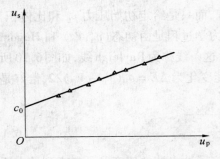

图 6.7　给定材料的 $u_s - u_p$ 关系[5]

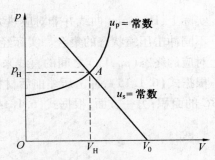

图 6.8　图解法求 p_H 和 V_H[1,6]

给定某种材料,其初始的压力 p_0 和比体积 V_0 是确定的,不同的冲击过程,如使用不同的撞击速度,材料所能达到的 p_H 和 V_H 也不同。在 $p-V$ 平面上,所有点 (p_H, V_H) 的集合构成一条曲线,这就是 Hugoniot 曲线。图6.9中同时画出了 Hugoniot 曲线、等温线和绝热线。Hugoniot 曲线比等温线陡,因此在冲击压缩过程中伴随着温度的升高。绝热过程中材料吸收的热量为零,熵变为零,即绝热过程是一个等熵过程。Hugoniot 曲线比绝热线

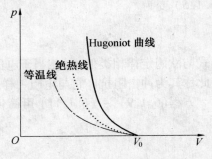

图 6.9　Hugoniot 曲线

陡,说明材料在冲击压缩过程中的熵是增加的。根据热力学第二定律可知,冲击压缩过程是一个不可逆过程。在压力不太高的情况下(< 50 GPa),Hugoniot 曲线和绝热线是非常接近的。

冲击压缩过程中,材料压力上升越高,熵增加越大,温度上升也越高。对低密度材料,尤其是对多孔材料压缩时,这种升温现象特别明显。表 6.1 给出了几种金属材料在冲击波压力下的升温情况。为了使加压过程中温度不至于过高,除采取散热、冷却等措施外,主要措施是延长加压的时间,如从 10^{-9}s 增至 $10^{-6} \sim 10^{-5}$s,这时压缩接近于等熵过程,温升也随之下降,这种加压过程称为等熵压缩。

表6.1　Al、Cu 和 Pb 在冲击压缩下的温度

Al		Cu		Pb	
p_H/GPa	T_H/K	p_H/GPa	T_H/K	p_H/GPa	T_H/K
37. 4	1 091	75. 5	1 423	25. 0	1 316
86. 1	2 913	185. 8	4 626	66. 5	3 826
165. 0	7 066	388. 0	12 546	130. 0	7 026

实际上,Hugoniot 曲线并非对应热力学过程,而只是给定初始压力 p_0 和比体积 V_0 条件下不同冲击压缩状态的集合。实际经历的热力学过程是由初态 (p_0, V_0) 和 Hugoniot 曲线上对应的终态 (p_H, V_H) 之间的直线来描述的,这条线称为 Rayleigh 线,如图6.10所示。

根据式(6.1.15),冲击压缩前后材料的内能变化为 $\Delta E = p_H(V_0 - V_H)/2$,恰好是图中 ΔABC 的面积;另一方面,根据式(6.1.14),可得

$$u_s = V_0 \sqrt{\frac{p_H}{V_0 - V_H}} \qquad\qquad (6.1.18)$$

其中 $p_H/(V_0 - V_H)$ 为直线 AC 斜率的绝对值,决定了冲击波的速度 u_s。考虑到冲击压缩过

程中,冲击波的速度为常量,可知实际的冲击压缩过程是沿着图中直线 CA,即 Rayleigh 线进行的。

图 6.10 中还画出了 0 K 时的等温压缩线,即曲线 CD。D 点对应的压力称为"冷"压力,用 p_c 表示。等温压缩造成材料内能的增加即为曲边 $\triangle BCD$ 的面积,称为"冷能",用 E_c 表示。曲边 $\triangle ACD$ 的面积就是冲击波作用下材料温度升高造成的内能增量,称为"热能",用 E_{ex} 表示,是由材料内晶格和电子体

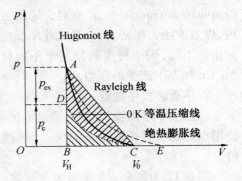

图 6.10　冲击压缩过程中的热力学量

系激发引起的。相应地,材料温度升高带来的压力增加称为"热压",记为 p_{ex}。这样,材料终态相对初态的内能和压力变化可以写成两部分之和

$$p_H = p_c + p_{ex} \tag{6.1.19}$$
$$E_H - E_0 = E_c + E_{ex} \tag{6.1.20}$$

冲击波是一次性的压缩波。当它作用在材料上时,材料处于高度压缩状态,冲击波过后,材料会发生绝热膨胀,即图 6.10 中的曲线 AE。膨胀过程中材料的熵是不变的,有些建筑物在冲击波的冲击下保持完好,但冲击波过后的膨胀过程却往往使建筑物倒塌。

6.2　动态高压发生装置[1,6~8]

产生动态高压的前提是产生冲击波,可以通过火药爆炸、压缩磁场和强电流收缩等方法来实现。按照波前的形状可以把冲击波分为球面波、柱面波和平面波。显然这三种波形分别由点源、线源和面源产生。

6.2.1　爆炸法

1. 爆轰波的特征

火药爆炸时可产生爆轰波,但在其波阵面后面有化学反应发生,情况复杂。一般爆轰过程的压力分布如图 6.11 所示。

在火药爆炸的最初阶段的短时间内,爆炸波作用到材料上的压力急剧下降,当它传播一定距离(B 点)后压力变得比较稳定,压力下降非常缓慢。称此时的 BC 平面为

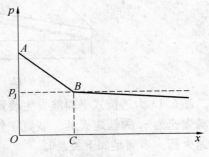

图 6.11　爆轰波的压力分布

Chapman-Jouguot 平面，B 点对应的压力 p_J 称 C – J 压力。实验证明，在此后的很大范围内，爆轰波压力保持为 p_J，且无化学反应，因此可以认为是冲击波。不同种类火药产生的冲击波不同，同一种火药作用于不同材料时产生的压力也不同，冲击阻抗大的材料（如 Au、Cu 和 W）产生的压力高。

2. 平面波发生装置

冲击波中平面波最简单，测量也最方便。使用火药爆炸的方法来产生平面波时，都是使用点爆源引燃面爆源来实现。根据形状，平面波发生装置可分为鼠夹式和透镜式两种。

图 6.12 为鼠夹式平面波发生装置。通过引信将条形火药引燃，燃烧速度为 v_1。火药爆炸驱动金属条向平板火药运动，其速度为 u_1。为了使金属条各处同时撞击在平板火药上，引发线爆炸，条形火药与平板火药之间需有一定夹角 β，满足下式

$$\sin \beta = \frac{u_1}{v_1} \tag{6.2.1}$$

平板火药的一端产生线爆炸后，燃烧速度为 v_2，爆轰波驱动金属板向主火药包运动，速度为 u_2。为使主火药包产生面爆炸，金属板的各点的爆轰波需同时撞击在主火药包上，要求倾角 α 满足

$$\sin \alpha = \frac{u_2}{v_2} \tag{6.2.2}$$

主火药包爆炸后，就会产生平面冲击波。

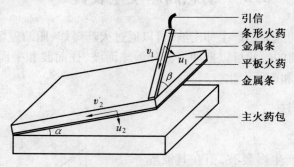

图 6.12　鼠夹式平面波发生装置[1]

图 6.13 为透镜式平面波发生装置的示意图。将爆速为 v_1 的高速火药制成碗形，内部填满爆速为 v_2 的低速火药。装置工作时，通过引信和雷管将引爆头点燃，再点燃高速和低速火药。当满足如下关系时

$$\sin \alpha = \frac{v_2}{v_1} \tag{6.2.3}$$

主火药包顶部各处被同时引爆，产生平面波。

一般在主火药包上贴一块金属平板,使火药爆炸时让平板成为高速飞片,撞击到物体上产生高压。飞片法比直接将火药贴在样品上能产生更高的压力。如果将金属平板换成金属弹丸,可使用轻气炮来发射。

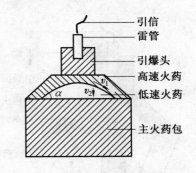

图 6.13　透镜式平面波发生装置[1]

图 6.14 为轻气炮的示意图。当火药室中的火药由雷管引爆后使室内 H_2 或 He 的压力迅速增加,当压力达到某一值时冲破金属膜而使活塞向右移动,压缩管中的 H_2 或 He 产生二级压缩气体。气体压力可达 2 ~ 3 GPa,可将压缩管与发射管之间的金属膜冲破,推动弹丸前进,撞击在靶上。发射管一般长为几米到十几米,使弹丸被加速到很高的速度,可达 15 km/s。一般来说,靶内质点速度约为弹丸速度的一半。选用冲击阻抗大的靶材,压力可达几百 GPa。

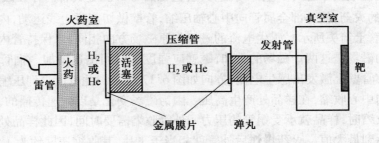

图 6.14　轻气炮示意图

3. 柱面波发生装置

图 6.15 为柱面波发生装置。主火药包内火药的爆速为 v,产生冲击波的速度为 u。样品管放在主火药包的中心,主火药包中装药与样品管成一定角度 α。当满足

$$\sin \alpha = \frac{u}{v} \qquad (6.2.4)$$

关系时,样品管四周同时受压,形成汇聚的柱面波。

4. 球面波发生装置

图 6.16 为一种球面波发生装置的示意图。所有电引爆雷管用导线连接在一起,利用电流使之同时引燃外层火药,然后爆轰波引爆内层火药,产生的球面波作用在钢球上,对样品实现冲击压缩。这里产生的是汇聚的球面冲击波。比较起来,柱面波和球面波发生装置对样品实现多方向加压,产生的压力比平面波发生装置高。

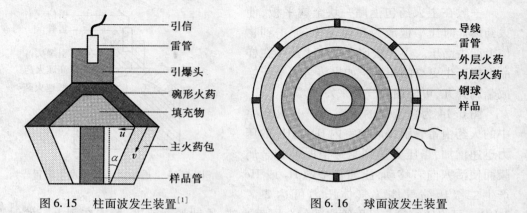

图 6.15　柱面波发生装置[1]　　　　　　图 6.16　球面波发生装置

6.2.2　压缩磁场技术

利用压缩磁场技术也可产生冲击波,其装置见图6.17。金属管内存在磁场 B_0 的情况下,引爆外围的火药,使外部金属管向中心轴压缩,管壁做切割磁力线运动,内部产生感生电流,方向如管上箭头所示。感生电流的磁场与原磁场方向相同,以保持管内的磁通量不变。铜管内的磁场是这两个磁场的叠加,磁感应强度随时间迅速增加。铜管内部磁通量的巨大变化在管壁上激发出感生电流,方向如图 6.17 所示。此电流受到压缩磁场的作用力而使铜管向中心收缩,在样品处产生高压。因为磁场变化是以光速传播的,所以当外部金属管刚刚收缩时,样品就承受铜管的压力。外管收缩需要时间,因此样品处压力经过一定时间后才达到最大值。火药爆炸后外管就相当于飞片,其收缩速度约为 1 mm/μs。若内外管的间距为 1 m,样品中压力达到最大值约需要 10^3 μs。可见,样品压力的上升时间较长,冲击压缩近似为等熵过程,温度上升较小。对有机玻璃,压力为 200 GPa 时温度只有 700 K,而飞片法的冲击波实验中,使用冲击阻抗大、温升小的物质 Pb,在 130 GPa 下温度高达 6 846 K。利用这种方法,样品的压力上升是连续的,而不是阶梯式的。理论计算

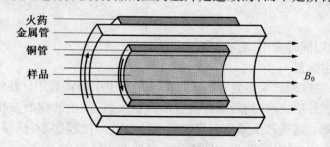

图 6.17　压缩磁场装置
管上的箭头为感生电流的方向

表明,压缩磁场方法达到的最高压力与样品的冲击阻抗无关,对低冲击阻抗的样品仍然可以加载高压。例如,日本人用这种技术在有机玻璃中达到了 400 GPa 的压力。

6.2.3 强电流收缩方法

两根平行导线通以同方向电流时相互吸引。若两导线间距离为 r,通以同方向、大小相等的电流,则单位长度导线的受力为

$$F = \frac{\mu_0 I^2}{2\pi r} \qquad (6.2.5)$$

式中,I 为两导线中的电流强度;μ_0 为真空磁导率。

若半径为 r 的金属管通以电流 I,各部分将相互吸引,产生向心的压力,如图 6.18 所示。产生压力的大小为

$$p = \frac{\mu_0 I^2}{8\pi^2 r^2} \qquad (6.2.6)$$

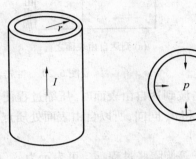

图 6.18 强电流收缩方法

取 $I = 10^7$ A,$r = 2$ mm,可得 $p = 39.6$ GPa。这种方法的升压时间为 μs 量级。与压缩磁场法类似,管中样品所能达到的最高压力不受样品冲击阻抗的限制。利用这种方法在17.2 GPa 压力下合成了金刚石,在 18.2 GPa 压力下合成了立方 BN。

6.3 动态高压的测量[1,6]

根据冲击波的三个基本方程(6.1.4) ~ (6.1.6)和材料的状态方程,可求出处于冲击压缩状态材料的性质。实验上需要测量两个物理量,即冲击波的速度 u_s 和质点速度 u_p。有时待测材料的状态方程不清楚,需要估算冲击压缩状态的温度 T_2。

6.3.1 材料中质点速度和压力的确定

在压力 – 质点速度($p - u$)平面上表示材料的冲击压缩特性是方便的。利用 Hugoniot 曲线,根据式(6.1.13)可求出每一点对应的 u_p,即可得到以 p 和 u 表示的 Hugoniot 曲线,如图 6.19 所示。

1. 自由表面近似

材料与真空之间的界面称为自由表面。一般情况下,材料处于 10^5 Pa 的环境压力下,由于冲击波形成的动态高压远远高于 10^5 Pa,材料与大气

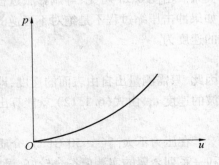

图 6.19 $p - u$ 平面上的 Hugoniot 曲线

之间的界面也可看做自由表面。冲击波在材料中传播时,材料受到压缩,质点速度由式(6.1.9)决定。当冲击波到达自由表面时,材料产生了一个等熵膨胀过程,此过程产生了一个逆向传播的膨胀波。图6.20给出了冲击波到达自由表面之前和之后材料的状态。

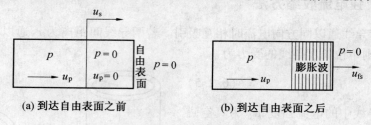

(a) 到达自由表面之前   (b) 到达自由表面之后

图 6.20   冲击波作用下材料的状态[6]

冲击波到达自由表面时,压缩过程使其获得速度 u_p;膨胀波使其获得附加速度 u_{pl}。因为 u_{pl} 和 u_p 同向,所以自由表面处质点的速度 u_s 为两者之和,即

$$u_{fs} = u_p + u_{pl} \tag{6.3.1}$$

对于等熵膨胀过程,u_{pl} 可表示为

$$u_{pl} = \int_0^p \mathrm{d}p/\rho c \tag{6.3.2}$$

其中 c 为膨胀区域的波速。自由表面处质点的速度大于材料中的质点速度,这种速度差以膨胀波的形式反向传播。为了研究膨胀波,以材料中的质点作为参照系,也就是把材料看成只有逆向传播的膨胀波的静止介质。在此参照系中,膨胀区内的质点速度为

$$u_{p2} = u_{fs} - u_p \tag{6.3.3}$$

如果冲击压缩过程中材料的 Hugoniot 曲线已知,那么等熵膨胀过程中的 $p-u$ 关系也可简单地得到。在 $p-u$ 平面上,相反两个方向传播的冲击波的 Hugoniot 曲线关于 p 轴是对称的,因此很容易得到 $p-(-u)$ 曲线,再将其沿 u 轴平移 u_{fs} 即得等熵膨胀曲线,也就是 p 和 $u_{fs}-u$ 的关系曲线。图6.21给出了两个过程对应的 Hugoniot 曲线和几个速度之间的关系。由图6.21可见,等熵膨胀过程中,$p=0$ 点出现在 $u=u_{fs}$ 处,即自由表面。如果冲击压缩过程不是绝对不可逆的,那么式(6.3.2)中的积分值近似等于 u_p,自由表面的速度为

$$u_{fs} = 2u_p \tag{6.3.4}$$

因此,只需测量出自由表面的速度,即可得到材料中质点的运动速度。如果还测出了冲击波的速度 u_s,由式(6.1.12)就能算出冲击波作用下材料中的压力

$$p = \rho_0 u_{fs} u_s/2 \tag{6.3.5}$$

在压力不太高(< 50 GPa)、介质的压缩率小于15%、且无相变的情况下,式(6.3.3)和一系列金属的实测值符合较好,误差为1% ~ 2% 之间。但这种近似对于塑性、多孔材料以及具有明显弹 – 塑性或硬化效应显著的物质是不能用的。

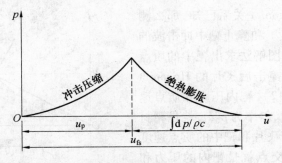

图 6.21　冲击波作用下材料的 $p - u_p$ 曲线[6]

2. 飞片撞击方法

飞片撞击静止的靶材料后,在靶子中激起冲击波,向前传播,而在飞片中冲击波向后传播,如图 6.22(a) 所示。

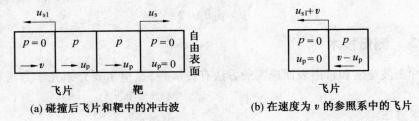

(a) 碰撞后飞片和靶中的冲击波　　　　　　(b) 在速度为 v 的参照系中的飞片

图 6.22　飞片撞击过程[6]

飞片以速度 v 撞击静止的靶,靶和飞片中冲击波的速度分别为 u_s 和 u_{s1}。连续性要求靶和飞片接触的区域压力和质点速度相同。图 6.22(a) 给出了各个区域的压力和质点速度分布。和上节中的讨论类似,选择以速度 v 向前运动的参照系,冲击压缩后飞片中的速度分布就变成图 6.22(b) 的情形。这相当于飞片静止,而有速度为 $u_{s1} + v$ 的冲击波在其中传播,质点速度为 $v - u_p$。根据以上分析,可画出飞片和靶在 $p - u$ 平面上的 Hugoniot 曲线,如图 6.23 所示。两条曲线的交点即为撞击时飞片和靶内的压力和质点速度。

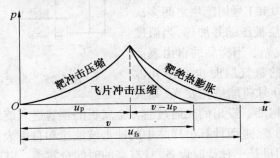

图 6.23　飞片和靶的 Hugoniot 曲线

如果飞片的 Hugoniot 关系已知,那么测出撞击前飞片的速度 v 和静止靶中冲击波的速度 u_s,就可以利用图解法求出靶中的质点速度 u_p。图 6.24 为撞击后飞片的 Hugoniot 曲线。利用式(6.1.12),靶内压力和质点速度的关系为一条直线,斜率为 $\rho_0 u_s$,就是靶材料的冲击阻抗。由于飞片和靶中的质点速度相同,直线与曲线的交点就是靶内的压力和质点速度。

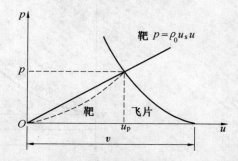

图 6.24　图解法求靶的压力和质点速度[1,6]

当飞片和靶使用同种材料时,两者的 Hugoniot 关系是关于 $u = u_p$ 对称的,这时只要测出撞击前飞片的速度 v,就可得到靶中质点的速度,$u_p = v/2$。再利用测得的靶中冲击波的速度 u_s,即可求出靶内的压力为

$$p = \rho_0 u_s v/2 \tag{6.3.6}$$

6.3.2　测量技术

测量冲击波速度和自由表面速度的方法有许多种,这里主要介绍光学方法和电学方法。

1. 光学方法

图 6.25 为发光狭缝法的示意图。待测样品制成特殊形状,一端有两个突起,高度分别为 d_1 和 d_2。如图所示,在样品的这一端放置三块透明树酯块,其中 0 号和 1 号树酯块与样品之间充满厚度为几十 μm 的氩气层,2 号树酯块与氩气层紧密接触,但与样品之间有 d 的距离,处于真空状态。冲击波传到样品表面后,在此表面及 0 和 1 号树酯块之间多次反射,使其间的氩气层被压缩并加热,当温度达到起辉点时就会发光。当样品的自由表面到达 2 号树酯块前的氩气层时也会使其发光。由图可以看出,0 号树酯最先发光,其次

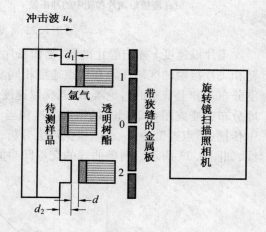

图 6.25　发光狭缝装置示意图

是 1 号,最后是 2 号树酯。发出的光通过前方金属板的狭缝进入旋转镜扫描照相机,可记录下它们发光的时间差,进而计算出样品中的冲击波波速和自由表面速度。

旋转镜扫描照相机是一种计时设备,具有高的时间分辨率。其光学系统如图 6.26 所示。被记录物体是发光的光源,如上述狭缝。发光的狭缝经物镜和平面镜后在圆弧形底

片上成像。平面镜由微电机驱动,高速旋转,转动频率可达 10 000 Hz。底片上像的位置随着时间移动,是反射镜转角即时间的函数。

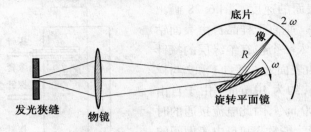

图 6.26　旋转镜扫描照相机原理图

旋转镜到底片距离为 R,旋转镜角速度为 ω,底片上物像移动的角速度为旋转镜的 2 倍,线速度为 $v = 2\omega R$。因此只要测出底片上物像的移动距离,就可求出曝光时间。取 $R = 50$ cm, $\omega = 2\ 000\pi$ rad/s,则可求得底片上像的移动速度为 6.28×10^3 m/s,与冲击波的速度在同一数量级,因此它可以对冲击压缩过程进行记录。这种装置测量冲击波速度的误差约为 1%。狭缝的宽度即空间分辨率约为 100 μm,对应的时间分辨率为 0.01 μs。

图 6.27 为一张底片的示意图。由于平面镜的旋转,狭缝在底片上曝光后为一条光带。0 号狭缝最先曝光,底片上的像移动距离越长。当 0 号狭缝的像移动 l_1 距离后,1 号狭缝开始曝光。当 1 号狭缝的像移动 l_2 时,2 号狭缝开始曝光。由像的移动速度可知,0 和 1 号狭缝曝光的时间差为 $t_1 = l_1/v$,这段时间内冲击波波前的位移为 d_1,因此可求出冲击波的速度为

$$u_s = d_1/t_1 = d_1 v/l_1 \tag{6.3.7}$$

0 和 2 号狭缝曝光的时间差为 $t_2 = l_2/v$,这段时间内冲击波波前的位移为 d_2,自由表面的位移为 d,由此可得自由表面的速度为

$$u_{fs} = \frac{d}{l_2/v - d_2/u_s} \tag{6.3.8}$$

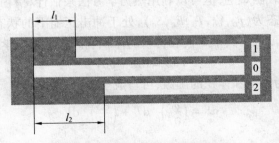

图 6.27　旋转镜扫描照相机的底片

2. 电学方法

当待测样品为导体时可利用电学方法测量冲击波和自由表面的速度。图 6.28 画出了探针法的原理图。垂直于样品自由表面钻一深为 d_1 的孔，插入一个包有绝缘层的探针 1。探针 2 置于自由表面处。探针 1 和 2 与样品表面的距离很小，约为 10 μm。由于自由表面的速度约为 100 m/s，因此电流接通的时间为 0.1 μs 数量级。探针 3 和自由表面间的距离为 d_2。当冲击波作用于样品后，探针 1 首先接通，脉冲电路记下这个时刻 t_1。冲击波继续前进，到达自由表面时探针 2 接通，记

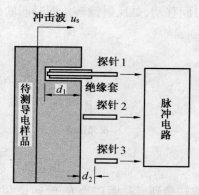

图 6.28　探针法原理图

下时间 t_2。时间差 $t_2 - t_1$ 为冲击波在样品中传播距离 d_1 所需的时间。因此冲击波的速度为

$$u_s = \frac{d_1}{t_2 - t_1} \tag{6.3.9}$$

在时刻 t_3，探针 3 接通，时间差 $t_3 - t_2$ 为自由表面移动 d_2 距离所需的时间，由此可计算出自由表面的速度为

$$u_{fs} = \frac{d_2}{t_3 - t_2} \tag{6.3.10}$$

6.3.3　材料温度的估计

如果待测材料的状态方程未知，仅仅测量冲击波速度和自由表面速度是不够的，还需要知道材料在冲击压缩下的温度，才能得到材料的具体状态。由于冲击压缩的特点，直接测量材料的温度是比较困难的，但可以利用热力学方法来估计材料的温度。

设材料的初始状态为 $(p_0, V_0, T_0, E_0, S_0)$，处于冲击压缩下的状态为 Hugoniot 曲线上的一点 $(p_H, V_H, T_H, E_H, S_H)$，其中 S 代表材料的体积熵。根据热力学第一定律，有

$$TdS = dE + pdV \tag{6.3.11}$$

另一方面，熵 S 为温度和体积的函数，可写成全微分形式

$$dS = \left(\frac{\partial S}{\partial T}\right)_V dT + \left(\frac{\partial S}{\partial V}\right)_T dV \tag{6.3.12}$$

利用麦克斯韦关系式

$$\left(\frac{\partial S}{\partial V}\right)_T = \left(\frac{\partial p}{\partial T}\right)_V \tag{6.3.13}$$

和定容比热公式

$$C_V = T \left(\frac{\partial S}{\partial T} \right)_V \qquad (6.3.14)$$

可得

$$T\mathrm{d}S = C_V \mathrm{d}T + \left(\frac{\partial p}{\partial T} \right)_V T\mathrm{d}V \qquad (6.3.15)$$

综合式(6.3.11)和式(6.3.15),得

$$C_V \mathrm{d}T - \mathrm{d}E - \left[p - \left(\frac{\partial p}{\partial T} \right)_V T \right] \mathrm{d}V = 0 \qquad (6.3.16)$$

由式(6.1.12)可知初态和末态的内能差为$(p + p_0)(V_0 - V)/2$,因此

$$\mathrm{d}E = \frac{1}{2}(V_0 - V)\mathrm{d}p - \frac{1}{2}(p_0 + p)\mathrm{d}V \qquad (6.1.17)$$

代入式(6.3.16),得

$$C_V \mathrm{d}T - \frac{1}{2}(V_0 - V)\mathrm{d}p + \frac{1}{2}p_0 \mathrm{d}V - \left[\frac{1}{2}P - \left(\frac{\partial p}{\partial T} \right)_V T \right] \mathrm{d}V = 0 \qquad (6.3.18)$$

略去初始压力p_0(一般为10^5 Pa),上式变为

$$\frac{\mathrm{d}T}{\mathrm{d}V} + kT - \frac{1}{C_V}f(V) = 0 \qquad (6.3.19)$$

式中

$$k = \frac{1}{C_V} \left(\frac{\partial p}{\partial T} \right)_V$$

$$f(V) = \frac{1}{2}(V_0 - V) \frac{\mathrm{d}p}{\mathrm{d}V} + \frac{1}{2}p$$

根据 Mie – Grüneisen 状态方程,材料的压力可写为

$$p = p_c + \frac{\gamma}{V}E \qquad (6.3.20)$$

式中,p_c 为冷压,与温度无关;γ 为 Grüneisen 常数;第二项代表热激发的贡献,即热压。

对式(6.1.20)求导,并利用关系式 $C_V = \left(\frac{\partial E}{\partial T} \right)_V$,可得

$$k = \frac{\gamma}{V} \qquad (6.3.21)$$

对大多数固体来说,γ/V 近似为常数,因此 k 可看做是一个常量。

这样,式(6.3.19)有解

$$T(V) = T_0 \mathrm{e}^{k(V_0 - V)} + \mathrm{e}^{-kV_0} \int_{V_0}^{V} \frac{f(V)}{C_V} \mathrm{e}^{kV} \mathrm{d}V \qquad (6.3.22)$$

式中积分沿 Hugoniot 曲线进行。给定初始温度T_0和比体积V_0,即可由上式求出冲击压缩

过程中材料的温度。

冲击波过后,材料发生绝热膨胀,过程中熵变 $dS = 0$。式(6.3.15)变为

$$\frac{dT}{dV} + kT = 0 \qquad (6.3.23)$$

上式的解为

$$T(V) = T_H e^{k(V_H - V)} \qquad (6.3.24)$$

T_H 和 V_H 为绝热膨胀过程的起始温度和比体积,位于 Hugoniot 曲线上。式(6.3.24)给出了绝热膨胀过程中任意体积对应的材料温度。

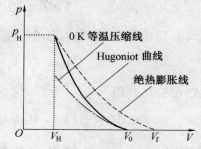

绝热过程后,材料的压力变为 p_0,其最终比体积和温度分别为 V_f 和 T_f,如图 6.29 所示。V_f、T_f 与初始状态 V_0、T_0 满足热膨胀方程

$$V_f - V_0 = \alpha V_0 (T_f - T_0) \qquad (6.3.25)$$

其中 α 为热膨胀系数。

由式(6.3.24)和式(6.3.25)可求出绝热膨胀后材料的最终温度。为便于比较,图 6.29 中还画出了 0 K 时的等温压缩线。

图 6.29　冲击压缩过程

6.4　固体在冲击压缩下的应力[6]

固体材料受到冲击压缩时,应变仅发生在冲击波运动方向,即单轴应变。设冲击波沿 x 方向运动,那么

$$\varepsilon_y = \varepsilon_z = 0 \qquad (6.4.1)$$

但是,材料在 y 和 z 方向上的应力可以不为零。由于轴对称性,这两个方向上的应力相等

$$\sigma_y = \sigma_z \qquad (6.4.2)$$

根据式(2.1.4)～(2.1.6)可知,三个方向上的应力分别为

$$\sigma_x = \frac{(1 - \nu)E}{(1 + \nu)(1 - 2\nu)} \varepsilon_x \qquad (6.4.3)$$

$$\sigma_y = \sigma_z = \frac{\nu E}{(1 + \nu)(1 - 2\nu)} \varepsilon_x \qquad (6.4.4)$$

式中,ν 为 Possion 比。由此可知三个应力之间的关系为

$$\sigma_y = \sigma_z = \frac{\nu}{1 - \nu} \sigma_x \qquad (6.4.5)$$

根据最大剪应变能理论,由式(1.3.16)可得材料屈服时对应的应力为

$$\sigma_x = \frac{1 - \nu}{1 - 2\nu} Y_0 \tag{6.4.6}$$

Y_0 为各向同性屈服强度。显然,当应力 σ_x 小于屈服应力时材料发生弹性形变。

材料的体应变为

$$\varepsilon_V = \varepsilon_x + \varepsilon_y + \varepsilon_z = \varepsilon_x \tag{6.4.7}$$

根据体应变的定义得

$$V/V_0 = 1 + \varepsilon_x \tag{6.4.8}$$

材料内的静水压大小为

$$p = \frac{1}{3}(\sigma_x + \sigma_y + \sigma_z) = \sigma_x - \frac{2}{3}\tau \tag{6.4.9}$$

式中,$\tau = \sigma_x - \sigma_y$ 表示差应力。考虑到

$$p = K\varepsilon_V \tag{6.4.10}$$

式中 K 为体弹模量。利用式(6.4.7)可得

$$\sigma_x = K\varepsilon_x + \frac{2}{3}\tau \tag{6.4.11}$$

式中第一部分代表静水压成分,而第二部分代表对静水压的偏离。

固体材料发生塑性形变后,应力 σ_x 和 σ_y 越大,差应力 τ 相对于 σ_x 和 σ_y 就越小,这时可近似认为

$$\sigma_x = K\varepsilon_x \tag{6.4.12}$$

三个方向的应力具有相同的数值

$$\sigma_x = \sigma_y = \sigma_z \tag{6.4.13}$$

静水压 p 的大小即为 σ_x,在高于此压力的范围内,可认为材料处于静水压环境下。

事实上,只有在 σ_x 比材料的屈服强度小一个数量级时,σ_x 才和 σ_y、σ_z 有明显差别,这时认为材料处于静水压条件是有误差的。一般材料的各向同性屈服强度要远远小于冲击波造成的压力,因此冲击波作用下的材料可看成是理想流体。

图 6.30 为处于冲击压缩状态下固体的应力 – 应变曲线。实线为实际的应力,在弹性极限以下,应力

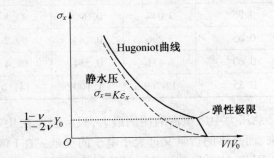

图 6.30　冲击压缩状态下固体的应力 – 应变曲线

和应变呈线性关系,超过弹性极限后,按照 Hugoniot 曲线变化。虚线代表材料内的静水压。可以看出,弹性极限以下,材料的应力和静水压是有偏离的,但随着应力的增加,两者

逐渐接近。在较高的应力作用下,可以认为材料处于静水压环境。

6.5　静高压压标的冲击波数据校正[4,9~12]

前面已经提到,冲击压缩过程中的压力确定方法和静态高压有很大不同,它基于热力学理论,具有相当高的精确度。由于冲击波产生的压力远高于静态高压,因此可以用来对静态高压压标进行校正。

冲击波产生的动态高压数据构成 Hugoniot 曲线,若想利用动态高压校正静高压压标,就要把 Hugoniot 曲线转换成等温状态方程。0 K 的等温线只需考虑冷压即可,但有限温时就要估计热激发对压力的影响,即热压部分。热激发包括晶格体系和电子体系的贡献,热压 p_{ex} 可写为两部分之和,即

$$p_{ex} = p_{lat} + p_{el} \tag{6.5.1}$$

式中,p_{lat} 和 p_{el} 分别代表晶格和电子对压力的贡献,均为温度和体积的函数。这样材料总压就可写成

$$p(T,V) = p_c(V) + p_{lat}(T,V) + p_{el}(T,V) \tag{6.5.2}$$

式中 p_c 为冷压,只是体积的函数。表6.2列出了金属 Al 的 Hugoniot 曲线上几个点的压力组成。

表6.2　金属 Al 动态压力中 p_c、p_{lat} 和 p_{el} 的贡献[4]

V_H/V_0	T_H/K	$k_B T_H/eV$	p_c/GPa	p_{lat}/GPa	p_{el}/GPa	p/GPa
0.90	499	0.043	8.3	1.1	—	9.4
0.85	975	0.084	14.4	3.5	—	17.9
0.75	1 044	0.090	33.5	4.1	—	37.6
0.65	3 296	0.284	69.2	18.2	2.2	89.6
0.60	6 431	0.554	98.4	39.5	4.7	142.6
0.55	12 769	1.100	141.0	84.6	13.8	239.4

总压力中冷压占的比例最大,只有温度在几千 K 时热激发对压力的贡献才变得显著起来,而晶格的贡献又远大于电子的贡献。在 1 000 K 以下,电子的贡献极其微小,可以忽略。因此,热激发的贡献只计算晶格即可。

根据 Mie – Grüneisen 状态方程式(6.3.20),晶格热压可写为

$$p_{lat} = \frac{\gamma}{V} E_{lat} \tag{6.5.3}$$

E_{lat} 为晶格振动对内能的贡献。

另一方面,总压和总内能均包括 0 K 和热激发两部分,上式变成

$$p_H - p_c = \frac{\gamma}{V}(E_H - E_c) \tag{6.5.4}$$

式中 p_H 和 E_H 为 Hugoniot 曲线上某点的压力和内能。冷能 E_c 即为图 6.10 中 0 K 等温线下所围面积

$$E_c = \int_{V_0}^{V} p_c \mathrm{d}V \tag{6.5.5}$$

实际上,在温度不太高的情况下,热激发的贡献可以忽略。例如 293 K 时的等温线和 0 K 时的等温线仅有 1% 的误差。

冲击压缩过程中压力的确定相当精确,例如,压力为 660 GPa 时误差只有 1%。利用动态高压数据来求等温线的误差主要来源于 Grüneisen 常数 γ。常压下 γ 可用下述方法求得。

对式(6.1.20) 微分,可得

$$\gamma = V\left(\frac{\partial p}{\partial E}\right)_V = V\left(\frac{\partial p}{\partial T}\right)_V \left(\frac{\partial T}{\partial E}\right)_V \tag{6.5.6}$$

利用关系式 $\left(\dfrac{\partial p}{\partial T}\right)_V = -\left(\dfrac{\partial p}{\partial V}\right)_T \left(\dfrac{\partial V}{\partial T}\right)_p$,可得

$$\gamma = -V\left(\frac{\partial p}{\partial V}\right)_T \left(\frac{\partial V}{\partial T}\right)_p \left(\frac{\partial T}{\partial E}\right)_V \tag{6.5.7}$$

考虑到定容比热 $C_V = \left(\dfrac{\partial E}{\partial T}\right)_V$,等温体弹模量 $K = -V\left(\dfrac{\partial p}{\partial V}\right)_T$,定压热膨胀系数 $\alpha = \dfrac{1}{V}\left(\dfrac{\partial V}{\partial T}\right)_p$,有

$$\gamma = \alpha K V / C_V \tag{6.5.8}$$

对大多数离子晶体和金属,γ 在 1.5 到 2.5 之间。高压下,γ 的数值不易获得。一种方法是利用多孔材料的冲击压缩数据得到。图 6.31 给出了多孔材料和普通材料的 Hugoniot 曲线。对应于同一体积,两者的冲击压力和内能变化均不一样,由式(6.5.6) 即可计算出 γ。图中阴影部分面积即为内能差 ΔE,V_H 处两条 Hugoniot 曲线给出的压力差为 Δp,γ 由下式给出

$$\gamma = V_H \Delta p / \Delta E \tag{6.5.9}$$

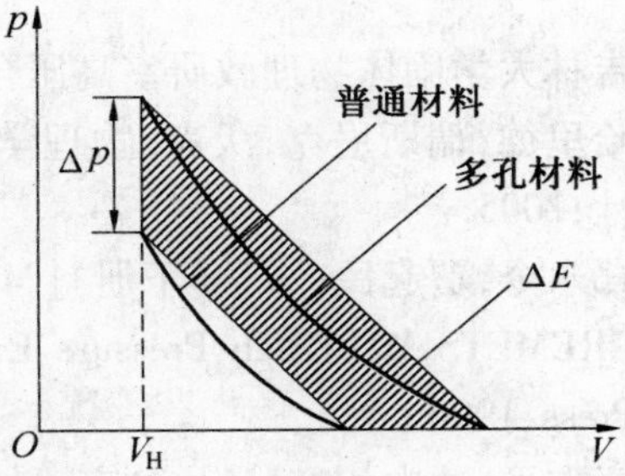

图 6.31　Grüneisen 常数 γ 的获得[6]

这种方法获得 Grüneisen 常数的误差不小于 10%,因此使用近似方法是可行的。前

面提到,γ/V 对大多数固体近似为常数,因此高压下的 γ 可由常压下的值由下式粗略地进行估计

$$\frac{\gamma}{V} = \frac{\gamma_0}{V_0} \qquad (6.5.10)$$

另一种获得 Grüneisen 常数的方法是利用 Debye 理论进行计算。γ 的微观定义为

$$\gamma = -\frac{\mathrm{d}\ln \omega_i(V)}{\mathrm{d}\ln V} \qquad (6.5.11)$$

其中 ω_i 是某一晶格振动模式的频率,是体积的函数。对所有振动模式进行平均,就得到了材料的 Grüneisen 常数。

采取不同的近似方法,还可得到 γ 的不同表达式,如

$$\gamma = (K' - \delta)/2 \qquad (6.5.12)$$

式中,K' 为等温体弹模量的压力导数,$\delta = 1/3$、1、$5/3$ 分别对应于 Slater-Landau、Dugdale-MacDonald、Vashchenko-Zubarev 模型。这些模型在低压下符合不好,但高压下趋于一致。

毛河光等人在金刚石压机中对 Cu、Mo、Pd 和 Ag 进行了体积测量,同时记录了红宝石 R_1 荧光线在压力下的移动。采用式(6.5.10)的近似,参考这几种材料的冲击波数据,对红宝石压标进行了校正,直到 100 GPa。他们认为 γ 的最大误差约为 10%,但因为热压 p_{lat} 占总压的比例很小,如 Mo 和 Ag 分别为 4% 和 21%,所以 γ 的不确定性对冷压 p_c 的影响很小。根据上述数据,Mo 的 p_c 的误差约为 0.4%。后来,Bell 等人又利用 Au 和 Cu 的数据将红宝石压标扩展到 180 GPa。Godwal 和 Jeanloz 计算了 Au 的 0 K 等温压缩曲线,与超声波、静高压和冲击波数据符合得非常好,有力地验证了红宝石压标的可靠性。同时他们提出用 Au 作为测压的内标。

参考文献

[1] 吉林大学固体物理教研室高压合成组. 人造金刚石[M]. 北京:科学出版社,1975.

[2] 哈里德,瑞斯尼克,沃克. 物理学基础[M]. 张三慧,李椿,等译. 北京:机械工业出版社,2005.

[3] 郑永令,贾起民. 力学(下册)[M]. 上海:复旦大学出版社,1990.

[4] EREMETS M I. High Pressure Experimental Methods[M]. New York:Oxford University Press,1996.

[5] 唐志平. 冲击相变[M]. 北京:科学出版社,2008.

[6] 伊恩 L 斯佩恩,杰克 波韦. 高压技术(第二卷),应用与工艺[M]. 高家驹,等译. 北京:化学工业出版社,1988.

[7] 经福谦,陈俊祥. 动高压原理与技术[M]. 北京:国防工业出版社,2006.

[8] 经福谦. 动态高压技术[J]. 物理,1986(5):305-310.

[9] GODWAL B K,SIKKA S K,CHIDAMBARAM R. Equation of state theories of condensed matter up to about 10 TPa[J]. Physics Reports,1983(102):121-197.

[10] MAO H K,BELL P M,SHANER J W,et al. Specific volume measurements of Cu,Mo,Pd,and Ag and calibration of the ruby fluorescence pressure gauge from 0.06 to 1 Mbar [J]. Journal of Applied Physics,1978(49):3276-3283.

[11] HOLMES N C,MORIARTY J A,GATHERS G R,et al. The equation of state of platinum to 660 GPa(6.6 Mbar)[J]. Journal of Applied Physics,1989(66):2962-2967.

[12] GODWAL B K,R. JEANLOZ. First-principles equation of state of gold[J]. Physical Review B,1989(40):7501-7507.

第 7 章 高压下的物性

物质由微观粒子组成,粒子的种类和相互作用决定了物质的性质。粒子可以是原子、分子、离子等,影响粒子间相互作用的一个重要因素就是粒子间的距离。一个常见的例子是物质的固、液、气三态。当粒子距离很远时,其相互作用微弱,可认为粒子间互不影响,这时物质处于气态;随着粒子距离的减小,相互作用增强,达到一定程度时,粒子便凝聚成液体,这时粒子的空间分布是无序的;当粒子进一步靠近时,相互作用使粒子之间不能随意运动,即粒子在空间排列成有序结构,成为固体。在压力的作用下,物质内部的粒子的间距缩小,相互作用也发生变化,因此压力可影响物质的许多性质,如晶体结构、力学、热学、电学、磁学、光学性质等。这一章介绍高压对材料物理性质的影响。

7.1 高压下的力学性质[1~13]

7.1.1 概 述

高压下固体物性的研究中最基本、最重要的是固体的压力 – 体积 – 温度的关系($p - V - T$ 关系),即状态方程。因为固体的许多性质,如热膨胀系数、体弹模量、比热等,都可由 $p - V - T$ 关系直接求得。

给固体施加外力时,内部的粒子偏离势能最小的平衡位置,其结果是在固体内部产生应力,使粒子回复到原来位置。在稳定状态下,应力与外力达到平衡。如果外力不超过一定限度,粒子的位移即固体的形变是可逆的,这种形变为弹性形变。外力超过一定限度时,固体发生塑性形变或脆性破坏。本章只讨论固体受静水压或准静水压下的弹性压缩问题。

弹性形变时固体的体积发生变化,变化的难易程度可用体压缩率来表示。体压缩率 κ 是反映固体 $p - V - T$ 关系的一个物理量,定义为

$$\kappa_T = - \frac{1}{V} \left(\frac{\partial V}{\partial p} \right)_T \tag{7.1.1}$$

式中,κ_T 为等温体压缩率;p 为压力;V 为体积;T 为绝对温度。

等温压缩率的倒数称等温体弹性模量,用 K_T 表示

$$K_T = \frac{1}{\kappa_T} = - V \left(\frac{\partial p}{\partial V} \right)_T \tag{7.1.2}$$

以上两式中的负号表示物质在压力作用下体积减小,这是热力学稳定性所要求的。

实验上最容易测量的状态方程形式是等温条件下压力和体积的关系,因此相关的实验数据发表最多。由等温 $p-V$ 关系曲线的斜率即可求得等温体压缩率。室温的 $p-V$ 曲线测量简单可行,但高温和低温条件下的测量相对比较复杂,要求搭建相应的实验装置。实际上,如果计入热压的影响,任意温度下的 $p-V$ 曲线都可由室温数据导出。

当材料受到压力作用时,各个方向上长度会发生变化,定义线性压缩率

$$\beta = -\frac{1}{l}\frac{\partial l}{\partial p} \tag{7.1.3}$$

式中,l 为受力方向的长度。对于各向同性材料或多晶材料,各个方向上的线性压缩率都相同。许多单晶材料具有各向异性,在几个方向上的线性压缩率也不同。

热力学理论中压力的定义为

$$p = -\left(\frac{\partial E}{\partial V}\right)_S \tag{0.1.4}$$

$$p = -\left(\frac{\partial F}{\partial V}\right)_T \tag{0.1.5}$$

式中,E 和 F 分别为内能和自由能;S 为熵。

只要知道了内能或自由能的表达式,压力即可求出,进一步可导出状态方程。从微观上来看,内能和自由能由分子间的相互作用势决定,因此合理地给出分子间作用势函数,就可以求出材料的状态方程。

7.1.2　等温 $p-V$ 曲线的测量方法

测量等温过程 $p-V$ 曲线最简单的、也是最理想的方法是将单晶切成规则的形状,放在流体传压介质中加压,测出晶体尺寸随压力的变化,转化成压力下的体积数据。但是,这种方法并不实用,因为生长单晶的过程复杂,而且很多物质至今还没有生长出大的单晶。另一方面,为了获得高压下的数据,样品的尺寸必须足够小。例如,金刚石压机的高压腔体只有几百 μm 甚至更小,将单晶切割成这样尺寸的规则形状是很有难度的。此外,大多数流体传压介质在 10 GPa 以下发生固化,样品的压力环境偏离静水压。因此这种方法不是最常用的方法。使用得比较多的方法有膨胀计法、活塞变位法、X - 射线衍射法、超声波法、热学测量法、无线电波法、折射法等。

1. 膨胀计法

这种方法可测量材料在某一方向上的应变,如果被测样品是多晶或立方结构的单晶,那么在某一方向上的应变可直接转化为体应变,因而可得到等温 $p-V$ 曲线。对于具有各向异性的单晶,测量时必须考虑晶体结构的对称性,沿晶轴方向把三个主应变测出,它们的和即为体应变。利用测得的应变数据还可导出材料的线性压缩率。

实验过程中可直接测量材料的长度变化,一般是通过机械杠杆系统将应变放大,再通过灵敏的观测仪器进行测量。Bridgman 设计了一个机械测量系统,灵敏度约为 0.02 μm。也可在样品两端加上磁指示器,长度测量的系统误差约为 10^{-7} 量级。

使用标准材料作为基准,可通过测量其电阻变化来得到待测样品的线应变或压缩率,其原理见图 7.1。长度均为 l 的待测样品 S 和标准样品 W 固定在一起,处于静水压力为 p 的环境中,标准样品的电阻相对变化与其应变有关,可表示为

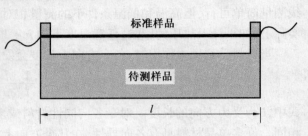

图 7.1 电阻法测线压缩率装置[2]

$$\frac{\Delta R}{R} = G \frac{\Delta l}{l} \qquad (7.1.4)$$

式中,G 为与标准样品有关的常数。长度应变可写为两部分之和

$$\frac{\Delta l}{l} = \left(\frac{\Delta l}{l}\right)_{\mathrm{w}} + (\beta_{\mathrm{w}} - \beta_{\mathrm{S}})p \qquad (7.1.5)$$

第一项为标准样品自身在压力下的应变,第二项为标准样品与待测样品线性压缩率 β 的不同而引入的附加应变。通过测量电阻变化,就可以得到待测样品的线性压缩率。图 7.2 为沿 MnP 单晶三个晶轴方向测量标准样品电阻随压力的变化关系,温度为 32 ℃。

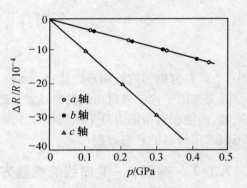

图 7.2 MnP 单晶的测试结果[2]

2. 活塞变位法

活塞变位法装置如图 7.3 所示,通常将样品直接封入活塞 – 圆筒容器内,沿轴向加压。测压的同时用千分表或其他方法测量活塞的位移,换算成体积的变化后即可得到 p – V 曲线和等温压缩率。由于加压时活塞本身也会缩短,而且活塞和圆筒发生径向膨胀,需要做相关的尺寸修正。这种装置内样品受到单轴压缩,存在压力梯度,需要做进一步修正。另外,摩擦力会引起迟滞效应,产生压力测量的误差。

这种方法适合测量相对"软"的固体,如

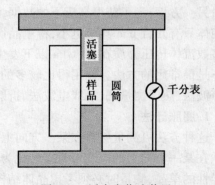

图 7.3 活塞变位法装置

固态气体、碱金属等,测压可达 10 GPa。Bridgman 用这种方法在室温下做过许多测量,C. A. Swenson 和 J. W. Stewart 等人做过低温下的测量。

3. X - 射线衍射法

高压下对样品进行原位 X - 射线衍射测量,定出晶格常数,从而得到压力与体积的关系,同时还可得到几个方向上的线性压缩率。对于大腔体设备,需要设置对 X - 射线透明的窗口,如 BN 制成的压砧或密封材料;对于金刚石压机,金刚石即可作为窗口材料,但为了获得更大的衍射角度,通常采用 BN 材料制成的砧座(垫块),或者利用 Be 作为密封材料,使 X - 射线沿径向通过样品发生衍射。图 7.4 为金刚石压机轴向衍射的示意图。Decker 的 NaCl 状态方程与 X - 射线衍射测得的压缩率符合得非常好,在此基础上建立了 NaCl 压标。

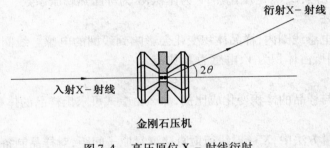

图 7.4　高压原位 X - 射线衍射

4. 超声波法

测量晶体中的声速可以求出晶体的弹性常数,从原理上可以给出非常精确的压缩率数值及其对压力的导数。一般将单晶样品夹在石英晶体中间,并使超声波在样品的特定方向上传播。样品中的纵波和横波波速与弹性常数有关,分别为

$$v_l = \sqrt{\frac{\lambda + 2\mu}{\rho}} \tag{7.1.6}$$

$$v_t = \sqrt{\frac{\mu}{\rho}} \tag{7.1.7}$$

式中,v_l 和 v_t 分别为纵波和横波的波速;λ 和 μ 为样品的 Lame 常数;ρ 为样品的密度。

材料的体弹模量为

$$K = \lambda + \frac{2\mu}{3} \tag{7.1.8}$$

弹性波的传播近似为绝热过程,因此利用这种方法求出的是绝热体弹模量 K_s,倒数为绝热压缩率 κ_s。

$$K_S = \frac{1}{\kappa_S} = \rho(v_l^2 - 4v_t^2/3) \qquad (7.1.9)$$

等温压缩率 κ_T 可由下式求出

$$\kappa_T = \kappa_S + \frac{\alpha^2 T}{\rho C_p} \qquad (7.1.10)$$

式中, α 为等压热膨胀系数; C_p 为定压比热。

5. 热力学测量法

这种方法使用较少,只测过非常容易压缩的固化气体。其原理是,测量材料的定容比热和定压比热,并利用下式求出压缩率

$$C_p - C_V = \frac{\alpha^2 VT}{\kappa_T} \qquad (7.1.11)$$

式中, C_V 为定容比热; C_p 为定压比热; V 为体积; α 为等压热膨胀系数。

6. 无线电波法

将样品放在电感线圈内,样品体积变化会影响到线圈的电感。线圈的电感与线圈的大小有关,设线圈所占体积为 V ,电感为 L ,则有

$$L \propto V^{1/3} \qquad (7.1.12)$$

如果线圈的变形与样品的体积变化成比例,那么由上式可求出样品的体积变化,从而求得压缩率。

以上各种测量方法中, X – 射线衍射直接测量原子间距,对样品制备过程的依赖性比较小。而其他方法使用的样品体积较大,样品质量对于测量结果有显著的影响。大块样品中不可避免地存在一些缺陷,在压力下可被消除,因此大块样品压缩率的测量值往往要高于理论值,对于多晶样品尤为如此。如果样品是由粉末压实制备成的,这种差异会更大。此外,多晶或压实的材料中,晶粒之间的接触点在压力下会产生非常大的应力,对材料造成机械损伤,使得体积变化是不可逆的。

7.1.3 固体的状态方程

1. Mie-Grüneisen 状态方程

Mie-Grüneisen 方程是动态高压研究中最常用的状态方程。这个方程是建立在晶格振动的简谐近似基础之上的,这里进行简单的推导。设晶格振动包含 $3sN$ 个独立的简谐模式,其中 N 为原胞数、 s 为原胞内原子数、 $3sN$ 为晶格总自由度数。用 $\omega_j(k)$ 表示第 j 支格波波矢量为 k 的振动频率,则晶格振动的配分函数 Z 为

$$Z = \sum_{n_j(k)} e^{-\sum_{j,k} [1/2 + n_j(k)] \hbar \omega_j(k)/k_B T} \qquad (7.1.13)$$

式中, $n_j(k)$ 为被激发的格波数; k_B 为 Boltzmann 常数; $\hbar$ 为 Planck 常数; T 为绝对温度; $1/2$ 代表零点振动能的贡献。

晶格振动的自由能 F_v 为

$$F_v = - k_B T \ln Z \qquad (7.1.14)$$

将式(7.1.13)代入,得

$$F_v = \sum_{j,k} \left[\hbar\omega_j(k)/2 + k_B T \ln(1 - e^{-\hbar\omega_j(k)/k_B T}) \right] \qquad (7.1.15)$$

考虑到静晶格中的其他相互作用,晶格总的自由能 F 可写为

$$F = E_0 + \sum_{j,k} \left[\hbar\omega_j(k)/2 + k_B T \ln(1 - e^{-\hbar\omega_j(k)/k_B T}) \right] \qquad (7.1.16)$$

E_0 为静晶格的能量,利用式(0.1.5)可求出

$$p = - \frac{\partial E_0}{\partial V} - \sum_{j,k} \left[1/2 + 1/(e^{\hbar\omega_j(k)/k_B T} - 1) \right] \frac{\partial[\hbar\omega_j(k)]}{\partial V} \qquad (7.1.17)$$

式中,第一项为晶格静能量的贡献,为冷压;第二项为晶格振动的贡献,为热压。在简谐近似下,晶格振动的频率与体积无关,第二项为零,这显然是不合理的,需要考虑非谐振项的影响才更接近于实际情况。

为简化计算,仍按简谐近似来写出自由能,非谐振项体现在晶格振动频率随体积的变化上。引入 Grüneisen 常数

$$\gamma_j(k) = - \frac{\mathrm{d}\ln \omega_j(k)}{\mathrm{d}\ln V} \qquad (7.1.18)$$

式(7.1.17)就变成

$$p = - \frac{\partial E_0}{\partial V} - \sum_{j,k} \left[1/2 + 1/(e^{\hbar\omega_j(k)/k_B T} - 1) \right] \hbar\omega_j(k)\gamma_j(k) \qquad (7.1.19)$$

令冷压 $p_c = - \dfrac{\partial E_0}{\partial V}$,晶格振动的总能

$$E = \sum_{j,k} \left[1/2 + 1/(e^{\hbar\omega_j(k)/k_B T} - 1) \right] \hbar\omega_j(k) \qquad (7.1.20)$$

再将 $\gamma_j(k)$ 对所有振动模式取平均,记为 γ,则可得 Mie-Grüneisen 状态方程

$$p = p_c + \frac{\gamma}{V} E \qquad (6.3.19)$$

实际上,γ 并不是一个常数,而是随着体积的变化而改变,可用参数 q 来描述 γ 对体积的依赖关系

$$q = \left(\frac{\partial \ln \gamma}{\partial \ln V} \right)_T \qquad (7.1.21)$$

γ 可表示成

$$\gamma = \gamma_0 \left(\frac{V}{V_0} \right)^q \qquad (7.1.22)$$

一个更实用的函数形式为

$$\gamma = \gamma_\infty + (\gamma_0 - \gamma_\infty)\left(\frac{V}{V_0}\right)^\beta \tag{7.1.23}$$

以上两式中 q 和 β 为常数，γ_0 和 γ_∞ 分别为 $V = V_0$ 和 $V = 0$ 时的 Grüneisen 常数。

2. Murnaghan 状态方程

一般材料的体弹模量是随着压力增加而增大的，低压下体弹模量 K 和压力 p 的关系近似为线性

$$K = K_0 + K_0' p \tag{7.1.24}$$

K_0 为常压下的体弹模量，$K_0' = (\mathrm{d}K/\mathrm{d}p)_{p=0}$ 为常压下体弹模量对压力的一阶导数。假设 K_0' 与压力无关，代入式(7.1.2)，求解微分方程得

$$p = \frac{K_0}{K_0'}\left[\left(\frac{V}{V_0}\right) - K_0' - 1\right] \tag{7.1.25}$$

或

$$\left(p + \frac{K_0}{K_0'}\right)\left(\frac{V}{V_0}\right)K_0' = \frac{K_0}{K_0'} \tag{7.1.26}$$

式(7.1.25)称为 Murnaghan 状态方程。对于金属材料，K_0' 的典型值为 4。K_0 可通过测量常压下的超声波声速得到。

Murnaghan 方程在压力不太高($p < K_0/2$)时，与实验符合得很好。但在压力很高的情况下，式(7.1.24)给出的线性关系引起的误差较大，Murnaghan 方程不再适用。这时需要考虑 K 对 p 展开的高级项，如果保留到二级项

$$K = K_0 + K_0' p + K_0'' p^2/2 \tag{7.1.27}$$

就得到 Rose 方程

$$p = 2\frac{K_0}{K_0'}\left[\left(\frac{V}{V_0}\right)^{-\eta K_0'} - 1\right]\left[1 + \eta - (1 - \eta)\left(\frac{V}{V_0}\right)^{-\eta K_0'}\right]^{-1} \tag{7.1.28}$$

式中，$K_0'' = (\mathrm{d}^2 K/\mathrm{d}p^2)_{p=0}$ 为常压下体弹模量对压力的二阶导数。

$$\eta = \frac{\sqrt{1 - 2K_0 K_0''}}{K_0'}$$

以上两个方程都是建立在经典的弹性理论基础之上的，包含了两条假设，第一，应变唯一地由应力决定，并且是可逆的；第二，应变非常小，以至于二阶以上的量都忽略不计。有限应变理论中只保留了第一条假设，去除了小应变的假设，这是 Birch-Murnaghan 状态方程的理论基础。

3. Birch-Murnaghan 状态方程

这里采用 Euler 形式的应变，即把无应变状态的空间坐标 x_i 看成有应变时坐标 x_i' 的函数，即

$$\mathrm{d}x_i = \mathrm{d}x_i' - \mathrm{d}u_i \quad (i = 1, 2, 3) \tag{7.1.29}$$

这时的应变表达式与式(1.2.9)有些差别

$$u_{ik} = \frac{1}{2} \left(\frac{\partial u_i}{\partial x'_k} + \frac{\partial u_k}{\partial x'_i} - \sum_{l=1}^{3} \frac{\partial u_l}{\partial x'_i} \frac{\partial u_l}{\partial x'_k} \right) \tag{7.1.30}$$

设材料处于各向同性的均匀应变状态,那么各个方向的长度应变应该相等,且三个主应变之和等于体应变 $\theta = (V - V_0)/V_0$,即

$$\frac{\partial u_1}{\partial x'_1} = \frac{\partial u_2}{\partial x'_2} = \frac{\partial u_3}{\partial x'_3} = \frac{\theta}{3} \tag{7.1.31}$$

其他的偏导数都为零,这里略去了长度应变的二次项。

Birch-Murnaghan 方程是建立在有限应变理论基础上的,认为应变的二次以上项不可忽略。近似认为式(7.1.31)仍然成立,并以此为基础进行下一步的推导。根据式(7.1.30),三个主应变 $\varepsilon = u_{11} = u_{22} = u_{33}$ 的表达式为

$$\varepsilon = \frac{\theta}{3} - \frac{1}{2} \frac{\theta^2}{9} \tag{7.1.32}$$

另一方面

$$\frac{V_0}{V} = \left(1 - \frac{\partial u_1}{\partial x'_1} \right)^3 = \left(1 - \frac{\theta}{3} \right)^3 \tag{7.1.33}$$

将等式右端做一个变形

$$\frac{V_0}{V} = \left[\left(1 - \frac{\theta}{3} \right)^2 \right]^{3/2} = \left[1 - 2 \left(\frac{\theta}{3} - \frac{\theta^2}{18} \right) \right]^{3/2} = (1 - 2\varepsilon)^{3/2} \tag{7.1.34}$$

由于应变 ε 对压缩应变为负,这里引入应变 $f = -\varepsilon$,得

$$\frac{V_0}{V} = (1 + 2f)^{3/2} \tag{7.1.35}$$

由此可导出应变 f 为

$$f = \frac{1}{2} \left[\left(\frac{V}{V_0} \right)^{-2/3} - 1 \right] \tag{7.1.36}$$

根据体弹模量 K 的定义式(7.1.2),在压力非常低时

$$p = -K_0 \frac{\Delta V}{V_0} = -K_0 \theta \tag{7.1.37}$$

由式(0.1.5)得

$$K_0 = \frac{1}{\theta} \frac{\partial F}{\partial V} \tag{7.1.38}$$

式中,F 为自由能。压力低时应变也非常小,将式(7.1.35)展开到一阶项

$$\frac{V}{V_0} = 1 - 3f \tag{7.1.39}$$

代入式(7.1.38),得

$$K_0 = \frac{1}{9V_0 f} \frac{\partial F}{\partial f} \tag{7.1.40}$$

取无应变时的自由能为能量零点,将自由能 F 展开为 f 的多项式

$$F = af^2 + bf^3 + cf^4 + \cdots \tag{7.1.41}$$

这里不存在一次项,因为弹性能和应变是二次及更高次幂的关系。压力

$$p = -\frac{\partial F}{\partial V} = -\frac{\partial F}{\partial f} \frac{\partial f}{\partial V} \tag{7.1.42}$$

在式(7.1.41)中只保留第一项,代入式(7.1.40),即得

$$a = \frac{9}{2} K_0 V_0 \tag{7.1.43}$$

对式(7.1.35)微分,可得

$$\frac{\mathrm{d}f}{\mathrm{d}V} = -\frac{1}{3V_0}(1 + 2f)^{5/2} \tag{7.1.44}$$

代入式(7.1.42),并利用式(7.1.43),得

$$p = 3K_0 f(1 + 2f)^{5/2} \tag{7.1.45}$$

结合式(7.1.35)和式(7.1.36),得压力

$$p = \frac{3K_0}{2} \left[\left(\frac{V_0}{V} \right)^{7/3} - \left(\frac{V_0}{V} \right)^{5/3} \right] \tag{7.1.46}$$

式(7.1.46)称为二级 Birch-Murnaghan 方程。利用式(7.1.2)可得体弹模量为

$$K = \frac{K_0}{2} \left[7 \left(\frac{V_0}{V} \right)^{7/3} - 5 \left(\frac{V_0}{V} \right)^{5/3} \right] \tag{7.1.47}$$

如果将自由能展开到 f 的三次幂

$$F = af^2 + bf^3 \tag{7.1.48}$$

按照类似的步骤,可得到

$$p = 3K_0 f(1 + 2f)^{5/2}(1 + 3bf/2a) \tag{7.1.49}$$

利用式(7.1.35)得

$$p = \frac{3K_0}{2} \left[\left(\frac{V_0}{V} \right)^{7/3} - \left(\frac{V_0}{V} \right)^{5/3} \right] \left\{ 1 + \xi \left[\left(\frac{V_0}{V} \right)^{2/3} - 1 \right] \right\} \tag{7.1.50}$$

式中, $\xi = \frac{3}{4}(K_0' - 4)$; K_0' 为零压时体弹模量对压力的一阶导数。

式(7.1.50)称为三级 Birch-Murnaghan 方程。在 $K_0' = 4$ 时, $\xi = 0$,转化为二级 Birch-Murnaghan 方程。由此可得体弹模量为

$$K = \frac{K_0}{2} \left\{ \left[7 \left(\frac{V_0}{V} \right)^{7/3} - 5 \left(\frac{V_0}{V} \right)^{5/3} \right] + \xi \left[9 \left(\frac{V_0}{V} \right)^{7/3} - 5 \left(\frac{V_0}{V} \right)^{5/3} \right] \left[\left(\frac{V_0}{V} \right)^{2/3} - 1 \right] \right\}$$

$$\tag{7.1.51}$$

在自由能中保留 f 的四次项,可得四级 Birch-Murnaghan 方程

$$p = \frac{3K_0}{2}\left[\left(\frac{V_0}{V}\right)^{7/3} - \left(\frac{V_0}{V}\right)^{5/3}\right]\left\{1 + \xi\left[\left(\frac{V_0}{V}\right)^{2/3} - 1\right] + \eta\left[\left(\frac{V_0}{V}\right)^{2/3} - 1\right]^2\right\}$$

(7.1.52)

式中,$\eta = \frac{9}{8}\left[K_0 K_0'' + (K_0' - 4)(K_0' - 3) + \frac{35}{9}\right]$;$K_0''$ 为零压时体弹模量对压力的二阶导数。

相应地,可导出体弹模量为

$$K = \frac{K_0}{2}\left\{\left[7\left(\frac{V_0}{V}\right)^{7/3} - 5\left(\frac{V_0}{V}\right)^{5/3}\right] + \xi\left[9\left(\frac{V_0}{V}\right)^{7/3} - 5\left(\frac{V_0}{V}\right)^{5/3}\right]\left[\left(\frac{V_0}{V}\right)^{2/3} - 1\right] + \right.$$
$$\left. \eta\left[11\left(\frac{V_0}{V}\right)^{7/3} - 5\left(\frac{V_0}{V}\right)^{5/3}\right]\left[\left(\frac{V_0}{V}\right)^{2/3} - 1\right]^2\right\}$$

(7.1.53)

显然,当 $\eta = 0$ 时,上述方程就转化为三级 Birch-Murnaghan 方程。

Birch-Murnaghan 方程的级数越高,需要的参数越多。原则上,只要参数足够多,方程总是能够拟合实验数据的。但作为状态方程来说,需要能用最少的参数最精确地拟合实验数据,因此实际上三级 Birch-Murnaghan 方程应用得比较多。对中等高的压力($\Delta V/V_0 < 0.2$),它是应用最广泛的状态方程。它不仅对金属适用,而且对固化的惰性气体、离子晶体以及共价晶体也适用。三级以上的方程中参数增多,不具有实际意义。对于超高压(~ 100 GPa)粉末 X – 射线衍射数据,相对比较离散,经常使用二级方程进行拟合。有时用不同实验方法测得的室温体弹模量值相差很大。

Birch-Murnaghan 方程是在各向同性假设下导出的,因此对于各向同性材料,如多晶或具有立方结构的固体是适用的。方程要求应变是均匀的,即材料的任何一部分都是同等压缩,这对于包含多种化学键的固体来说显然是不合理的,例如,许多硅酸盐就是由强烈键合在一起的分子团通过弱相互作用构成的。

4. 对数状态方程

定义长度应变的微元

$$\mathrm{d}\varepsilon = \frac{\mathrm{d}l}{l}$$

(7.1.54)

式中,l 为当前的长度;$\mathrm{d}l$ 为在应力作用下长度的改变量。

材料长度由 l_0 变为 l 时总的应变为

$$\varepsilon = \int_{l_0}^{l}\mathrm{d}\varepsilon = \ln\frac{l}{l_0}$$

(7.1.55)

这种形式的应变称作 Hencky 应变。在静水压的作用下,材料体积发生改变,相应的Hencky 应变为

$$\varepsilon = \frac{1}{3}\ln\frac{V}{V_0}$$

(7.1.56)

将自由能对 Hencky 应变做展开,采取与 Birch-Murnaghan 方程类似的处理方式,可得对数形式的状态方程

$$p = K_0 \frac{V_0}{V} \ln \frac{V_0}{V} \left[1 + \frac{K_0' - 2}{2} \ln \frac{V_0}{V} \right] \tag{7.1.57}$$

如果 $K_0' = 2$,方程简化为

$$p = K_0 \frac{V_0}{V} \ln \frac{V_0}{V} \tag{7.1.58}$$

5. 多项式状态方程

材料的体应变可以表示为压力的多项式形式,即

$$\theta = \frac{V_0 - V}{V_0} = ap + bp^2 + cp^3 + \cdots \tag{7.1.59}$$

式中,$a < 0$、$b > 0$、$c < 0$,都是和材料有关的常数。对大多数元素,只需要前两项即可。

$$\frac{V_0 - V}{V_0} = ap + bp^2 \tag{7.1.60}$$

这就是 Bridgman 状态方程,是 Bridgman 根据大量 10 GPa 以下的静高压数据总结出来的经验方程。

根据式(7.1.59)可求出体弹模量为

$$K(p) = \frac{1}{a + 2bp + 3cp^2} \tag{7.1.61}$$

6. 基于 Mie 势的状态方程

以上 2 ~ 5 四个状态方程都没有考虑组成粒子的微观相互作用,仅为经验方程,其中包含或多或少的经验参数。如果原子间相互作用势已知,则可由此给出相应的状态方程。一种常用的势函数为 Mie 型势

$$E = -\frac{a}{r^m} + \frac{b}{r^n} = -\frac{a}{V^{m/3}} + \frac{b}{V^{n/3}} \tag{7.1.62}$$

E 为原子间相互作用能,即内能。等式右端第一项为吸引势,第二项为排斥势。r 为原子间距,m 和 n 分别给出吸引势和排斥势对 r 的依赖关系,且 $m < n$。a 和 b 为与材料有关的常数。

利用常压时的平衡原子间距 r_0(或体积 V_0)和体弹模量 K_0,可求出 a 和 b 的值,式(7.1.62)变为

$$E(V) = \frac{9K_0 V_0}{n - m} \left[-\frac{1}{m} \left(\frac{V}{V_0} \right)^{-m/3} + \frac{1}{n} \left(\frac{V}{V_0} \right)^{n/3} \right] \tag{7.1.63}$$

进一步由式(0.1.4)求出压力

$$p(V) = \frac{3K_0}{n - m} \left[\left(\frac{V}{V_0} \right)^{(n+3)/3} - \left(\frac{V}{V_0} \right)^{(m+3)/3} \right] \tag{7.1.64}$$

还可给出

$$K_0' = \frac{1}{3}(m + n + 6) \tag{7.1.65}$$

$$K_0 K_0'' = -\frac{1}{9}(m + 3)(n + 3) \tag{7.1.66}$$

当 $m = 2$、$n = 4$ 时，$K_0' = 4$，方程（7.1.64）就是二级 Birch-Murnaghan 方程。

7. Vinet 状态方程

采取经验的势函数

$$E = E_0(1 + a)e^{-a} \tag{7.1.67}$$

式中，E 为原子间相互作用能；E_0 为常压下的值。$a = (r - r_0)/l$，r 和 r_0 分别代表应力状态和常压下的 Wigner-Seitz 原胞半径，$l = \sqrt{E_0/(\partial^2 E/\partial r^2)}$ 约为原子所处势阱的宽度。这个势函数可以相当准确地描述由不同种化学键构成的固体、分子等体系。

对于每个 Wigner-Seitz 原胞

$$V = \frac{4\pi r^3}{3} \tag{7.1.68}$$

利用式（0.1.4），可得压力为

$$p = -\frac{E_0}{4\pi l r^2} a e^{-a} \tag{7.1.69}$$

进一步求得

$$K_0 = \frac{E_0}{12\pi l^2 r_0} \tag{7.1.70}$$

$$K_0' = 1 + \frac{2r_0}{3l} \tag{7.1.71}$$

因此可得 Vinet 状态方程

$$p = 3K_0 \left(\frac{V}{V_0}\right)^{-2/3} \left[1 - \left(\frac{V}{V_0}\right)^{1/3}\right] \exp\left\{\eta\left[1 - \left(\frac{V}{V_0}\right)^{1/3}\right]\right\} \tag{7.1.72}$$

式中，$\eta = \frac{3}{2}(K_0' - 1)$。体弹模量为

$$K = K_0 \left(\frac{V}{V_0}\right)^{-2/3} \left\{1 + \left[1 + \eta\left(\frac{V}{V_0}\right)^{1/3}\right]\left[1 - \left(\frac{V}{V_0}\right)^{1/3}\right]\right\} \exp\left\{\eta\left[1 - \left(\frac{V}{V_0}\right)^{1/3}\right]\right\} \tag{7.1.73}$$

Vinet 状态方程对于那些容易压缩的固体，如固态氢，给出非常好的拟合结果，也适用于 $MgSiO_3$ 钙钛矿材料。此外，这个方程能很好地描述非常高压力下的数据，有人把 Vinet 状态方程看成是固态物理学最近的一个重要进展。

8. 各种状态方程的比较

图 7.5 比较了三种状态方程的理论曲线,图中使用了无量纲变量 p/K_0 和 V_0/V,从上至下依次为三级 Birch-Murnaghan 方程、Vinet 方程和对数方程。图中 K_0' 的取值为3.5,这时三条曲线几乎不可区分。对于其他的 K_0' 取值,曲线相互之间的差别在高压区域比较明显。

图 7.6 中分立的实心圆和方框为含少量 Fe(3%) 和 Al(5%) 的 $MgSiO_3$ 钙钛矿压缩实验数据。分别用二级和三级 Birch-Murnaghan 方程、Vinet 方程和对数方程进行了拟合。在低压下,所有状态方程都能很好地拟合实验数据,几种状态方程趋于一致。在高压下,Vinet 方程与三级 Birch-Murnaghan 方程差别较小,而对数方程次之,二级 Birch-Murnaghan 方程与其余三个差别最大。因此,利用低压实验数据来外推高压数据时需要小心,选择不同的状态方程会造成比较大的差别。从实验数据的拟合来看,三级 Birch-Murnaghan 方程的拟合程度最好,从而得到了广泛的应用。

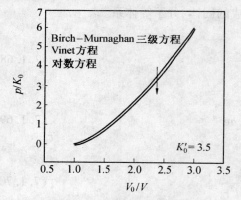

图 7.5　三种状态方程的比较[7]

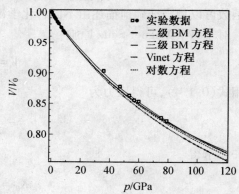

图 7.6　含3% Fe、5% Al 的 $MgSiO_3$ 钙钛矿压缩数据的拟合[10]

7.1.4　固体的压缩曲线

固体中存在不同的键合方式,包括 van der Waals 键、离子键、共价键、金属键、氢键等,有些固体中同时存在几种键合方式。

分子晶体是靠 van de Waals 力结合的,结合力比较弱,结合能约为 10 kJ/mol。金属晶体是靠价电子的公有化结合的,结合能约为 200 kJ/mol。离子晶体是靠正负离子间的静电 Coulomb 力结合的,结合力强,结合能约为 1 MJ/mol。共价晶体是通过不同原子的价电子同时为这些原子公有,即共价键结合的,是结合力最强的晶体,结合能约为 1 MJ/mol。由于压缩率与晶体的结合能密切相关,因此可知分子晶体的压缩率最大,金属晶体、离子晶体居其次,共价晶体最小。

前面提到的各种状态方程,有些是经验方程,有些是通过一些势函数给出的,都比较笼统,没有涉及固体中的微观相互作用类型。实际上,没有普适的状态方程,对具体的材料来说,需要充分考虑原子间相互作用的特点,才能更好地解释实验数据。

1. 分子晶体

固化气体属于分子晶体,其原子间相互作用可以用 Lennard-Jones 势来表示

$$E = -\frac{A}{r^6} + \frac{B}{r^{12}} \tag{7.1.74}$$

式中,r 为原子间距;A 和 B 为和晶体结构有关的参数。令

$$\sigma = \left(\frac{B}{A}\right)^{1/6}, \quad \varepsilon = \frac{A^2}{4B} \tag{7.1.75}$$

式(7.1.74)变为

$$E = 4\varepsilon\left[\left(\frac{\sigma}{r}\right)^{12} - \left(\frac{\sigma}{r}\right)^6\right] \tag{7.1.76}$$

晶体的总能量还应包括核的贡献,即核的零点能,这需要用量子力学方法求出。总能量求出后,可用式(0.1.4)求出压力。这里采用无量纲的压力和体积

$$p^* = \frac{p}{(\varepsilon/\sigma^3)}, \quad V^* = \frac{V}{N\sigma^3} \tag{7.1.77}$$

式中 N 为晶体中的原子数。可得分子晶体的状态方程为

$$p^* = \left[24.3(V^*)^{-5} - 28.9(V^*)^{-3}\right] + 114(V^*)^{-10/3}f(V^*) \tag{7.1.78}$$

式中

$$f(V^*) = (1 - 0.27V^*)/\sqrt{(1 - 0.48V^*)}$$

图 7.7 中 Ne 的压缩曲线是用以上理论计算得到的,圆点为实验测量值,可见理论与实验符合得非常好。

温度变化时,由于热压的影响,晶体的 $p - V$ 曲线也会发生变化。图 7.8 为几个温度下固态 Ar 的压缩曲线。图 4.52 中给出了一些固态气体的压缩曲线。

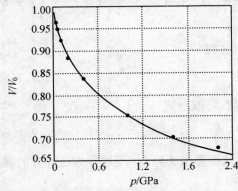

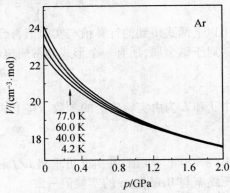

图 7.7 Ne 的实验与理论 $p - V$ 曲线[12]　　　　图 7.8 不同温度下 Ar 的 $p - V$ 曲线[1]

2. 金属晶体

金属晶体的总能由 Coulomb 相互作用、交换相互作用以及关联能组成。根据 Wigner-Seitz 模型,晶体由原子多面体组成。为计算方便,把这个多面体看成半径为 r、体积相同的球,代表一个金属原子所占的体积,球体内电子的密度是均匀的。静电引力来源于离子与电子之间,离子之间、自由电子之间的相互作用为排斥力。通过二级微扰理论,可得金属晶体中的总能为

$$E(V) = A\left(\frac{V_0}{V}\right) + B\left(\frac{V_0}{V}\right)^{2/3} - C\left(\frac{V_0}{V}\right)^{1/3} \tag{7.1.79}$$

式中第一和第三项为静电相互作用能,而第二项为电子体系的动能,由 $V = V_0$ 时势能最小的条件,得出 $C = 3A + 2B$。再利用式(0.1.4),可得

$$pV_0 = A\left[\left(\frac{V_0}{V}\right)^2 - \left(\frac{V_0}{V}\right)^{4/3}\right] + \frac{2B}{3}\left[\left(\frac{V_0}{V}\right)^{5/3} - \left(\frac{V_0}{V}\right)^{4/3}\right] \tag{7.1.80}$$

由常压体弹模量的定义 $K_0 = -V_0 \dfrac{\partial p}{\partial V}$ 得 $2A + \dfrac{2}{3}B = 3K_0V_0$,从而

$$p = \frac{A}{V_0}\left[\left(\frac{V_0}{V}\right) - \left(\frac{V_0}{V}\right)^{2/3}\right]^2 + 3K_0\left[\left(\frac{V_0}{V}\right)^{5/3} - \left(\frac{V_0}{V}\right)^{4/3}\right] \tag{7.1.81}$$

将式(7.1.81)外推到 0 K 时,与碱金属中除 Rb 以外的元素实验值一致。

如果把具有惰性气体结构的气态离子的 van der Waals 半径的概念用于碱金属,则可求出总能量公式为

$$E = E_0(2x - x^2) \tag{7.1.82}$$

其中 $x = \left[(V_0 - b)/(V - b)\right]^{1/3}$,$b$ 为正离子的摩尔体积。进一步求得压力和体弹模量为

$$p = -\frac{\partial E}{\partial V} = \frac{2}{3}\frac{E_0}{V_0 - b}(x^5 - x^4) \tag{7.1.83}$$

$$K = V\frac{\partial^2 E}{\partial V^2} = \frac{2E_0 V}{9(V_0 - b)}(5x^8 - 4x^7) \tag{7.1.84}$$

利用以上两式得到的计算值与实验值符合得很好。

对于碱金属,还有一个形式非常简单的状态方程

$$-\frac{\partial V}{\partial p} = \frac{J}{L + p} \tag{7.1.85}$$

其中 J 和 L 为由实验确定的参数。将上式取倒数,可改写成

$$\frac{\partial p}{\partial V} = -\frac{L}{J} - \frac{p}{J} \tag{7.1.86}$$

画出 $(\partial p/\partial V) - p$ 图,并由此可求出 L/J 和 $1/J$,从而算出 J 和 L。用这种方法计算的碱金属压缩率与 Bridgman 的实验值一致。

图 7.9 为碱金属的压缩曲线,碱金属比较软,因此压缩率较大。直到 10 GPa,Li、Na、

K 和 Rb 未发生相变,而 Cs 的体积分别在2.3 GPa 和4.2 GPa 发生了突变,源于两次相变过程。

其他金属比碱金属致密,不能忽略正离子之间的排斥势,例如,计算 Cu 的压缩率时如果不考虑离子重叠情况,理论值与实验值相差好几倍。考虑重叠后与实验值一致。图7.10 为几种金属的冲击压缩数据。显然,其他金属的压缩率要比碱金属 Na 小得多。

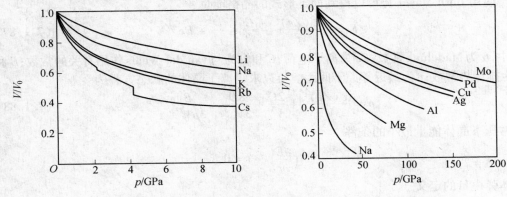

图7.9　碱金属的 $p - V$ 曲线[1]　　　　　图7.10　一些金属的冲击压缩 $p - V$ 曲线[2]

通过 $p - V$ 曲线可得金属的压缩率和体弹模量。图7.11 中列出了一些金属的体弹模量,横轴为金属元素在周期表中所属的主族或副族。

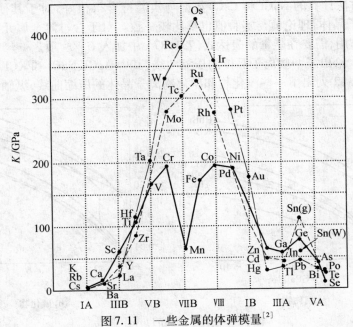

图7.11　一些金属的体弹模量[2]

3. 离子晶体

离子晶体由正、负两种离子组成,异性离子间存在 Coulomb 引力,同性离子间存在排斥力。当正负离子相互靠近到一定程度时,电子云发生重叠,由于 Pauli 不相容原理离子间产生斥力。此外,任何离子都会受到其他晶格离子的极化作用,产生瞬时吸引作用,这就是 van der Waals 力。理想的离子晶体的晶格能量应为上述能量之和。

使用 Born-Mayer 势可以得到如下形式的晶格能量

$$E = - \frac{\alpha (Ze)^2}{r} - \frac{C}{r^6} - \frac{D}{r^8} + Be^{-r/\rho} \tag{7.1.87}$$

式中,α 为 Madelung 常数;Ze 为离子电荷;C 和 D 为与 van der Waals 作用有关的常数;B 和 ρ 为排斥势常数;r 为最近邻原子间距。可以求得离子晶体的状态方程为

$$p = \frac{\alpha (Ze)^2}{3V^{4/3}} + \frac{2C}{V^3} + \frac{8D}{3V^{1/3}} - \frac{B}{3\rho V^{2/3}} e^{-r/\rho} \tag{7.1.88}$$

由常压下晶体能量最小的条件

$$\left(\frac{\partial E}{\partial r} \right)_{r=r_0} = 0$$

和体弹模量的定义

$$K_0 = - V_0 \frac{\partial p}{\partial V}$$

可将上述方程中的参数减少两个,其中 r_0 为常压下的晶格离子最近邻间距。

利用这种方法计算的 NaCl 和 CsCl 数据与实验符合得很好,对于其他具有 NaCl 和 CsCl 结构的离子晶体,理论值与实验值也都比较一致。对于含过渡金属元素的晶体需要考虑晶体场的作用,需要在能量的表达式(7.1.87)中加入 C_{cf}/r^5 项。

图 4.58(b) 给出了一些离子晶体的压缩曲线,其中 AgCl、NaCl 和 KCl 在压缩过程中出现相变。图 7.12 列出了一些溴化物和碘化物离子晶体的压缩曲线,纵轴为压力下体积

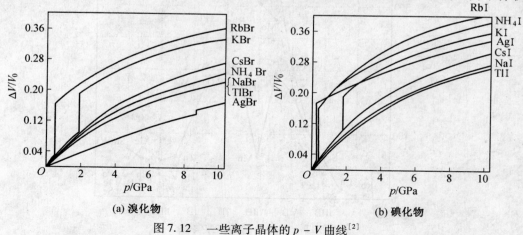

图 7.12　一些离子晶体的 $p - V$ 曲线[2]

的相对变化率

$$\Delta V/V_0 = (V_0 - V)/V_0$$

4. 共价晶体

金刚石、Si、Ge 等共价晶体的压缩率很小,金刚石型结构中,每个碳原子的四个价电子进行 sp³ 杂化,与周围四个最近邻原子之间形成共价键,键角为 109°28′,最近邻四个碳原子形成一个正四面体。由于这种键结合是很强的,所以难以压缩。图 7.13 为金刚石的压缩曲线,图中 a 和 a_0 分别为高压和常压下金刚石的晶格常数。

金刚石可以看成许多碳元素组成的巨大分子,金刚石中 C – C 键的压缩率可代表一般 C – C 共价键的压缩率。由 X – 射线衍射可知,一般碳氢键烷烃轴向压缩率是垂直方向压缩率的 1/10 ~ 1/40。

石墨为层状结构,碳原子的三个价电子进行 sp² 杂化,与周围三个最近邻原子之间形成局域化的 σ 共价键,键角为 120°,其强度比金刚石中的共价键还要强。每个碳原子与三个最近邻原子形成平面正三角形,因此石墨具有层状结构。另一个价电子形成非局域化的 π 金属键,可在石墨层内自由运动,使石墨具有良好的导电性。层之间靠 van der Waals 键结合,键的强度较低,所以石墨比较软。由 X – 射线衍射实验表明,与层垂直的 c 轴方向的压缩率比层内的 a 轴方向大得多,如图 7.14 所示。理论上处理时,不同化学键需要用不同的相互作用势来计算,还要考虑晶体场等作用的影响,结果是很复杂的。

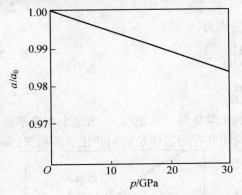

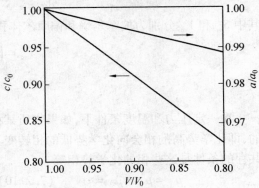

图 7.13　金刚石的晶格常数随压力的变化　　　　图 7.14　石墨的晶格常数随体积的变化

7.2　高压相变[14~20]

7.2.1　相变的热力学理论

热力学第二定律表明,孤立系统自发进行的热力学过程中熵永不减少,即自发过程向 $\Delta S > 0$ 的方向进行。Gibbs 自由能的定义为

$$G = E + pV - TS \tag{7.2.1}$$

式中，E 为内能；p 为压力；V 为体积；T 为绝对温度；S 为系统的熵。写成微分形式为

$$dG = - SdT + Vdp \tag{7.2.2}$$

可见，G 是温度 T 和压力 p 的函数，用它来描述高压下的系统特征是合适的。

孤立系统的稳定状态应为 S 最大的状态，这就是熵增加原理。对于等温等压系统，可表示为：系统稳定状态的 G 取极小值。换句话说，等温等压系统的 Gibbs 自由能永不减少。

当体系和外界有物质交换时，式(7.2.2) 变为

$$dG = - SdT + Vdp + \mu dn \tag{7.2.3}$$

式中，n 为体系内组分的物质的量；μ 为化学势。由此可得

$$V = \left(\frac{\partial G}{\partial p} \right)_{T,n} \tag{7.2.4}$$

$$S = - \left(\frac{\partial G}{\partial T} \right)_{p,n} \tag{7.2.5}$$

$$\mu = \left(\frac{\partial G}{\partial n} \right)_{T,p} \tag{7.2.6}$$

从式(7.2.6) 可以看出，化学势 μ 就是偏摩尔 Gibbs 自由能，其微分式为

$$d\mu = - S_m dT + V_m dp \tag{7.2.7}$$

其中 S_m 和 V_m 分别为偏摩尔熵和偏摩尔体积，分别为

$$V_m = \left(\frac{\partial \mu}{\partial p} \right)_{T,n} \tag{7.2.8}$$

$$S_m = - \left(\frac{\partial \mu}{\partial T} \right)_{p,n} \tag{7.2.9}$$

在一定压力和温度条件下，如果物质某相的化学势高于其他项，那么这个相是不稳定的，即化学势高的相会向化学势低的相转变。两相共存的条件是它们的化学势相等，多相共存的条件是这些相的化学势相等

$$\mu_1 = \mu_2 = \mu_3 = \cdots \tag{7.2.10}$$

图 7.15 为一个典型的 $p - T$ 相图，横轴为温度，纵轴为压力。图中实线为固相－固相和固相－液相的平衡线，在这些线上两相的化学势相等。A 点为三相的平衡点，称为三相点。在这点，压力和温度具有确定值。三相点可以在气－液－固、固－固－液或固－固－固相之间存在，以固－固－液三相共存最为常见。

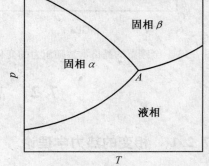

图 7.15　一个典型的相图

在相平衡线上选择一点(p, T),沿着线变化到另一点$(p + \mathrm{d}p, T + \mathrm{d}T)$,则两相的化学势变化应该是相同的,即

$$\mathrm{d}\mu_1 = \mathrm{d}\mu_2 \tag{7.2.11}$$

利用式(7.2.7),可得

$$\frac{\mathrm{d}p}{\mathrm{d}T} = \frac{S_{m2} - S_{m1}}{V_{m2} - V_{m1}} = \frac{L}{T\Delta V_m} \tag{7.2.12}$$

式中,$\Delta V_m = V_{m2} - V_{m1}$ 为两相的偏摩尔体积之差;$L = T\Delta S_m = T(S_{m2} - S_{m1})$ 为两相相变时吸收或放出的热量,称为相变潜热。

吸热、放热还是无热量交换取决于两相的偏摩尔熵 S_{m2} 和 S_{m1} 的相对大小。式(7.2.12)称为 Clausius-Clapeyron 方程,它给出了两相平衡线在$p - T$相图上的斜率。以下为简化符号,略去下脚标 m。

如图 7.16(a) 所示,在压力 p_0 作用下,低温区 α 相的化学势低于 β 相,α 相稳定存在;高温区 β 相的化学势低于 α 相,β 相稳定存在;在温度 T_t 处,两相的化学势相等,两相共存。T_t 为两相的转变温度,与压力有关。由于高温相的熵比低温相大,根据式(7.2.9)可知,β 相的化学势随温度的变化比 α 相陡。图 7.16(b) 中画出了高温相和低温相的熵随温度的变化,在 T_t 处,发生相转变,体系的熵变通过相变潜热体现出来。

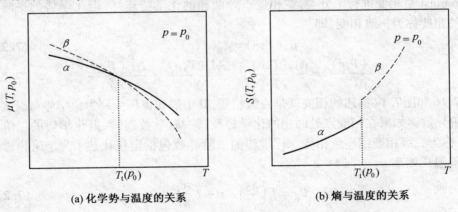

(a) 化学势与温度的关系   (b) 熵与温度的关系

图 7.16 高温和低温相的物理性质随温度的变化[15]

图 7.17(a) 给出了温度 T_0 作用下体系中 α、β 两相化学势随压力的变化。在低压区,α 相的化学势高于 β 相,β 相稳定存在;而高压区 α 相稳定存在;在压力 p_t 处,两相的化学势相等,发生转化。显然相变压力 p_t 与温度有关。由于高压相的体积比低压相小,根据式(7.2.8)可知,β 相的化学势随压力的变化比 α 相陡。图 7.17(b) 中画出了高压相和低压相的体积随温度的变化,相变发生在压力 p_t 处,表现为体积的突变。

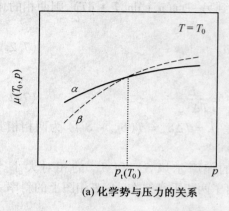 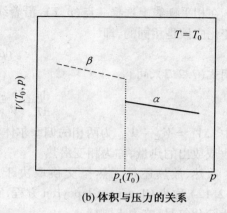

(a) 化学势与压力的关系　　　　　　　(b) 体积与压力的关系

图 7.17　高压和低压相的物理性质随压力的变化[15]

以上相变伴随着潜热或体积的突变，在自然界中有许多例子，如材料的气－液转变、液－固转变和气－固转变等。实际上，还有一类相变，转变过程中既无体积突变，又无相变潜热，如材料的铁磁－顺磁转变、合金的有序－无序转变、金属的超导－正常态转变，等等。

Ehrenfest 对相变进行了分类，在相变点处两相的化学势连续，但化学势的一阶导数不连续的相变称为一级相变，即

$$\mu_\alpha(T,p) = \mu_\beta(T,p) \tag{7.2.13}$$

$$\frac{\partial \mu_\alpha(T,p)}{\partial T} \neq \frac{\partial \mu_\beta(T,p)}{\partial T}, \quad \frac{\partial \mu_\alpha(T,p)}{\partial p} \neq \frac{\partial \mu_\beta(T,p)}{\partial p} \tag{7.2.14}$$

图 7.16 和图 7.17 描述的相变就是一级相变，其中熵和体积分别为化学势对温度和压力的一阶导数。如果在相变点处两相的化学势及其一阶导数连续，但化学势的二阶导数不连续，称为二级相变或连续相变。化学势的二阶导数包括定压比热 C_p、定压热膨胀系数 α 和等温压缩率 κ_T

$$C_p = T \left(\frac{\partial S}{\partial T} \right)_p = - T \frac{\partial^2 \mu}{\partial T^2} \tag{7.2.15}$$

$$\alpha = \frac{1}{V} \left(\frac{\partial V}{\partial T} \right)_p = \frac{1}{V} \frac{\partial^2 \mu}{\partial T \partial p} \tag{7.2.16}$$

$$\kappa_T = - \frac{1}{V} \left(\frac{\partial V}{\partial p} \right)_T = - \frac{1}{V} \frac{\partial^2 \mu}{\partial p^2} \tag{7.2.17}$$

在二级相变中，没有体积突变和相变潜热，但定压比热、定压热膨胀系数和等温压缩率存在不连续的变化。二级相变点处，压力随温度变化的斜率为

$$\frac{\mathrm{d}p}{\mathrm{d}T} = \frac{\alpha_2 - \alpha_1}{\kappa_2 - \kappa_1} \tag{7.2.18}$$

$$\frac{\mathrm{d}p}{\mathrm{d}T} = \frac{C_{p2} - C_{p1}}{TV(\alpha_2 - \alpha_1)} \tag{7.2.19}$$

式中下角标 1 和 2 分别代表两个相。式(7.2.18)和式(7.2.19)称为 Ehrenfest 方程。

高压下的相变可通过体积测量、电阻法、差热分析、X-射线衍射、光吸收、无线电波法、超声波法、核磁共振、Møssbauer 效应、冲击波法等手段进行研究。

7.2.2　固 - 固相变

在压力作用下,固体可发生相变,包括晶格体系和电子体系的转变。晶格体系可能会发生原子的重新排列,这种转变称为结构相变;电子体系也可能发生能带填充情况的改变,即发生电子相变。

固体在高压下转变成结构更紧密的晶型。除了高熔点的过渡金属外,大多数元素固体在压力下都转变密堆积结构,如面心立方(fcc)或六方密堆(hcp)结构。一般说来,元素周期表同一族中,轻元素在高压下倾向于采取同一族重元素的结构,例如 Ga 的高压相具有和 In 同样的晶体结构,Si 和 Ge 在高压下变成白锡结构,而 Fe 在 13 GPa 具有和 Ru 同样的 hcp 结构。许多非金属元素在高压下都会转变成金属,例如 Si、Ge、P、As、Se 和 Te 在高压下都呈金属导电性,并表现出超导电性。

固态气体多为分子晶体,在高压下一般为 fcc 结构,如 Ne、Ar、Kr 和 Xe 等固态惰性气体。对这几种元素来说,fcc 结构相当稳定,直到几十 GPa 的高压都没有发生相变。比较起来,O_2 在高压下的相图要复杂得多,如图 7.18 所示。在常压下,固态 O_2 存在三个相,当温度下降到 54.4 K 时,液态 O_2 固化为 I(γ)相,具有立方结构;当温度继续降到 43.8 K,I(γ)相转变成 II(β)相,具有菱方结构;温度再降低到 23.8 K 时,III(α)相出现,具有单斜结构。高压相 IV(σ')在低温和相对低的压力下存在;V(σ)相具有正交结构,颜色为橙色;8 GPa 的压力下,V 相到 VI 相的转变对应 6% 的体积减小;VI(ε)相呈红色,具有单斜结构。在 96 GPa 的压力下,VI(ε)相发生等结构相变,变为具有单斜结构的 VIII(ξ)金属相。

人们对金属的相图研究得最多,对于同族元素来说,相图是相似的。许多金属在压力下都发生相变,图 7.19 中画出了几种定标物质在压力下的体积变化,在图中的突变点处发生了相变,可以用来对高压装置的压力进行标定。

图 7.19 中 Bi 的相变点最多,其相图很复杂,如图 7.20 所示。在常压下,金属 Bi 处于 I 相,具有菱方结构,熔点为 271.3 ℃。压力作用下,Bi 存在三个液态相。25 ℃ 时,固相 I - II、II - III 转变分别发生在 2.52 GPa 和 2.69 GPa,体积变化分别为 4.7% 和 3.4%；III - IV 相变发生在 4.27 GPa,伴随着 1% 的体积缩小；IV - V 相变发生在 5.2 GPa；V - VI 相变发生在 7.67 GPa,伴随着 1.5% 的体积缩小。VIII - IX 相转变发生在低温,200 K 时相变压力为 12.5 GPa。III - IV - VII 相的三相点位于 4.1 GPa、175 ℃ 处；IV - VI - VII 相的三相点位于 5.4 GPa、175 ℃ 处；IV - V - VI 相的三相点位于 6 GPa、130 ℃

处;Ⅳ－Ⅴ－Ⅷ 相的三相点位于 5.5 GPa、－33 ℃ 处;Ⅵ－Ⅷ－Ⅸ 相的三相点位于 13.5 GPa、－25 ℃ 处。Ⅱ 相具有单斜结构、Ⅲ 相为四方结构、Ⅳ 相为正交结构、Ⅴ 相为扭曲 bcc 结构、Ⅵ 相为 bcc 结构、Ⅶ 相具有四方结构。Bi 的 Ⅱ 相淬火并冷却到极低温时具有超导电性。

Fe 的固相有四个,其中 δ－Fe 为 bcc 结构、ε－Fe 为 hcp 结构、α－Fe 为 bcc 结构、γ－Fe 为 fcc 结构,如图 7.21 所示。常压下,α－Fe 在 910 ℃ 时转变为 fcc 结构的 γ－Fe。由体积变化 $\Delta V = -0.075$ cm³/mol 及熔变 $\Delta H = 903$ J/mol 可求出 $\mathrm{d}T/\mathrm{d}p = -95$ K/GPa,即初期梯度。由此斜率可推算 α－γ 相变点随压力的变化。室温下,α－ε 相变压力为 11 GPa,可作为压力定标点。从图中可以看出,α 相具有铁磁性,其 Curie 温度 T_C 随压力的变化也在图中标出。

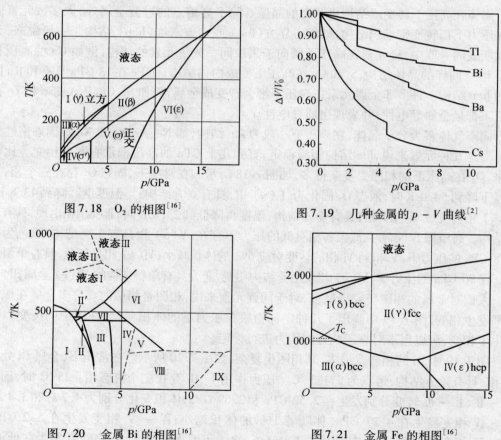

图 7.18　O_2 的相图[16]　　　　图 7.19　几种金属的 $p－V$ 曲线[2]

图 7.20　金属 Bi 的相图[16]　　　　图 7.21　金属 Fe 的相图[16]

高压下 Cs 表现出不同的多型转变,其相图如图 7.22 所示。Cs 在 2.3 GPa 时发生 Ⅰ－Ⅱ 相变,4.2 GPa 时发生 Ⅱ－Ⅲ 相变。Ⅱ－Ⅲ 相变伴随着 8% 的体积减小,同时电阻变大,经常用来进行压力定标。Ⅱ 相和 Ⅲ 相的结构对称性相同,都是 fcc 结构,因此这个相变是等结构相变。相变是由 6s 和 5d 电子态之间的跃迁引起的。在 12.5 GPa,Cs 表现出超导电性,超导转变温度为 1.5 K。

Ce 在 0.7 GPa 时发生的 Ⅱ – Ⅳ 相变可能是被研究最多的高压电子相变。在这个相变的过程中,Ce 的 4f 电子发生了退局域化转变,价态由 + 3 价变为 + 4 价,并伴随着 10% 的体积减小。如图 7.23 所示,Ce 的 Ⅱ 相和 Ⅳ 相都具有 fcc 结构,它们之间的转变是等结构相变。Ce 的相图非常独特,即 Ⅱ 相和 Ⅳ 相的边界中止于一个临界点 K,在 2.0 ~ 2.2 GPa、623 ~ 673 K 附近,类似于气液相变的临界点。Ⅳ 相在压力下转变成超导相, 4 GPa 时超导转变温度为 1.8 K。

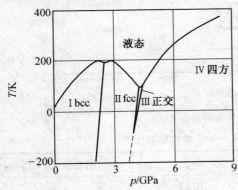
图 7.22　金属 Cs 的相图[16]

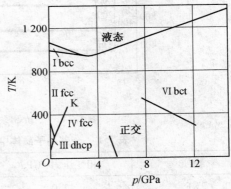
图 7.23　金属 Ce 的相图[16]

图 7.24 为一些三价镧系金属的通用相图,是 Johansson 和 Rosengren 根据实验数据, 采用一定的拟合方法构造出来的。图中的圆点为实验数据。此图中包括了不同的固 – 固相变和熔化曲线。Ce、Eu 和 Yb 的结果和其他稀土金属不同,没有包含在图中。可以看出,随着压力的增加,稀土金属的结构具有如下的变化规律:hcp – Sm 型 – dhcp – fcc 结构。

在数千至数万大气压的压力作用下,多数碱金属的卤化物发生 NaCl 向 CsCl 型结构的转变。表 7.1 给出了一些离子晶体的相变压力。

根据式(7.2.1)和式(7.2.6)可知化学势的表示为

$$\mu = E_m + pV_m - TS_m \qquad (7.2.20)$$

其中 E_m、V_m 和 S_m 分别表示摩尔内能、摩尔体积和摩尔熵。相变时两相的化学势相等,考虑到压力很高,$T(S_{m2} - S_{m1}) \ll p(V_{m2} - V_{m1})$,略去和熵有关的项,可得相变压力为

$$p = \frac{E_{m2} - E_{m1}}{V_{m1} - V_{m2}} \qquad (7.2.21)$$

下标 1、2 分别代表两个相。内能中包括库仑作用项,van der Waals 作用项及排斥项。排斥项的选择对计算结果的影响很大。

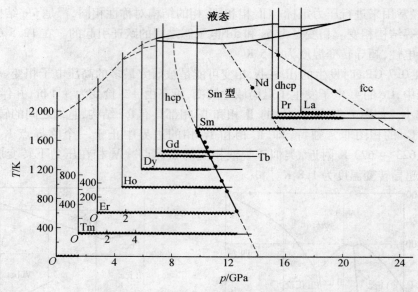

图 7.24　三价镧系稀土金属的通用相图[17]

表 7.1　一些离子晶体中 NaCl – CsCl 结构相变压力[2]

物质	相变压力 /GPa	物质	相变压力 /GPa
KF	2.0	RbCl	4.9
RbF	1.2	KBr	1.8
CsF	2.0	RbBr	0.5
NaCl	30.0	KI	1.9
KCl	2.0	RbI	4.0

　　共价晶体的代表物质是 Ⅳ 族和 Ⅲ – Ⅴ 族化合物。石墨 – 金刚石转变可参看图 0.7。利用高温高压条件,选择适当的触媒可使石墨转变为金刚石。Si 和 Ge 在常压下具有金刚石结构,高压下转变为白锡结构,两者具有类似的相图。

　　Ⅲ – Ⅴ 族化合物及 Ⅱ – Ⅵ 族化合物在常压下结晶为闪锌矿或纤锌矿结构。这些物质都是半导体,电阻随着压力的变化很大。在高压下变为 NaCl 结构或白锡结构。表 7.2 给出了一些共价晶体的相变压力。

　　$MgSiO_3$ 的高压正交钙钛矿结构是下地幔中最丰富的矿物,图 7.25 为 $MgSiO_3$ 的相图。在与核幔边界类似的压力温度条件下(125 GPa 以上、2 500 K),$MgSiO_3$ 转变成为后钙钛矿结构,即 $CaIrO_3$ 结构。钙钛矿结构中的 SiO_6 八面体是共角连接,而后钙钛矿结构中的 SiO_6 八面体沿 a 方向共边连接、沿 c 方向共角连接。因此,后钙钛矿结构比钙钛矿结构具有更紧密的原子排列方式,相变时密度提高 1.0% ~ 1.2%。

表 7.2　一些 IV、III – V 族及 II – VI 族化合物的相变压力[18]

物质	相变压力/GPa	结构	物质	相变压力/GPa	结构
Si	19.5	金刚石 – 白锡	ZnSe	16.5	闪锌矿 – 白锡
Ge	12.0	金刚石 – 白锡	ZnTe	14.0	闪锌矿 – 白锡
GaAs	28.0	闪锌矿 – 白锡	CdS	2.3	纤锌矿 – NaCl
GaSb	8.0	闪锌矿 – 白锡	CdSe	2.5	纤锌矿 – NaCl
InP	12.8	闪锌矿 – 白锡	CdTe	3.3	纤锌矿 – NaCl
InAs	10.0	闪锌矿 – 白锡	CdTe	10.0	NaCl – 白锡
InSb	2.3	闪锌矿 – 白锡	HgSe	0.7	闪锌矿 – 纤锌矿
ZnS	24.5	闪锌矿 – 白锡	HgTe	1.6	闪锌矿 – 白锡

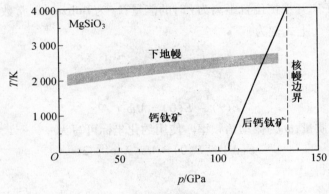

图 7.25　MgSiO$_3$ 的相图[19]

在高压下,NaMgF$_3$ 也会发生钙钛矿向后钙钛矿结构的转变,但转变压力要低得多,在 28 ~ 30 GPa 之间。这个相变在室温下即可发生,不需要加热到高温。

7.2.3　固 – 液相变

压力下,固体的熔点可能发生改变,例如冰的熔点在 0.4 GPa 时达到 200 ℃。一般情况下,金属的熔点随压力上升而增加,但 Bi 的 I 相、Ga、Sb、Si、Ge、冰的 I 相的熔点随压力增加而下降。

有许多理论用来描述熔解现象,其中 Lindemann 理论是比较成功的。Lindemann 认为,在熔解温度时,原子振动的均方根振幅与原子间最近邻距离满足一定的关系时,固体发生熔解。固体的熔点 T_m 可表示为

$$T_m = (\Theta_D^2 V_m^{2/3} M)/C^2 \qquad (7.2.22)$$

式中，θ_D 为 Debye 温度；V_m 为熔解温度时的摩尔体积；M 为分子量；C 为 Lindemann 参数。

最初，Lindemann 提出在熔点温度原子振动振幅的均方根为最近邻原子间距的一半，后来又有人提出振幅的均方根为最近邻距离的 10% ～ 15% 时固体熔解。对于同一类物质，如碱金属、碱金属的卤化物、过渡金属等，Lindemann 参数近似为常数。对于大多数物质，公式(7.2.22) 是适用的。

实际上，Lindemann 的熔点公式(7.2.22) 可由固体熔化时临界状态下的标度不变性推出。在任意尺度上，处于临界状态的物质都表现出相同的图像。设物质的原胞体积为 v，单分子在原胞内所能达到的自由体积为 v_f，那么上述标度不变性就可以表示为

$$v_f^* = v_f/v = 常数 \qquad (7.2.23)$$

在相图上，沿着固体的熔化曲线，式(7.2.23) 是成立的。上式中自由体积的定义为

$$v_f = \int_v e^{-[E(r) - E(0)]/k_B T} dr \qquad (7.2.24)$$

式中，$E(r)$ 为分子离开平衡位置距离为 r 时的能量；k_B 为 Boltzmann 常数。使用无量纲的约化坐标 $\lambda = r/v^{1/3}$，上式变为

$$v_f^* = \int_0^1 e^{-[E(\lambda) - E(0)]/k_B T} d\lambda \qquad (7.2.25)$$

采用简谐近似，则

$$E(r) - E(0) = M\omega^2 r^2/2 \qquad (7.2.26)$$

式中，M 为分子的质量；ω 为振动角频率。使用约化坐标可写为

$$E(\lambda) - E(0) = M\omega^2 \lambda^2 v^{2/3}/2 \qquad (7.2.27)$$

代入式(7.2.25)，得

$$v_f^* = 4\pi \int_0^1 e^{-[M\omega^2 v^{2/3}/2k_B T]\lambda^2} \lambda^2 d\lambda = 常数 \qquad (7.2.28)$$

考虑到定积分为一个数，式(7.2.28) 等同于

$$M\omega^2 v^{2/3}/2k_B T = 常数 \qquad (7.2.29)$$

在固体熔化时，温度取为 T_m、ω 取为上限振动角频率即 Debye 频率 ω_D、v 和物质的摩尔体积 V_m 成正比，式(7.2.29) 变为

$$(\Theta_D^2 V_m^{2/3} M)/T_m = 常数 \qquad (7.2.30)$$

其中，$k_B \Theta_D = \hbar\omega_D$，此即 Lindemann 公式。

对式(7.2.30) 取对数，并对 $\ln V$ 求导，可得

$$2\frac{d\ln \Theta_D}{d\ln V} + \frac{2}{3} - \frac{d\ln T_m}{d\ln V} = 0 \qquad (7.2.31)$$

因为 Grüneisen 常数 $\gamma = - d\ln \Theta_D/d\ln V$，熔点 T_m 与体积 V 的关系为

$$\frac{\mathrm{d}\ln T_{\mathrm{m}}}{\mathrm{d}\ln V} = -2(\gamma - 1/3) \tag{7.2.32}$$

假定 γ 与体积无关,对式(7.2.32)积分可得

$$V = C_0 T_{\mathrm{m}}^{-1/[2(\gamma-1/3)]} \tag{7.2.33}$$

其中 C_0 为积分常数。

熔化时固体的内能为 $E \sim k_{\mathrm{B}} T_{\mathrm{m}}$,根据 Mie-Grüneisen 状态方程式(6.3.20),可得固体熔点和压力的关系为

$$p - p_{\mathrm{c}} = b T_{\mathrm{m}}^{(6\gamma+1)/(6\gamma-2)} \tag{7.2.34}$$

式中,b 为常数。

令 $a = -p_{\mathrm{c}}$,$c = (6\gamma + 1)/(6\gamma - 2)$,就得到 Simon 方程

$$p + a = b T_{\mathrm{m}}^{c} \tag{7.2.35}$$

考虑到压力 p_0 下物质的熔点为 T_0,Simon 方程改写为

$$(p - p_0 + a)/a = (T_{\mathrm{m}}/T_0)^c \tag{7.2.36}$$

表 7.3 给出了一些物质的 a、c 值。Bi(Ⅰ)、Ga(Ⅰ)和冰(Ⅰ)的 a 值为负,它们的熔点随压力增加而下降。

表 7.3　Simon 方程中的参数

物质	a/GPa	c	物质	a/GPa	c
Na	1.20	3.53	LiCl	1.50	2.50
K	0.40	4.44	NaF	1.22	5.76
Rb	0.36	3.74	NaCl	1.50	2.97
Cs	0.27	4.49	NaBr	1.11	3.36
Cu	30.10	1.07	NaI	0.71	3.65
Ag	7.80	2.40	AgCl	5.50	1.70
Au	10.80	2.08	AgBr	2.80	2.50
Fe	107.00	1.76	AgI(Ⅰ)	0.95	6.50
Ni	102.00	2.20	$LiNO_3$	1.09	2.76
Pt	102.00	2.00	$NaNO_3$	0.97	3.90
Rh	50.00	1.30	Bi(Ⅰ)	-2.73	5.60
In	3.58	2.30	Ga(Ⅰ)	-5.75	2.50
Sn(Ⅰ)	3.42	4.30	H_2O(Ⅰ)	-0.40	9.00

Kennedy 和 Kraut 发现,在室温下固体的相对压缩量与熔点之间呈线性关系,可以用

来描述高压下物质的熔点变化

$$T_m = T_0(1 + k\Delta V/V_0) \tag{7.2.37}$$

式中,T_0、V_0 分别为常压下的熔点和体积;$\Delta V = V_0 - V$;k 为常数。

等式两端取对数,并对 $\ln V$ 求导,得

$$\frac{\mathrm{dln}\, T_m}{\mathrm{dln}\, V} = -k \tag{7.2.38}$$

与式(7.2.32)对比可知

$$k = \frac{2}{3} - 2\gamma \tag{7.2.39}$$

实验发现 Cs、Ba、Rh、K、石墨、As、Sb、Te、Bi_2Te_3、Sb_2Te_3、KNO_3、KNO_2 等物质的熔解曲线具有极大值。可用两种液体模型来解释。固体中存在高压相和低压相,类似地,液体中也存在与之对应的两种结构。如图 7.22 为 Cs 的相图。低压下,压力增加时熔点增加,斜率 $\mathrm{d}p/\mathrm{d}T$ 为正,与一般溶解曲线相同。当压力继续上升时,液体中出现 Cs(Ⅱ) 相对应的结构,液体的密度大于 Cs(Ⅰ) 固相的密度,从而出现极大值后斜率变负。Cs(Ⅱ) 相的熔解曲线也有一个极大值,与液相中出现与 Cs(Ⅲ) 相对应的结构有关。

Ce 的熔解曲线如图 7.23 所示,存在极小值。在低压区,液相密度大于固相(bcc),熔解曲线的斜率 $\mathrm{d}p/\mathrm{d}T$ 为负。高压下由液相变到更致密的 fcc 相,此时固相密度连续增加,因此熔解曲线经过极小值后斜率变为正。

7.3　　高压下的热导率[3,21~23]

所有物质都具有传导热的能力,其能力的强弱由热导率来描述。从微观角度上看,传播热量的载体有电子和晶格离子的振动即声子。对于导体,电子和声子都参与热传导,因为具有高的电子密度,所以导体具有良好的导热性。对于绝缘体,电子对热传导的贡献可以忽略,主要由声子来传递热量。如果绝缘体中键的强度足够高,那么也会成为热的良导体,例如金刚石具有非常高的热导率。

材料的热导率对高压研究来说是一个重要的物理量,因为产生高压的同时一般要伴随高温,材料的热导率是高压装置设计需要考虑的问题。另一方面,对地球科学等方面的基础研究来说,高压下热导率的研究也是非常有意义的。

在室温下纯金属的热导率比绝缘体高一个或两个数量级,可以推知纯金属内电子的热导占主要部分。实际上,在任何温度,纯金属内的电子热导率都要远远高于声子。只有在非纯金属和非晶材料中,电子和声子的热导率才相当。

理想气体的热导率 K 可表示为

$$K = Cvl/3 \tag{7.3.1}$$

式中,C 为单位体积的热容;v 为气体分子的平均速度;l 为气体分子的平均自由程。

对于金属,内部的自由电子可以看成是理想气体,因此电子的热导率 K_{el} 为

$$K_{el} = \frac{\pi^2 n k_B^2 T \tau}{3m} \tag{7.3.2}$$

式中,n 为电子浓度;m 为电子的质量;τ 为 Fermi 面附近电子的弛豫时间。

如果假定电子传导电流和传导热的弛豫时间相同,那么电子的热导率和电导率之间满足 Wiedemann-Franz 定律

$$\frac{K_{el}}{\sigma} = \frac{\pi^2}{3}\left(\frac{k_B}{e}\right)^2 T \tag{7.3.3}$$

即金属中的电导率与热导率之比与绝对温度 T 成正比。比值

$$L = \frac{K_{el}}{\sigma T} = \frac{\pi^2}{3}\left(\frac{k_B}{e}\right)^2 \tag{7.3.4}$$

是一个与温度无关的常数,称为 Lorenz 数,理论值为 $2.45 \times 10^{-8} W \cdot \Omega/K^2$。许多金属,如 Cu、Ag、Au、Zn、Cd 等的 Lorenz 数都与此值接近。但由于 Wiedemann-Franz 定律是在自由电子近似下得到的,因此过渡金属在温度低于 Debye 温度 Θ_D 时偏离理论值大些。尽管金属的热导率随着温度是变化的,但 Lorenz 数可近似认为是常数,声子的影响对其有一个小的修正。

如果将固体中的声子看成是理想气体,可采取与电子类似的处理方式。低温下,激发的声子数比较少,其平均自由程与温度无关,而热容和 T^3 成正比。根据式(7.3.1),低温下声子的热导率正比于 T^3。高温区,激发的声子数和 T 成正比,可知平均自由程与 T 成反比。而高温下固体的热容近似为常数,因此热导率和 T 成反比。中温区,能引起倒逆过程的声子数正比于 $e^{-\Theta_D/2T}$,平均自由程正比于 $e^{\Theta_D/2T}$,热容可表示为温度 T 的幂函数

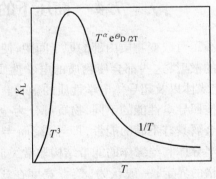

图 7.26　声子热导率和温度的关系

形式 T^α,所以中温区的热导率按 $T^\alpha e^{\Theta_D/2T}$ 规律变化。图 7.26 给出了声子热导率随温度的变化趋势。

对于绝缘材料来说,只有声子对热传导有贡献,其热导率具有图 7.26 所示的形式。

按照上面的分析,声子的热导率可统一写为

$$K_L = A f(\Theta_D/T) \tag{7.3.5}$$

其中函数式中 $f(\Theta_D/T)$ 可取为上述的各种形式,系数 A 正比于 $\rho \Theta_D^2$。在高压下,晶格发生密排,密度增加,Debye 温度也会升高,所以声子的热导率 K_L 是增大的。

图 7.27 给出了 bcc 和 hcp 结构的 Fe 在压力下的热导率,其中圆圈代表 bcc 结构 Fe 在常压下的热导率,实线代表 hcp 结构的 Fe 在高压下的热导率。显然随着压力的升高,hcp 结构 Fe 的热导率是增加的。

图 7.28 给出了 CaGeO₃ 在高压下的热导率,其热导率也是随着压力的增大而增大的。

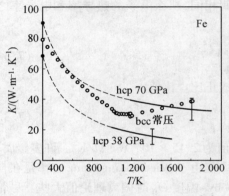 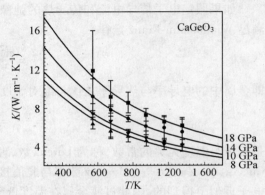

图 7.27　Fe 的热导率和温度的关系[22]　　　图 7.28　CaGeO₃ 的热导率和温度的关系[23]

7.4　高压下的电学性质[1~3,18,24~35]

高压可改变物质内部的原子间距,使能带结构发生变化;同时,高压影响电子和声子之间的散射,这些都会使物质的电学性质发生变化。这一节主要介绍高压对金属、半导体、绝缘体以及超导体电学性质的影响。

按照导电性能的不同,物质可分为金属、半导体和绝缘体,其能带结构如图 7.29 所示。金属具有不满的能带,即导带;而半导体和绝缘体存在禁带,即满带之上是空的能带。半导体和绝缘体的能带结构非常类似,差别在于禁带宽度(E_g)的大小。两者之间没有严格的界定,一般认为,禁带宽度在 3 eV 以下的是半导体,3 eV 以上为绝缘体。图 7.29(b)和(c)所示的能带结构仅为 $T = 0$ K 时的理想结构,在有限温度时,由于热激发,半导体和绝缘体的价带并不是满带,导带也不是空带。半导体的禁带宽度比绝缘体小,激发到导带的电子数与价带中的空穴数都要高于绝缘体,电导率更高。如果每个原胞中含有奇数个电子,物质表现为金属导电性,其能带结构如图 7.29(a)所示,典型的例子是碱金属元素。如果每个原胞中含有偶数个电子且没有发生能带重叠,物质为半导体或绝缘体,其能带结构如图 7.29(b)和(c)所示;如果存在能带重叠,则为金属,如图 7.29(d)所示,碱土金属属于这个范畴。还存在一种情况,能带重叠非常小,这样载流子浓度较低,导电性比普通金属差,称之为半金属,如图 7.29(e)所示。对于金属、半金属、半导体和绝缘体来说,载流子浓度分别为 $10^{28} \sim 10^{29}\,\mathrm{m}^{-3}$、$10^{23} \sim 10^{28}\,\mathrm{m}^{-3}$、$10^{19} \sim 10^{23}\,\mathrm{m}^{-3}$ 和 $10^{19}\,\mathrm{m}^{-3}$ 以下。

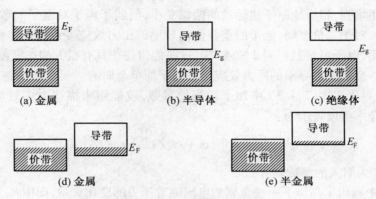

图 7.29　材料的能带结构

物质的导电性能用电阻率 ρ 或电导率 σ 来表征,两者互为倒数。电导率可表示为下述形式

$$\sigma = nq\mu \tag{7.4.1}$$

式中,n 为载流子浓度;q 为载流子的电量;μ 为载流子的迁移率。

如果参与导电的载流子有多种,如电子、空穴、离子等,总的电导率为各种载流子贡献之和。高压下,这三个量将发生变化,从而对物质的导电性产生影响。

7.4.1　金　属

简单金属如碱金属中的电子受到的束缚较弱,可看成是自由电子,其电导率可写为

$$\sigma = \frac{ne^2\tau(E_{\mathrm F})}{m} = \frac{ne^2 l(E_{\mathrm F})}{mv_{\mathrm F}} = \frac{e^2 l(E_{\mathrm F}) S_{\mathrm F}}{12\pi^3 \hbar} \tag{7.4.2}$$

式中,n 为载流子浓度;e 为电子电量;m 为电子的质量;$\tau(E_{\mathrm F})$ 和 $l(E_{\mathrm F})$ 分别为 Fermi 面处电子的弛豫时间和平均速度;$S_{\mathrm F}$ 为 Fermi 面的表面积。

金属的电阻是温度的函数,因为电阻主要来源于电 – 声子相互作用。在低温下,金属的电阻正比于 T^5,高温下正比于 T。在高温下$(T > \Theta_{\mathrm D})$,式(7.4.2)可表示为

$$\sigma = C\frac{\Theta_{\mathrm D}^2}{T} \tag{7.4.3}$$

式中,C 为常数;$\Theta_{\mathrm D}$ 为 Debye 温度。

将式(7.4.3)对压力 p 求导,可得电导率的压力效应

$$\frac{\mathrm{d}\ln\sigma}{\mathrm{d}p} = 2\frac{\mathrm{d}\ln\Theta_{\mathrm D}}{\mathrm{d}p} = 2\frac{\mathrm{d}\ln\Theta_{\mathrm D}}{\mathrm{d}\ln V}\frac{\mathrm{d}V}{V\mathrm{d}p} = 2\gamma\kappa_T \tag{7.4.4}$$

式中，γ 和 κ_T 分别为 Grüneisen 常数和等温压缩率。

　　一般来说，在高压下金属的电导率会增加。高压使金属内部原子排列更加紧密，原子间的相互作用增强，相应地原子热运动的振幅变小，削弱了声子对电子的散射作用，从而电导率升高。对于二价金属，能带的重叠使电导率的压力效应变得复杂。而对于过渡金属和稀土金属，电子可被散射到 d 带或 f 带，这些能带往往具有很大的态密度，造成电导率的降低。这些金属中电导率的压力效应是不同于简单金属的。

　　实际上，只要在式（7.4.3）中加上适当的参数，就能用来描述大多数金属的导电行为。这时电导率可以表示为

$$\frac{\mathrm{dln}\,\sigma}{\mathrm{d}p} = \kappa_T \left[\left(\alpha + \Theta_\mathrm{D}^2/9T^2 \right) \gamma + C' \right] \tag{7.4.5}$$

式中，α 和 C' 为引入的参数。

　　图 7.30 中画出了高压下一些金属的电阻随着压力的变化关系，图中 R_0 为常压下的电阻值，R_p 代表高压下的电阻值。

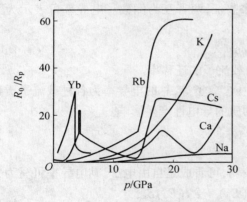 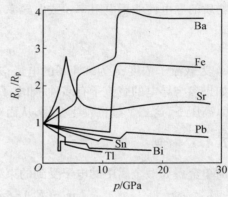

图 7.30　一些金属的电阻随压力的变化[2]

7.4.2　半导体

　　在压力作用下，半导体的带隙发生变化，使导带中的电子和价带中的空穴数量改变，从而影响到电导率。对于本征半导体，电子和空穴载流子的浓度相等，可表示为

$$n = p = (N_\mathrm{C} N_\mathrm{V}) 1/2 \mathrm{e}^{-E_g/2k_\mathrm{B}T} \tag{7.4.6}$$

式中，n 和 p 分别为电子和空穴的浓度；E_g 为禁带宽度；k_B 为 Boltzmann 常数；N_C 和 N_V 分别为与导带和价带有关的参数。

　　根据式（7.4.1）可知，压力下半导体的电导率可表示为

$$\frac{\mathrm{dln}\,\sigma}{\mathrm{d}p} = \frac{1}{2}\frac{\mathrm{dln}\,N_\mathrm{C}}{\mathrm{d}p} + \frac{1}{2}\frac{\mathrm{dln}\,N_\mathrm{V}}{\mathrm{d}p} - \frac{E_\mathrm{g}}{2k_\mathrm{B}T}\frac{\mathrm{d}lnE_g}{\mathrm{d}p} + \frac{\mathrm{dln}\,\mu}{\mathrm{d}p} \tag{7.4.7}$$

实验上半导体的电导率更易于测量,可以通过式(7.4.7)来得到禁带宽度与压力的关系。许多半导体的禁带宽度随着压力增加而减小,但有些半导体的禁带宽度随压力增加而增大。例如材料 Ge,其带隙的压力系数为 $dE_g/dp = 0.04$ eV/GPa,电导率随压力的相对变化率为 $d\ln \sigma/dp = 0.6$ GPa^{-1}。

掺杂半导体中的载流子主要来源于杂质,n 型半导体中电子浓度远大于空穴浓度,而 p 型半导体中正好相反。在压力作用下,掺杂半导体中的载流子浓度变化不如本征半导体中那样显著,电导率随压力的变化取决于 $d\ln \mu/dp$ 项,因此电导率的压力系数较小。图 7.31 给出了一些半导体的电阻随压力的变化关系。

绝缘体和半导体的能带结构相近,压力下的电学行为也有许多相似之处,只是绝缘体的电导率要比半导体小得多。

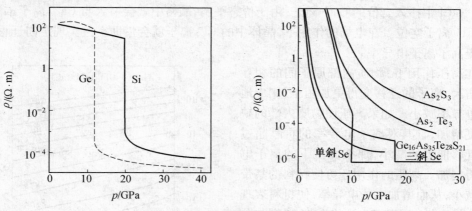

图 7.31　一些半导体的电阻随压力的变化[2]

7.4.3　离子导体

离子导体的禁带宽度比较大,在这种材料中电子的迁移比离子更困难,因此离子导体中的载流子是离子,其导电性与离子的扩散过程密切相关。当物质中电子和离子迁移的难易程度差不多时,物质表现为电子、离子混合导电性。

离子导体的电导率 σ 和扩散系数 D 满足 Einstein 关系

$$\sigma = q^2 D/k_B T \tag{7.4.8}$$

式中,q 为离子所带的电荷数。考虑到扩散系数和温度的关系,电导率可表示为

$$\sigma = C(q^2 n_f \nu_0/T) e^{-\Delta G/k_B T} \tag{7.4.9}$$

式中,n_f 是导电离子的浓度;ν_0 为离子振动的光学波特征频率;ΔG 为离子导电的激活能;C 为与晶格结构有关的常数。

离子导体中的电流传导可通过间隙离子和空位来实现。在外加电场的作用下,离子

从一个间隙位置跳跃到另一个间隙位置,或者从一个晶格格位跳跃到近邻的空位。半径较小的阳离子,如 Li^+ 等一般通过间隙离子的方式在晶体中运动,而一些半径相对较大的阴离子,如 O^{2-},一般通过空位来实现扩散运动。

对于化学计量的离子型化合物,间隙离子和空位等缺陷都是由热运动引起的,且浓度与温度有关,由下式决定

$$n = n_0 e^{-\Delta G_\nu / k_B T} \tag{7.4.10}$$

式中,n 为热运动产生的导电离子浓度;n_0 为常数;ΔG_ν 为间隙离子或空位的生成能。

热运动产生的缺陷浓度较低,不足以产生大的离子电导率。只有在熔点附近,由于热运动非常剧烈,产生的缺陷浓度比较高,才具有可观的电导率。如果在化学计量的离子化合物中掺入不同价态的离子,就会引入相当高的缺陷浓度,而且这个浓度与温度无关。例如,在 NaCl 中掺入二价的 Ca^{2+} 离子,由于价态平衡,晶格中就会引入与 Ca^{2+} 离子浓度相同的 Cl^- 离子空位。在电场的作用下,晶体中的 Cl^- 离子就会借助空位实现定向迁移,极大地提高了离子电导率。

在高压作用下,物质内部原子间的相互作用增大,离子的迁移变得更加困难,相应地离子电导率减小。如果高压使物质内部的缺陷浓度增加,且其对离子电导率的贡献超过上述迁移能力的减小,那么高压下的离子电导率将增加。高压的作用还可使材料的禁带宽度减小,从而增加电子电导率,使材料表现出混合导电性。图 7.32 为掺杂 10^{-4} 摩尔分数 $CaCl_2$ 的 NaCl 离子电导率随压力的变化关系。

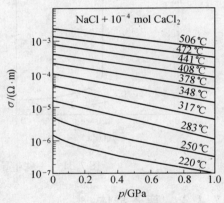

图 7.32　$CaCl_2$ 掺杂的 NaCl 在高压下的离子电导率[1]

7.4.4　金属 – 绝缘体转变

晶体中原子的能级与孤立原子有很大不同,由于周围原子的作用,外层价电子的能级展宽成能带。电子的状态用波矢量 k 来描述,其能量 E 为 k 的函数,$E(k)$ 决定了能带的形状。相对来说,原子的内层电子所受的影响较小,但周围原子的作用将使能级的位置发生移动。

在紧束缚近似下,立方结构晶体的 s 电子能带可写为

$$E_s(\boldsymbol{k}) = \varepsilon_s - \beta - \sum_{(n,n)} \gamma(\boldsymbol{R}_m) e^{-i\boldsymbol{k}\cdot\boldsymbol{R}_m} \tag{7.4.11}$$

式中,ε_s 为孤立原子中 s 电子的能量;β 为晶体场积分,代表晶体中电子能级的位移;符号 (n,n) 表示只对最近邻原子求和;$\gamma(\boldsymbol{R}_m)$ 为相互作用积分。

$\gamma(\boldsymbol{R}_m)$ 具体表达式为

$$\gamma(\boldsymbol{R}_m) = -\int \phi_s^*(\boldsymbol{r}) \Delta V \phi_s(\boldsymbol{r} - \boldsymbol{R}_m) \mathrm{d}\tau \tag{7.4.12}$$

式中, $\phi_s(\boldsymbol{r})$ 为 s 电子波函数; ΔV 为孤立原子与晶体中原子势能之差。

从式(7.4.12)可以看出, $\gamma(\boldsymbol{R}_m)$ 与原子间波函数的交叠程度有关, 交叠程度越大, 等式右端的积分值就越大。

根据式(7.4.11), 电子能带的宽度和 $\gamma(\boldsymbol{R}_m)$ 成正比。随着原子间距的减小, 能带的宽度将增大。对于具有带隙的半导体或绝缘体, 当原子间距达到某一临界值时, 价带和导带发生重叠, 这时带隙消失, 物质转变成为金属, 如图 7.33 所示。原子间距的减小可通过高压手段来实现。这种压致金属 – 绝缘体转变称为 Wilson 转变。

图 7.33　压力导致的金属 – 绝缘体转变

Wilson 转变的典型例子是固态 Xe, 图 7.34 为 Xe 固体的电阻随压力的变化以及在不同压力下电阻与温度的关系。从图 7.34(a) 中可以看出, 在 60 GPa 左右, Xe 的电阻降低到可测范围。75 GPa 时, 电阻随压力的变化趋势发生变化, 这时 Xe 的结构转变成六方密堆结构。压力下电阻的减小说明其禁带宽度在逐渐缩小, 更接近金属态。图 7.34(b) 中画出了几个压力下的电阻随温度的变化关系。在 121 GPa 时, Xe 表现出半导体导电的行为; 在 138 GPa、30 K 以上温区表现出金属性导电趋势; 更高的压力下(141 GPa), 金属性导电的温区变大。可见, 金属 – 绝缘体转变发生在 121 GPa 和 138 GPa 之间。

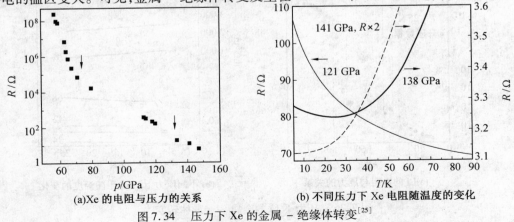

(a)Xe 的电阻与压力的关系　　　(b) 不同压力下 Xe 电阻随温度的变化

图 7.34　压力下 Xe 的金属 – 绝缘体转变[25]

　　有些材料的金属 – 绝缘体转变伴随着结构相变,如图7.31所示的Si、Ge,其电阻在一定压力下急剧下降,转变为金属,同时其结构也发生了相应的改变。

　　过渡金属氧化物含有未满的 d 带,按照能带理论应该为金属,但很多却是非常好的绝缘体,如 NiO、CoO、MnO 等。在这些材料中,3d 能带很窄,当两个电子处于同一离子格位时,其大的库仑相互作用使 3d 带劈裂成两个,原来是半满的能带变成全满,材料因此呈现出绝缘体导电特性。Mott 预言,当晶格间距减小到某一临界值时,材料将呈现出金属导电性。这种相变为一级相变,称为 Mott 转变。压力可诱发过渡金属氧化物的 Mott 转变。图 7.35 为 Cr 掺杂 V_2O_3 的相图,在常压下,随着温度的升高材料经历了一个反铁

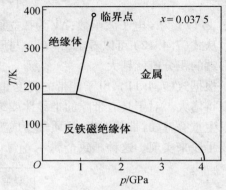

图 7.35　　$(V_{1-x}Cr_x)_2O_3$ 的压力 – 温度相图 $(x = 0.0375)$[18]

磁到顺磁相的一个转变,但导电性质始终为绝缘体。当压力升高到 1 GPa 以上时,金属态开始出现,随着压力的进一步提高,金属 – 绝缘体转变的温度逐渐降低。当压力超过4.2 GPa 时,整个温区材料都表现出金属的性质。在整个温区,压力都会诱发金属 – 绝缘体转变,即 Mott 转变。

　　压力不仅可使绝缘体变成金属,也可以使金属转变成半导体或绝缘体。例如金属 Na在约 200 GPa 的压力下变得透明,说明其能带结构中出现了禁带,变成了半导体。金属 Li在 80 GPa 左右发生由金属到半导体的转变,图 7.36 为其电阻随压力的变化关系以及电阻

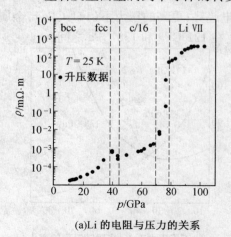

(a)Li 的电阻与压力的关系

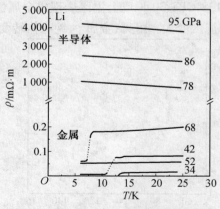

(b) 不同压力下 Li 电阻随温度的变化

图 7.36　　压力下 Li 的金属 – 半导体转变[27]

的温度依赖性。可以看出,压力下 Li 经历了几个结构相变,在 78 GPa 左右其电阻迅速增大,对应着导电状态由金属向半导体的转变。在这个压力附近,电阻的温度依赖性也发生了改变,显示了典型的半导体特征。

7.4.5 超导电性

1911 年,Onnes 发现 Hg 在 4.2 K 的超导电性,之后在许多金属元素、合金中发现了超导现象,其中转变温度(T_C)最高的是 Nb_3Ge,为 23.2 K。1957 年,Bardeen、Cooper 和 Schrieffer 提出了以他们名字命名的 BCS 理论,成功地解释了元素和合金的超导现象。1986 年,Müller 和 Bednorz 发现了 Ba 掺杂的 La_2CuO_4 高温超导材料,其 T_C 高达 35 K。随后,人们开展了大量相关工作,其中 $HgBa_2Ca_2Cu_3O_{8+\delta}$ 的超导转变温度高达 135 K。2006 年,Kamihara 等人发现含铁材料 LaOFeP 的超导转变温度为 4 K,在 2008 年铁基超导体的研究取得了长足的进步,2009 年闻海虎小组发现 $Sr_{0.5}Sm_{0.5}FeAsF$ 的 T_C 为 56 K。遗憾的是,目前还没有发现室温下超导的材料。

高压下物质的超导电性会发生变化,有些材料在常压下不超导,但在高压下表现出超导电性,如 Bi、Ba、Sb、Te 等;有些常压下的超导体,在高压下转变温度及临界磁场等都会发生变化。这些高压下的性质变化无疑会对新型超导材料的设计提供重要的线索。

1. 元素及合金超导体

这类超导体的性质可用 BCS 理论来描述,其 T_C 可由下式给出

$$k_B T_C = 1.14 \hbar \omega_D e^{-1/Ug(E_F)} \tag{7.4.13}$$

式中,ω_D 为 Debye 频率;U 为电子与晶格相互作用能;$g(E_F)$ 为 Fermi 能级处的态密度。以上几项均和原子间距有关,因此压力将对超导体的性质产生影响。将式(7.4.13)取对数,并对体积的对数微分,可得

$$\frac{d\ln T_C}{d\ln V} = \frac{d\ln \omega_D}{d\ln V} + \ln \frac{1.14 \hbar \omega_D}{k_B T_C} \left[\frac{d\ln g(E_F)}{d\ln V} + \frac{d\ln U}{d\ln V} \right] \tag{7.4.14}$$

应该指出,利用式(7.4.13)并不能完全给出 T_C,因为 U 不容易求出。式(7.4.14)表明,T_C 与多种因素有关,在压力下,T_C 可能升高,也可能降低,和具体的材料有关。图 7.37 所示为 Al 的超导电性在压力下的变化,其 T_C 随压力升高而降低。

Ba 在 3.7 GPa 的压力下变成超导体,具有体心立方结构,转变温度为 0.06 K。随着压力的增加,Ba 的 T_C 逐渐升高,在 5 GPa 时达到 0.55 K。图 7.38 示出了 Ba 的 T_C 随压力的变化关系。超导体的临界磁场(B_C)也和压力有关,图 7.39 为 Cd 的 B_C 随压力的变化关系。可以看出,这种第一类超导体的 B_C 非常小,一般小于 0.1 T,不能满足实用的要求。真正能应用的是第二类超导体,B_C 在 50 T 以上甚至更高。

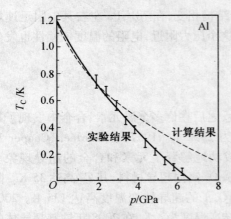

图 7.37 Al 的 T_C 随压力的变化[2]

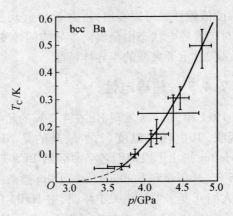

图 7.38 Ba 的 T_C 随压力的变化[2]

2. Cu 基高温超导体

Cu 基超导体的转变温度在液氮温区,具有重要的应用前景,因为液氮的成本要远远低于液氦。这类超导体具有层状钙钛矿结构,CuO_2 面起到超导的作用,CuO_2 面之间被 AO 面隔开(A 为钙钛矿结构的 A 位离子)。通过在 AO 面掺杂可改变 CuO_2 面内的载流子浓度,对其电学性质产生影响。载流子的种类可以是电子,也可以是空穴,当载流子浓度处在一定范围内时,产生超导电性。图 7.40 为几种超导体以载流子浓度和温度为变量的相图,图中标明"超导"区域的边界是超导转变温度 T_C,而标明"反铁磁"的区域边界代表 Nèel 温度 T_N。

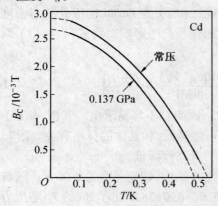

图 7.39 Cd 的 B_C 在压力下的变化[1]

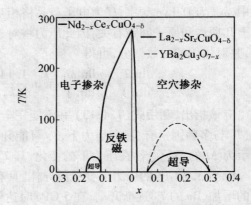

图 7.40 Cu 基超导体的相图[32]

Cu 基超导体中 CuO_2 面内的压缩率很小,而沿垂直于 CuO_2 面的 c 轴压缩率最大。Cu 基超导体为氧化物陶瓷材料,体弹模量相对较大,如 $Bi_2Sr_2CaCu_2O_8$ 为 63 GPa,而 La_2CuO_4 为 180 GPa。晶体原胞中 CuO_2 面的层数越多,体弹模量越小。

Anderson 根据他的共振价键(RVB)理论指出,Cu 基超导体的转变温度 T_C 可以表示

成下述简单的公式

$$k_B T_C = \delta t_{//}^2 / t_\perp \tag{7.4.15}$$

式中,$t_\perp$ 为载流子在一个 CuO_2 面内的转移积分;$t_{//}$ 为载流子从一个 CuO_2 面转移到另一个 CuO_2 面的转移积分;δ 为载流子浓度。

假定电导率 σ 正比于载流子浓度和转移积分,即

$$\sigma(p) \propto \delta(p)t(p) \tag{7.4.16}$$

则有

$$\frac{d\ln \sigma}{dp} = \frac{d\ln \delta}{d\ln p} + \frac{d\ln t}{d\ln p} \tag{7.4.17}$$

根据测得的 σ 和 δ,可求出 t,利用式(7.4.15)即可得到 T_C 随压力的变化。对于 $YBa_2Cu_3O_7$ 来说,计算出来的 $d\ln T_C / dp \approx 0.4~GPa^{-1}$,而实验测量的结果小于 $0.01~GPa^{-1}$,两者符合得并不好。

图 7.41 给出了几种超导体的 T_C 随压力的变化关系,有些材料的 T_C 随压力的升高而下降。大部分材料的 T_C 随压力的升高而增加,在某一压力处 T_C 达到最大值,当压力继续增加时,T_C 将变小。实际上,以上现象可用一个唯象模型来解释,假定载流子浓度随着压力的增加而增大,从图 7.40 可以看出,T_C 随载流子浓度的变化经历了一个极大值,因此在压力下 T_C 也经历了一个极大值。

实际上,T_C 对压力和对载流子浓度的依赖关系很相似,图 7.42 给出了 $YBa_2Cu_3O_x$ 的 T_C、dT_C/dx 和 dT_C/dp 与 x 的关系。可以看出,加压的效果相当于增加载流子浓度即掺杂。

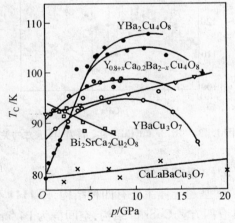

图 7.41　几种 Cu 基超导体 T_C 和压力的关系[32]

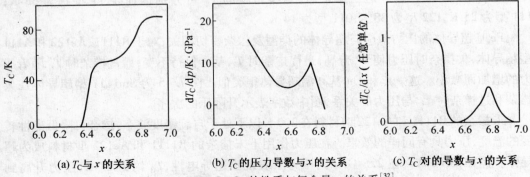

(a) T_C 与 x 的关系　　　　　(b) T_C 的压力导数与 x 的关系　　　　　(c) T_C 对的导数与 x 的关系

图 7.42　$YBa_2Cu_3O_x$ 的性质与氧含量 x 的关系[32]

2010 年,人们发现最优掺杂的三层超导体 $Bi_2Sr_2Ca_2Cu_3O_{10+\delta}$(Bi2223)在压力下表现出异常行为。其 T_C 随压力的变化分为两个阶段,第一阶段与图 7.41 类似,T_C 经历了最大值后降低。当压力超过 24 GPa 时,进入第二阶段,T_C 又继续增大并超过了第一阶段的最大值,如图 7.43 所示。

Cu 基超导体一般是第二类超导体,临界磁场很大,如零温时 $CaLaSrCu_3O_7$ 和 $YBa_2Cu_4O_8$ 的上临界磁场 B_{C2} 约为 100 T。图 7.44 中给出了这两种材料在零温时 B_{C2} 随压力的变化关系。图中的点是由有限温度实验值外推而来,实线给出了变化趋势。随着压力的增加,这两种材料的上临界磁场均减小。

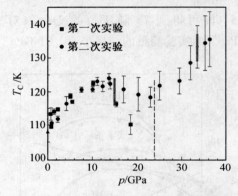

图 7.43　$Bi_2Sr_2Ca_2Cu_3O_{10+\delta}$ 的 T_C 与压力的关系[33]

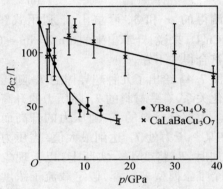

图 7.44　两种材料的上临界磁场随压力的变化[32]

3. Fe 基超导体

Fe 基超导体主要有四种结构,即 1111 型、111 型、122 型和 011 型。其中 1111 型超导体具有四方 ZrCuSiAs 结构,空间群为 P4/nmm,分子式为 ROFeAs、AeOFeAs 等(R 为稀土元素、Ae 为碱土元素);111 型的通式为 AFeAs(A 为碱金属);122 型的通式为 $AeFe_2As_2$ 或 AFe_2As_2;011 型为 FeSe。适当掺杂后,这些材料的 T_C 可分别达到:1111 型约为 55 K;111 型为 25 K;122 型为 38 K;011 型为 14 K。

Fe 基超导体的压力效应与超导体的类型及掺杂密切相关,对于 R1111、Ae122 和 A111型超导体,欠掺杂时压力使 T_C 升高,最优掺杂时 T_C 基本保持不变,而过掺杂时 T_C 随着压力的增加而减小。这一点和 Cu 基高温超导体很类似。图 7.45 为 Sm1111 型超导体在欠掺杂和过掺杂时 T_C 与压力的关系,图中数字表示升降压的次序。

未掺杂的 R1111 和 Ae122 型材料在 200 K 以下处于自旋密度波态,掺杂可降低磁性转变的温度,压力具有同样的效果。在压力作用下未掺杂的 R1111 和 Ae122 型材料成为超导体。例如,$SrFe_2As_2$ 在 2.5 GPa 的压力下表现出超导电性,T_C 约为 27 K,压力升高到 5.2 GPa 时,T_C 降低到 20 K 以下。

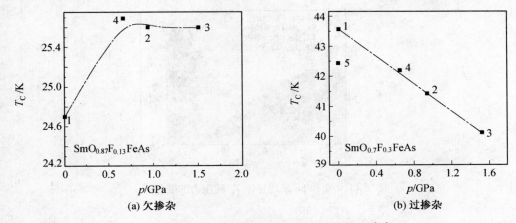

图 7.45　Sm1111 型超导体 T_C 随压力的变化[34]

A111 型超导体的典型例子是 LiFeAs 和 NaFeAs，其 T_C 分别为 18 K 和 12 K。在压力下 LiFeAs 的 T_C 几乎线性下降，如图 7.46 所示，图中数字表示升降压的次序。

二元化合物 FeSe 具有和上述几种超导体类似的层状结构，当 Se 位存在缺位时产生超导电性，T_C 在 8 K 以下。压力下 T_C 可升高到27 K，压力系数 dT_C/dp 约为9.1 K/GPa，如图 7.47 所示。

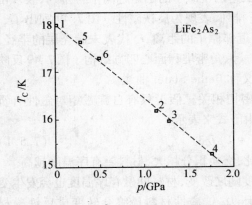

图 7.46　$LiFe_2As_2$ 的 T_C 随压力的变化[34]

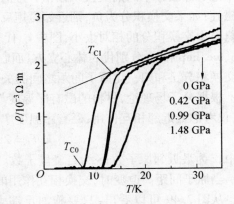

图 7.47　FeSe 的 T_C 随压力的变化[34]

和 Cu 基高温超导体类似，Fe 基超导体的 T_C 在压力下也表现出两个极大值。不同的是，经过最佳压力后，T_C 开始下降，在一个窄的压力范围内超导电性消失。随着压力的进一步升高，超导态重新出现，并具有比第一个极大值高的 T_C，如图 7.48 所示。

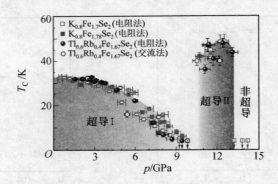

图 7.48　几种 Fe 基超导体 T_C 随压力的变化[35]

7.5　高压下的磁性[1~3,24,36]

材料的磁性可分为弱磁性和强磁性。弱磁性包括抗磁性、顺磁性以及强磁性材料在磁有序温度以上的磁性。这里所说的抗磁性不包括超导材料的完全抗磁性。强磁性包括铁磁性、反铁磁性和亚铁磁性。这节不讨论弱磁性,只简要介绍压力下强磁性的变化。

从微观角度来看,材料的磁性来源于不同原子内未成对电子之间的交换相互作用。如果近邻晶格原子间的交换积分(J)为正,那么这两个原子的磁矩趋向平行排列,表现出铁磁性;如果交换积分为负,则近邻磁矩反平行排列,表现为反铁磁性。图 7.49 列出了一些材料中交换积分的相对大小,图中 r_0 代表最近邻原子的距离,r_e 代表未满壳层的半径,bcc、fcc、hcp 和 fct 分别代表体心立方、面心立方、六角密堆和面心四方结构。图 7.49 反映了交换积分 J 和归一化原子间距之间的关系,又称 Bethe-Slater 曲线。

根据分子场理论,材料的磁有序温度与 J 密切相关。假设只有自旋磁矩对磁性有贡献,仅考虑最近邻相互作用,磁有序温度 T_f 可由下式来表示

$$k_B T_f = 2zS(S+1)J/3 \qquad (7.5.1)$$

式中,z 为最近邻原子数;S 为自旋量子数。因此,交换积分越大,材料磁有序温度越高。

当原子间距离改变时,交换相互作用的强度随之改变,材料的磁有序温度也会发生变化。从图 7.49 可以看出,只要施加足够大的压力,铁磁性材料最终会转变成反铁磁材料。材料的磁性在压力下如何变化,还取决于它在图 7.49 中所处的位置。在压力下,材料磁性会发生变化,如图 7.50 所示为 $Fe_{50}Ru_{46}Ir_4$ 合金的磁性相图。从图中可以看出,在一定压力下,铁磁相转变为反铁磁相,与图 7.49 一致。当温度在 330 K 左右时,压力先使铁磁相转变为顺磁相,然后再变成反铁磁相。温度达到 335 K 时,铁磁相消失,压力可使顺磁相变成反铁磁相。当温度继续升高到 350 K 左右时,所有的磁有序相都消失。

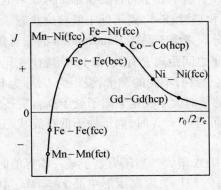

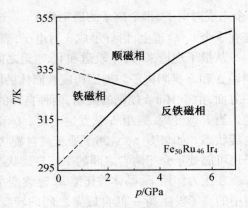

图 7.49　交换积分 J 和近邻原子距离的关系[1]　　　图 7.50　$Fe_{50}Ru_{46}Ir_4$ 合金的磁性相图[1]

图 7.50 中的铁磁 Curie 温度随着压力的升高而下降,这是铁磁性材料的一般特性。如果以磁化强度 M、温度 T 和压力 p 为三个坐标画图,可得到图 7.51 描述的铁磁材料三维相图。在一定压力下,$M-T$ 曲线与常压有所不同,饱和磁化强度 M_0 和 Curie 温度 T_C 都下降,如曲线"1"所示。当压力达到临界压力 p_c 时,铁磁性消失。在一定温度下,磁化强度随着压力的增加而下降,见图中曲线"2"。曲线"3"表示 $p-T$ 相图中铁磁性与顺磁性之间的分界线。

在晶体中,电子所处的环境不同于自由原子,会受到来自周围原子或离子的相互作用,即晶体场的作用。对称性的降低会带来电子能级的分裂,因此会影响到物质的磁性。对磁性有贡献的电子一般是 d 或 f 壳层电子,这里以 d 电子为例来说明晶体场下能级的分裂情况。在原子中,d 壳层电子是五度简并的,如果处于八面体晶场中,就会分裂成三度简并的 t_{2g} 能级和二度简并的 e_g 能级,如图 7.52 所示。

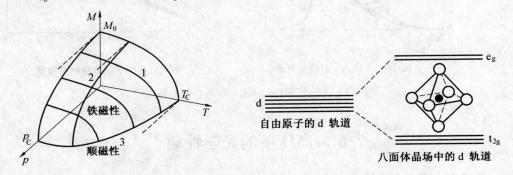

图 7.51　铁磁性材料的一般相图[2]　　　　图 7.52　晶体场中 d 轨道的分裂

晶场中 d 轨道的分裂使 e_g 轨道的能量高于 t_{2g} 轨道,影响到电子在各个轨道上的布居,从而影响到物质的磁性。例如 Fe^{2+} 离子有 6 个 3d 电子,如果填充 5 个 d 轨道的话,有

4 个未成对电子,每个离子的磁矩为 4 μ_B,这时 Fe^{2+} 离子处于高自旋状态。但如果电子填充在 3 个 t_{2g} 轨道上,恰好形成 3 对电子,表现为抗磁性,Fe^{2+} 离子处于低自旋状态。

从量子理论来看,e_g 轨道和 t_{2g} 轨道之间的分裂来源于晶体 Hamiltonian 的非对角元,裂距 Δ 和金属阳离子与周围构成八面体的阴离子之间距离 R 有关,按 $1/R^5$ 规律变化。另一方面,由于 Hund 规则的限制,两种自旋的 d 电子具有不同的能量,裂距为 U,称为 Hund 能。当 R 改变时,裂距 Δ 就发生变化。U 和 Δ 的相对大小决定了离子处于高自旋还是低自旋状态。如果 $U > \Delta$,离子处于高自旋状态,而当 $U < \Delta$ 时,离子处于低自旋状态。离子还可能处于介于两者之间的中间自旋状态。

在压力作用下,晶体被压缩,R 连续变小,裂距 Δ 增大。当压力处于某一临界值时,材料中的离子发生高 – 低自旋态之间的转变。图 7.53(a) 为高压下单晶 $Fe_{0.75}Mg_{0.25}O$ 的 X – 射线发射谱,纵轴是在(110)面上采集的 Fe K_β 线强度。当压力小于 55 GPa 时,在主峰(7.058 eV)旁边有一个卫星峰,表明 Fe^{2+} 离子处于高自旋态,电子组态为 $t_{2g}^4 e_g^2$;当压力超过 55 GPa 时,卫星峰消失,Fe^{2+} 离子的磁矩变为零,转变为低自旋状态,电子组态为 $t_{2g}^6 e_g^0$。在自旋态转变发生时,材料的体弹模量也发生了突变,低自旋态的体弹模量比高自旋态高 35% 之多,如图 7.53(b) 所示。

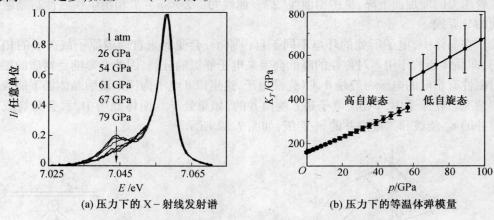

(a) 压力下的 X – 射线发射谱　　　　　(b) 压力下的等温体弹模量

图 7.53　压力下 $Fe_{0.75}Mg_{0.25}O$ 的自旋态转变[36]

7.6　高压下的光学性质[37]

前面讲过,高压可以改变能带宽度。对于半导体和绝缘体来说,禁带宽度在压力下发生变化,这体现在光吸收性质上。对于金属材料来说,高压使电子结构发生改变,体现在光学反射率上。通过测量材料在高压下的光学性质,可以得到与其性质有关的许多信息。

绝缘体和半导体中对应于禁带宽度的跃迁能量称为吸收边。在高压下,吸收边发生变化。有些材料的吸收边能量变小(红移),有些材料的吸收边能量变大(蓝移)。当吸收边变为零时材料变成金属。

对大多数 Ⅲ - Ⅴ 族半导体来说,Brillouin 区原点(Γ 点) 的带隙最小,属于直接带隙半导体,且带隙随着压力的增加而增大。在压力的作用下,Brillouin 区中的 L 点或 X 点的能量可能会移动到禁带内,材料变成间接带隙半导体。这可以通过光吸收谱或荧光光谱测量得到。例如 GaAs 直接带隙的压力系数约为 0.1 eV/GPa,并且在约 4 GPa 时 X 点成为导带能量最低点;InP 直接带隙的压力系数约为 0.06 eV/GPa,在 9 GPa 时转变成间接带隙半导体。

图 7.54 给出了 InP 在不同压力下的吸收谱及吸收边随压力的变化关系。如图 7.54(a) 所示,InP 的吸收边表现出一个小的"尾巴",这是由导带 X 点的间接吸收引起的。随着压力的增加,吸收边处的"尾巴"逐渐变大,表明 X 点的能量在接近直接带隙。直接带隙随压力的变化关系并不是线性的,但如果以晶格常数的相对变化值 $\Delta a/a$ 和带隙宽度来作图,则呈现很好的线性关系,如图 7.54(b) 所示。由图可见,光吸收和荧光测量得到的结果吻合得非常好。

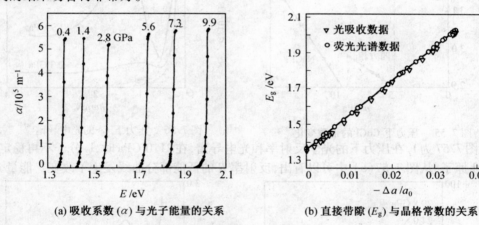

(a) 吸收系数 (α) 与光子能量的关系　　(b) 直接带隙 (E_g) 与晶格常数的关系

图 7.54　压力下 InP 的光学性质[37]

CuCl 在常压下具有闪锌矿结构,高压下存在几个相变,在 4.5 GPa 时转变成四方结构,在 8 GPa 左右四方相又转变成 NaCl 结构。这些相变可从带隙的变化上反映出来,如图 7.55 所示。三种结构的带隙都是随着压力的增加而增大,但增大的速率不同,以 NaCl 结构的增加速率最大。带隙随着压力存在几个突变点,对应着上述几个相变。

对于吸收系数特别大的材料或金属,光吸收测量是有困难的,这时可做光学反射率的测量。它可以反映出材料的电子结构和激发的一些信息。Cs 在压力下经历 6s - 5d 电子跃迁,伴随着一些物理性质的反常变化。图 7.56 为 Cs 在压力下的光电导谱。光电导数据是利用光学反射率 R 进行 Kramers-Kronig 变换得到的。根据 Drude 理论,金属的介电函

数可由等离子体振荡频率 ω_p、弛豫时间 τ 表示为下述形式

$$\varepsilon(\omega) = \varepsilon(\infty) - \frac{\omega_p^2}{\omega(\omega + i/\tau)} = \varepsilon_1(\omega) + i\varepsilon_2(\omega) \qquad (7.6.1)$$

式中,ω 为频率;$\varepsilon(\omega)$ 为高频介电常数;ε_1 和 ε_2 分别为介电函数的实部和虚部。

光电导的实部可表示为

$$\sigma(\omega) = \varepsilon_0 \omega \varepsilon_2(\omega) \qquad (7.6.2)$$

图 7.56 中的虚线即为按式(7.6.2)绘出的理论曲线,实线为实验数据,两者在低能范围符合得很好。在 1.9 GPa 的压力下,1.3 eV 处出现一个强峰,严重地偏离了理论曲线。这个强峰来源于 6s – 5d 电子跃迁。实际上,在 0.3 GPa 时这个峰已经存在,但强度较低,说明 6s – 5d 电子跃迁随着压力是连续发生的。

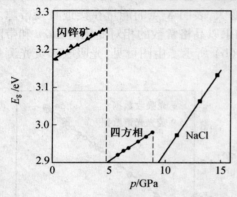

图 7.55　压力下 CuCl 的带隙变化[37]

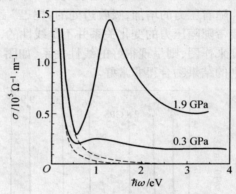

图 7.56　压力下 Cs 的光电导谱[37]

图 7.57 为 I_2 在压力下的光学反射率和光电导谱,在 21.0 GPa 时,I_2 分子不再稳定,分解成 I 原子,从图 7.57(a) 中可以看出,反射率 R 的低能部分曲线发生了改变。能量介于

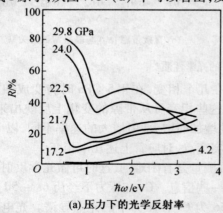

(a) 压力下的光学反射率

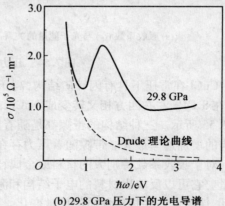

(b) 29.8 GPa 压力下的光电导谱

图 7.57　压力下 I_2 的光学性质[37]

1.5 eV 和 3.0 eV 之间的光学反射率的增加表明 I 的单原子固体比 I_2 分子固体具有更高的电子密度，也说明它是 p 带金属。图 7.57(b) 为经过 Kramers-Kronig 变换得到的光电导谱，图中的实线为实验数据，虚线为 Drude 理论曲线。位于 1.3 eV 处的峰源于 5p 子带间的跃迁或 5p – 5d 的带间跃迁。

参考文献

[1] 伊恩 L 斯佩恩，杰克 波韦. 高压技术(第一卷)，设备设计、材料及其特性[M]. 陈国理，等译. 北京：化学工业出版社，1987.

[2] 箕村茂. 超高压[M]. 東京：共立出版株式会社，1988.

[3] 吴代鸣. 固体物理基础[M]. 北京：高等教育出版社，2007.

[4] 唐志平. 冲击相变[M]. 北京：科学出版社，2008.

[5] AL'TSHULER L V, BRUSNIKIN S E, KUZMENKOV E A. Isotherms and Grüneisen functions of 25 metals[J]. Journal of Applied Mechanics and Technical Physics, 1987(161): 134-146.

[6] POIRIER J P. Introduction to the Physics of the Earth Interior[M], 2nd ed. Cambridge: Cambridge University Press, 2000.

[7] OGANOV A R. Theory and Practice: Thermodynamics, Equations of State, Elasticity, and Phase Transitions of Minerals at High Pressures and High Temperatures. In: G. D. Price, G. Schubert ed. Treatises on Geophysics[M]. Vol 2. Amsterdam: Elsevier B. V., 2007: 121-152.

[8] VINET P, FERRANTE J, SMITH J R, et al. A universal equation of state for solids[J]. Journal of Physics C, 1986(19): L467-L473.

[9] VINET P, ROSE J H, FERRANTE J, et al. Universal features of the equation of state of solids[J]. Journal of Physics: Condensed Matter, 1989(1): 1941-1963.

[10] BALLARAN T B. Equations of state and their applications in geosciences. In: BOLDREVA E, DERA P, ed. High-Pressure Crystallography: From Fundamental Phenomena to Technological Applications[M]. Dordrecht: Springer, 2010: 135-145.

[11] 徐锡申，张万箱. 实用物态方程理论导引[M]. 北京：科学出版社，1986.

[12] BERNARDES N. Theory of solid Ne, Ar, Kr, and Xe at 0 K[J]. Physical Review B, 1958(112): 1534-1539.

[13] 周如松. 金属物理(上册)[M]. 北京：高等教育出版社，1992.

[14] 汪志诚. 热力学. 统计物理[M]. 北京：高等教育出版社，2003.

[15] 伊恩 L 斯佩恩，杰克 波韦. 高压技术(第二卷)，应用与工艺[M]. 高家驹，等译. 北京：化学工业出版社，1988.

[16] TONKOV E Y,PONYATOVSKY E G. Transformations of Elements Under High Pressure [M]. New York:CRC press,2005.

[17] JAYARAMAN A. High pressures studies: metals, alloys and compounds. In: K. A. Gschneidner,Jr. ,L. Eyring ed. Handbook on the Physics and Chemistry of Rare Earths [M]. Chapter 9. Amsterdam:North-Holland Publishing Company,1978:707-747.

[18] JAYARAMAN A. Influence of pressure on phase transitions[J]. Annual Review of Material Science,1972(2):121-142.

[19] IRIFUNE T,TSUCHIYA T. Mineralogy of the Earth-Phase Transitions and Mineralogy of the Lower Mantle. In:G. D. Price, G. Schubert ed. Treatises on Geophysics[M]. Vol 2. Amsterdam:Elsevier B. V. ,2007:33-62.

[20] MARTIN C D,CRICHTON W A,LIU H Z,et al. Phase transitions and compressibility of $NaMgF_3$ (Neighborite) in perovskite-and post-perovskite-related structures [J]. Geophysical Research Letters,2006(33):L11305.

[21] 基泰尔 C. 固体物理导论[M]. 8 版. 项金钟,吴兴惠,译. 北京:化学工业出版社,2005.

[22] KONÔPKOVÁ Z,LAZOR P,GONCHAROV A F,et al. Thermal conductivity of hcp iron at high pressure and temperature[J]. High Pressure Research,2011(31):228-236.

[23] MANTHILAKE M A G M,DE KOKER N,FORST D J. Thermal conductivity of $CaGeO_3$ perovskite at high pressure[J]. Geophysical Research Letters,2011(38):L08301.

[24] 黄昆,韩汝琦. 固体物理学[M]. 北京:高等教育出版社,1998.

[25] EREMETS M I,GREGORYANZ E A,STRUZHKIN V V,et al. Electrical Conductivity of Xenon at Megabar Pressures[J]. Physical Review Letters,2000(85):2797-2800.

[26] MA Y M,EREMETS M,OGANOV A R,et al. Transparent dense sodium[J]. Nature,2009(458):182-185.

[27] MATSUOKAL T,SHIMIZU K. Direct observation of a pressure-induced metal-to-semiconductor transition in lithium[J]. Nature,2009(458):186-189.

[28] BEDNORZ J G,MÜLLER K A. Possible high T_C superconductivity in the Ba-La-Cu-O system[J]. Zeitschrift für Physik B,1986(64):189-193.

[29] GAO L, XUE Y Y, CHEN F, et al. Superconductivity up to 164 K in $HgBa_2Ca_{m-1}Cu_mO_{2m+2+\delta}$ ($m=1,2$, and 3) under quasihydrostatic pressures[J]. Physical Review B 1994(94):4260-4263.

[30] KAMIHARA Y,HIRAMATSU H,HIRANO M,et al. Iron-Based Layered Superconductor: LaOFeP[J]. Journal of the American Chemical Society 2006(128):10012-10013.

[31] WU G,XIE Y L,CHEN H,et al. Superconductivity at 56 K in Samarium-doped SrFeAsF

[J]. Journal of Physics：Condensed Matter，2009（21）：142203.

[32] WIJNGAARDEN R J，VANEENIGE E N，SCHOLTZ J J，et al. Ultra high pressure experiments on high-T_c superconductors. In：R. Winter，J. Jonas ed. High pressure Chemistry，Biochemistry and Materials science [M]. Dordrecht：Kluwer Academic Publishing Co. ，1993：121-146.

[33] CHEN X J, STRUZHKIN V V, YU Y, et al. Enhancement of superconductivity by pressure-driven competition in electronic order[J]. Nature，2010（466）：950-953.

[34] CHU C W, LORENZ B. High pressure studies on Fe-pnictide superconductors [J]. Physica C 2009（469）：385-395.

[35] SUN L L，CHEN X J，GUO J，et al. Re-emerging superconductivity at 48 kelvin in iron chalcogenides[J]. Nature，2012（483）：67-69.

[36] LIN J F, STRUZHKIN V V, JACOBSEN S D, et al. Spin transition of iron in magnesiowüstite in the Earth's lower mantle[J]. Nature，2005（436）：377-380.

[37] JAYARAMAN A. Diamond anvil cell and high-pressure physical investigations [J]. Reviews of Modern Physics，1983（55）：65-107.